固体推进剂损伤多尺度模拟

Multi-scale Simulation of Solid Propellant Damage

庞维强　李高春　许进升　齐晓飞　樊学忠　著

科学出版社

北 京

内 容 简 介

本书系统论述了固体推进剂的分子动力学、力学性能和损伤及演化过程的数值模拟和实验研究。全书共分为 7 章,主要介绍了固体推进剂在微观、细观和宏观多尺度力学损伤研究的必要性,分章重点介绍了微观动力学方法模拟计算固体推进剂用新型含能材料分子间相互作用、复合推进剂变形损伤、基于数字图像相关方法理论的固体推进剂细观破坏定量表征、固体推进剂的宏细观数值模拟及基于损伤的复合推进剂黏超弹本构模型,最后总结了固体推进剂多尺度模拟技术的发展需求和趋势以及对发展固体推进剂多尺度模拟技术的一些建议。

本书可供从事含能材料、复合推进剂、固体推进剂和数值模拟及力学实验科研、生产的专业技术人员参考,也可作为高等院校相关专业的教师及研究生的参考书。

图书在版编目(CIP)数据

固体推进剂损伤多尺度模拟=Multi-scale Simulation of Solid Propellant Damage / 庞维强等著. —北京:科学出版社,2022.3

ISBN 978-7-03-070836-6

Ⅰ. ①固… Ⅱ. ①庞… Ⅲ. ①固体推进剂-数值模拟 Ⅳ. ①V512

中国版本图书馆CIP数据核字(2021)第251427号

责任编辑:范运年 宁 倩 / 责任校对:王萌萌
责任印制:吴兆东 / 封面设计:蓝正设计

科学出版社 出版
北京东黄城根北街 16 号
邮政编码:100717
http://www.sciencep.com

北京捷迅佳彩印刷有限公司 印刷
科学出版社发行 各地新华书店经销

*

2022 年 3 月第 一 版 开本:720×1000 1/16
2023 年 9 月第二次印刷 印张:18 1/2
字数:370 000

定价:148.00 元
(如有印装质量问题,我社负责调换)

前　言

固体推进剂技术经过多年发展，在生产、装备和产品开发等方面取得了一系列显著成果，但目前固体推进剂的研究仍多以实验为主，从设计到定型生产要经过多次"画、加、打"的循环，每一次都需要加工试样并进行实验来验证设计正确与否，导致其研发周期较长、成本过高，并且具有一定的潜在危险性，这种完全依赖于实验和经验修正的设计理念和研究方法已难以满足现今飞速发展的固体火箭推进剂技术需求，成为其进一步发展的瓶颈。随着计算机技术和数字化技术的快速发展，科研人员的观念逐渐从"传统设计"向依靠计算机数字模型计算优化和模拟仿真的"预估设计"转变，引发了一场设计技术的变革。

近年来，利用计算机模拟技术研究固体推进剂的性能日益受到国内外研究学者的广泛关注。计算机模拟的数据（从模型中得来）可以用来比较、验证各种近似理论；同时，还可用来对实验和模型进行比较，从而提供评估构建模型正确与否的手段。某些量或行为可能是无法或难以在实验中测量的，而用计算机模拟方法则可以被精确地计算出来。利用计算机技术对固体推进剂进行多尺度数值模拟，可从微观、细观和宏观多尺度揭示其结构与性能之间的关系，不仅有助于高性能固体推进剂的配方设计，还可缩短研制周期并提高固体推进剂研制过程的安全性，故多尺度数值模拟方法越来越受到火炸药研究者的青睐。但是迄今为止，系统阐述固体推进剂多尺度模拟技术的书籍尚未见出版，仅有一些文章涉及固体推进剂的微观或细观或宏观的部分性能。因此，本书旨在将著者多年来在该领域基础研究中公开发表的部分文章进行系统的整理、总结和提升，以期能够为从事固体推进剂数值模拟和实际应用的工程技术人员提供一部有借鉴作用的技术参考书。

本书共分 7 章，以固体推进剂微观-细观-宏观多尺度性能模拟技术为主线，分章论述了固体推进剂的微观、细观和宏观多尺度力学损伤数值模拟及相关实验研究最新结果，对固体推进剂的宏观、细观、微观多尺度研究具有重要的指导作用。第 1 章提出了固体推进剂研究用微观-细观-宏观尺度进行数值模拟的必要性，主要介绍了微观分子动力学方法在固体推进剂、炸药及高分子材料等领域的应用，以及推进剂细观损伤和宏观力学性能损伤的模拟仿真及实验研究等。第 2 章采用微观分子动力学方法模拟计算了固体推进剂用新型含能材料分子间的相互作用，不同增塑剂类型和质量配比对高能黏合剂的增塑效果和最佳筛选，以及用分子动力学模拟方法研究了形成共晶含能材料的特性。第 3 章介绍了复合固体推进剂变形损伤过程的实验研究，主要包括固体推进剂单轴拉伸实验、推进剂断口扫描电镜观测、原位拉伸动态观测实验及裂纹尖端损伤扩展过程观测等，获取造成固体推进剂宏观裂纹扩展的主要原因。第 4 章基于数字图像相关方法基本理论，研究了固体推进剂细观破坏定量表征分析方法。第 5 章介绍了基于子模型的宏细观数值模拟方法，并进行了相关实验验证。第 6 章建立了基于损伤的复合推进剂黏超弹本构模型，通过宏观实验验证了小变形和有限变形条件下的黏超弹性本构方程的数值算法，为推进剂宏观力学性能的研究提供理论支撑。第 7 章总结了固体推进剂多尺度模拟的发展需求及趋势，以及对发展固体推进剂多尺度模拟技术的思考与建议。

本书的完成得益于来自各方面的支持和悉心帮助。在此，特别感谢国家自然科学基金、原总装备部燃烧与爆炸技术国防重点实验室基金和国家国防科技工业局的项目资助；特别感谢南京理工大学沈瑞琪教授、国防科技大学张炜教授、中国工程物理研究院化工材料研究所张朝阳研究员在工作中给予的指导和帮助；非常感谢西安近代化学研究所赵凤起研究员对本专著的审阅与宝贵建议；感谢中国人民解放军海军航空大学刘著卿、王阳等；感谢南京理工大学陈雄、韩波等；非常感谢西安近代化学研究所的张晓宏、李军强、胥会祥等研究员和陶俊、秦钊、肖立群、王可、赵昱、武宗凯等副研究员对本书的大力支持和悉心帮助；同时向本书所引用文献、资料等的作者表示诚挚的谢意！

由于科学技术的日新月异和作者的学识有限，书中难免存在不足之处，敬请读者不吝赐教。

著　者

2021 年 12 月

目　　录

第1章 绪 论

1.1 概 述

近年来，利用计算机数值模拟技术研究复合材料的力学性能日益成为人们感兴趣的课题。由于计算机处理速度的迅速提高，计算机模拟已经和实验观察、理论分析并列成为 21 世纪科学研究的三种方法[1]。计算机模拟的数据(从模型中得来)可以用来比较、验证各种近似理论；同时，计算机模拟方法还可用来对实验和模型进行比较，从而提供评估构建模型正确与否的手段。计算机模拟方法还可以沟通理论和实验，例如，某些量或行为可能是无法或难以在实验中测量的，而用计算机模拟方法，这些量可以被精确地计算出来[2]。分子动力学模拟方法更以其建模简单、模拟结果准确的特征而备受研究者的关注。而且，随着分子动力学模拟技术以及计算机技术的飞速发展，其对复合材料科学的发展产生了深刻影响，通过对材料组分和材料结构的模型化计算实现对材料设计、制备、加工、结构和性能等参数或过程的定量描述，建立材料结构与性能之间的关系，并最终按指定目标设计新型材料。随着研究对象的空间和时间尺度不同，计算材料学的研究范围、深度和方法也不同。材料的空间尺度大体可划分为电子/原子尺度、微观、介观和连续体(宏观)4 个尺度，或简单地分为微观、细观和宏观 3 个尺度。计算方法依次为量子力学方法(半经验分子轨道法、第一性原理)、量子分子动力学(quantum molecular dynamics，QMD)、经典分子动力学(classical molecular dynamics，CMD)和蒙特卡罗模拟、耗散粒子动力学模拟、相场动力学和原胞自动化方法、有限元和有限差分法等[3]。一般来说，通过电子及原子层次计算来实现对材料本质的认识，是材料设计的科学基础，其研究方法主要为量子力学(在化学和材料学领域，常称量子化学)和分子动力学模拟。分子动力学模拟描述了原子核的运动过程，可求得系统的结构和性质，模拟结果既包含系统的静态性质，又包含动态特性；经典(经验势)分子动力学可研究上百万甚至千万个原子的体系，但不适用于有电子转移、原子变价的过程。

在复合含能材料中，研究固体推进剂的尺度可分为微观、细观和宏观三个尺度。

1. 微观尺度

微观尺度可研究块体材料内部的应力和应变，材料的结构单元在原子、分子量级，即从 $10^{-7} \sim 10^{-4}$cm 着眼于结构材料单颗粒的微观结构分析，由晶体结构及分子结构组成，可用电子显微镜观察分析，该层次的结构是材料科学基础研究的对象。

2. 细观尺度

细观尺度上结构单元尺度变化范围在 10^{-4}cm 至几厘米，主要研究结构材料的排列方式，材料细观结构对荷载及环境因素的响应、演化和时效机理以及材料细观结构与宏观力学性能的定量关系，在这一尺度对结构性材料的力学性质的研究称为细观力学，它是固体力学与材料科学紧密结合的新兴学科。细观力学将连续介质力学的概念与方法直接应用到细观的材料构件上，利用多尺度的连续介质力学的方法，引入新的内变量，从而表征经过某种统计平均处理的细观特征、微观量的概率分布及其演化。

3. 宏观尺度

宏观尺度以准连续介质假设为基础，研究材料的物理与力学性质受各种自然引力作用的响应特征。任何具有内部结构的材料不可避免地受尺度效应的影响。如果宏观考察的代表单元尺寸取得足够大，尺度效应基本消失，则相应的研究对象可以这样的单元为基础按连续介质力学原理进行分析，这就是准连续介质的基本含义。具体来说，准连续介质代表单元内包含的结构体应在 $10^{2} \sim 10^{3}$ 数量级，而传统的连续介质则应包含 10^{4} 以上的分子或晶体个数。

1.2　固体推进剂

固体推进剂的主要组分包括氧化剂、黏合剂、增塑剂、金属颗粒、固化剂和键合剂等。其中氧化剂、黏合剂与金属颗粒可为推进剂提供能量，增塑剂、固化剂和键合剂可辅助推进剂固化成型，并改善其力学性能[4]。在实际使用中，几十年来，对推进剂配方的选取及其性能的研究需经过大量实验，这将造成人力、物力、财力的巨大浪费。而利用 MD 方法对推进剂组分进行模拟，可以从微观的角度研究其结构和性能之间的关系，并进一步指导推进剂的配方设计和宏观性能的改进，提高研究效率[5]。

目前，实验研究、理论分析和计算模拟已经成为现代科学研究的三种主要方法，是人类认识自然的三种主要途径和工具。计算模拟在实验的基础上，利用基本原理构筑相应的模型，建立对应的方程，通过适当的算法对方程进行数值计算或求解，从而计算出合理的结构与性质。计算模拟可以弥补实验研究和理论分析的不足，通过计算模拟，既可以对实验结果进行预测，提供分析实验结果的理论基础，又可以提供与理论分析相比较的模拟数据，验证分析结果的准确性，计算模拟逐渐成为联系实验研究和理论分析之间的一座桥梁。图 1-1 是固体推进剂研究的实验、计算模拟和理论分析的关系图。

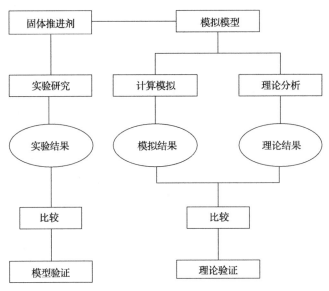

图 1-1　固体推进剂研究的实验、计算模拟和理论分析的关系

计算模拟的优势：一方面，可以节省大量的人力和物力，缩短固体推进剂研制周期，降低开发成本；另一方面，又可以提供在极端条件（辐射、超高压和超高温）下推进剂的"实验数据"，代替一些很难或根本不可能完成的实验。因此，数值模拟是研究固体推进剂性能不可或缺的技术手段。

1.3　分子动力学研究进展

分子动力学方法是运用力场和经典力学发展起来的一种模拟计算方法，是一种联系微观世界与宏观世界的强有力的计算机模拟方法。它通过模拟系统中微观粒子的运动，并利用数值积分求解其运动方程，得到系统中各粒子的运动状态，进而获得系统的温度、压强及能量等宏观特性。

自 1957 年 Alder 和 Wainwright[6]首次进行分子动力学模拟以来，因其在宏观性质计算上具有较高的准确度和有效性，且随着近年来计算机技术的飞速发展以及分子动力学软件方面取得的重大进展，该方法在材料科学研究领域的应用日趋广泛[7]。利用计算机技术对火炸药进行分子动力学模拟，可从微观角度揭示其结构与性能之间的关系，不仅有助于高性能火炸药的配方设计，还可缩短研制周期并提高研制过程的安全性，故分子动力学方法已为越来越多的火炸药研究者所采用。另外，由于裂纹萌生和扩展在可控性与观察测量技术方面的限制，对它的实验计算和分析不可避免地存在诸多困难，而采用分子动力学模拟方法则可以克服这些困难。用分子动力学模拟原理对裂纹萌生和扩展过程进行模拟，将有助于弄清裂纹萌生和扩展的机理，从而推动这一领域水平的提高。

1.3.1　固体推进剂分子动力学模拟

固体推进剂是由两种或两种以上的含能组分和黏结剂、增塑剂、钝感剂等添加剂按适当比例混合而成的，其各组分性能优势可以互补，适应多种使用要求，因此是含能材料在武器中应用的主要形式[8]。固体推进剂的凝聚态结构、相容性、安全性、力学和爆轰性能等在本质上均与分子间相互作用有关；随着新型高能化合物、纳米材料以及功能高聚物的应用和推进剂改性研究的深入[9]，分子间相互作用的研究显得至关重要。目前，含能材料体系中分子间相互作用的实验研究主要以宏观表征方法为主，如差示扫描量热法(differential scanning calorimetry，DSC)[10]、DSC-热重/微分热重法(thermogravimetry/derivative thermogravimetry，TG/DTG)联用[11]、高压 DSC(high-pressure differential scanning calorimetry，HPDSC)-TG/DTG 联用[12,13]、DSC/TG-质谱(mass spectrometry，MS)联用[14]、量气法[11,15-17]等热分析方法，以及动态接触角测量[18,19]、界面张力测试[18,19]、动态热机械测试[20]等材料测试方法，直接以组分混合后体系性能的变化来推测组分之间的相互作用，并未涉及分子间作用本质。此外，扫描电子显微镜(scanning electron microscope，SEM)[21,22]、X 射线光电子能谱(X-ray photoelectron spectroscopy，XPS)[21-24,25]、显微红外光谱(microscopic infrared spectroscopy，MIR)[22-24]、傅里叶变换红外光谱(Fourier transform infrared spectroscopy，FTIR)[25]、X 射线衍射(X-ray diffraction，XRD)[26]等先进表征技术，也可用来研究含能材料体系分子间的相互作用机理，这些实验结果为理论研究提供了可靠的依据。然而，对于含能体系来说，实验研究成本昂贵，而且始终存在安全问题；在技术层面，对于分子间弱相互作用的电子结构层次的分析等还不够详尽，因此进行理论研究既是对实验研究的补充，又是一种安全有效的研究手段。近年来，计算机模拟技术如量子化学(quantum chemistry，QC)、分子力学(molecular mechanics，MM)、分子动力学等[27-29]在含能材料领域得到了广泛的应用和飞速的发展。大量实验事实表明，固体推进剂体系通常是一种复杂的共混物体系，其中存在单质炸药的聚集体、不同推进剂分子间、推进剂与其他组分间、添加组分间以及组分界面间等不同情形的相互作用，每一种情形都对整个混合体系的结构性能有所影响，各层次计算机模拟方法的应用为深入分析解决相关问题提供了有效工具。

1. 分子间相互作用及相容性

无论是由单组分还是多组分构成的含能材料，虽然分子组成和结构对其性能起决定作用，但各组分多聚体或混合组分之间的分子间相互作用对它们的聚集状态、黏度(液体)、堆积方式和密度(固体)以及材料的多种性能(相容性、迁移性能等)也产生重要影响[30]。近 10 余年来，量子化学方法已用于研究含能材料分子间的相互作用及其对含能材料性能的影响。对 1, 1-二氨基-2, 2-二硝基乙烯(FOX-7)二聚体和晶体的密度泛函理论(density functional theory，DFT)研究发现，最稳定二聚体的构型与晶体中分子堆积方式相似，说明结合能对该晶体中分子的排列方式起决定作用，还预示可按晶体结构较方便地找到某些分子的二聚或多聚体稳定构型[31]。在室温下由 FOX-7 单体生成最稳定二聚体的 $\Delta G < 0$，即该二聚体可自发生成，在常温下结合能较弱的含能材料通常自发形成晶体，这在很大程度上归因于分子间相互作用的协同效应。

分子间相互作用的强弱从本质上决定了多组分体系相容性的大小。对于由分子作用力结合而成的两相组分体系，当 A⋯A+B⋯B∼2A⋯B 的 $\Delta G < 0$，则 A 与 B 自发混合，即完全相容。通常 A⋯B 结合能越大越有利于两者之间的相容。在实际体系中，A 或 B 在混合前后均尽可能多地与邻近分子产生相互作用，并且 A 与 B 分子的大小和形状各不相同。因此，直接由二聚体结合能值判断组分间的相容性并不具有普遍性。更为可靠的相容性判断方法是通过分子动力学模拟，得到溶解度参数和相互作用参数等。

从热力学角度来看，体系的相容性可用混合热 ΔH_m、混合熵 ΔS_m、溶解度参数 δ 及相互作用参数表征。其中溶解度参数较为简便，可根据溶解度参数差值($\Delta\delta$)预测高分子混合物之间的相容性。对于高分子体系，若分子间没有强极性基团或氢键作用，两种材料的 $\Delta\delta$ 只要满足 $|\Delta\delta| < 1.3\sim 2.1\,(\text{J}\cdot\text{cm}^{-3})^{1/2}$，两者就相容[32]。应用 MD 和介观动力学(meso dynamics)对固体推进剂中端羟基聚丁二烯(hydroxyl terminated polybutadiene，HTPB)与增塑剂，如癸二酸二辛酯(dioctyl sebacate，DOS)、硝化甘油(nitroglycerin，NG)的相容性进行模拟，得到等密度图、自由能密度和有序度参数等即可判断共混体系的相容性；MD 和介观模拟结果均表明，HTPB/DOS 属于相容体系，DOS 在整个区域近似均匀分布，与 HTPB 相容；而 HTPB/NG 属于不相容体系，与实验结果一致[33]。

2. 固体与界面性质

大多数含能材料在常温下是固相。与气相计算模型相比，固体模型包含邻近分子的相互影响。用固体模型可研究爆燃传播、晶格缺陷、机械能与热能转化、热点形成、振动态激发与键断裂、晶体能、弹性系数和膨胀系数等固体性质。碱金属叠氮盐晶体的计算结果表明，其前沿轨道均由叠氮根端位氮的原子轨道组成。由于碱金属离子对前沿空轨道的贡献极小，不利于电子从叠氮根向金属离子跃迁[34]。与此相反，叠氮化银和叠氮化铅晶体前沿占有的轨道主要由叠氮根端位氮的原子轨道组成，而前沿空轨道则主要由金属离子的原子轨道组成，并且带隙较小，这均有助于氮原子上电子直接向金属离子跃迁，这可解释碱金属与过渡金属叠氮盐感度的差别[35]。对于固体材料的计算，人们通常选用计算效率较高的 DFT 方法。但 DFT 法预测的色散力小于实测值，对分子间作用力较弱的分子晶体，计算结果存在较大误差。因此，理论化学家致力于对传统 DFT 法进行改进。新近发展的 DFT-D 方法能修正远程色散作用。用 DFT-D 计算 10 种典型含能材料分子晶体，其晶胞参数与实验结果的相对误差约 2%或更少[36]。在常压下以及高压下的晶胞参数和体积随压力变化值与实验一致，其晶胞参数的最大误差为 3.67%，其不仅能较好地再现分子晶胞结构，还能准确预测晶胞中分子的相对位置和取向，为含能材料分子晶体计算提供更好的结果。

含能材料大多是混合体系，界面现象普遍存在。用 DFT 共轭梯度近似(density functional theory-conjugate gradient approximation，DFT-CGA)研究硝基甲烷和 FOX-7 在 α-Al$_2$O$_3$(0 0 0 1)表面上的行为，发现物理吸附的最稳定构型为分子面平行于 Al$_2$O$_3$(0 0 0 1)面。硝基甲烷分解的最低能垒(58.5kJ·mol^{-1})为 H 原子消去，其 C—N 断裂能垒为 158.8kJ·mol^{-1}，均小于气相分解时的能垒。FOX-7 在 α-Al$_2$O$_3$(0 0 0 1)表面上不发生分解，这表明 Al$_2$O$_3$ 表面氧化层虽有钝化作用，但对炸药分解有一定的催化能力[37]。用 DFT-CGA 法研究硝胺分子在 Al(1 1 1)表面的吸附表明[38]，既有物理吸附又有化学吸附。物理吸附时，硝基氧原子指向铝表面。化学吸附时，氧和氮原子与表面铝原子形成化学键，N—O 和 N—N 键断裂，形成强的 Al—O 和 Al—N 键，铝表面可被硝基和氨基分解出的 N 和 O 原子迅速氧化。DFT-CGA 法研究 TNT 在铝(1 1 1)表面的吸附结果表明，氧和铝原子间强烈的吸引作用使 TNT 中 N—O 键分解。TNT 邻位硝基的 N—O 键比对位硝基的 N—O 键易断裂。除了硝基的 N—O 键断裂外，其他键未断裂，这有别于 TNT 直接分解时 C—NO$_2$ 键优先断裂，可见 TNT 与 Al 表面的作用改变了其反应历程。含能材料在 Al 表面的分解过程，实际上是含铝炸药爆燃后期，Al 表面氧化层破裂后发生的反应。因此，综合考虑金属氧化层及其厚度、氧化层高温破裂过程对含能材料吸附和分解的影响尤为重要。

固体和界面的一些性质，特别是涉及动态过程时，需要借助分子动力学模拟。用第一性原理分子动力学模拟黑索今(hexogen，RDX)在 Al(1 1 1)表面的吸附和分解的结果表明，氧与铝的强吸引作用使 RDX 的 N—O 和 N—N 键断裂并产生 NO；此外，RDX 环也发生断裂[39]。分子动力学模拟奥克托今(HMX)与石墨界面的弯折和滑移行为，得到表面结构和能量变化过程，表面弛豫和摩擦均对热点形成有贡献[40]。采用 MD 模拟键合剂对丁羟推进剂中 HTPB 与 Al/Al$_2$O$_3$ 之间界面的吸附能与力学性能的影响时发现[41],键合剂在 Al$_2$O$_3$ 晶面的吸附能高于 HTPB 在 Al$_2$O$_3$ 晶面的吸附能,而在 Al 晶面的规律并不明显。Al/HTPB 吸附界面加入键合剂三乙醇胺(TEA)后,随其浓度的增加,体系弹性模量增大。对 DOS、异佛尔酮二异氰酸酯(IPDI)和 HTPB 组成的丁羟推进剂黏结体系的运动过程进行模拟[42],求得增塑剂 DOS 在黏合剂体系(HTTPB/IPDI)中的扩散系数,扩散系数随环境温度的升高而增大,随增塑剂含量的增大而减小,模拟结果与实验结果吻合,揭示了微观迁移现象。由于微观或介观模型的建立及模拟条件的选取常存在一定随意性,影响模拟结果的再现性,故特别强调模型应包含真实体系主要特征并且有统计意义。

3. 极端条件下的性质

在实验技术难以模拟的极端高压和高温下,用量子化学计算含能材料耐高压性质和用 MD 模拟其化学演变过程显得尤为重要。但经典 MD 不能对化学反应体系进行模拟,近十年发展的反应力场(ReaxFF)方法[43]和从头算分子动力学(CPMD)方法为模拟含能材料高温高压反应过程提供了新的技术途径。ReaxFF 模型依据键距与键级、键级与键能的关系,描述化学键断裂时体系的能量变化,在原来的经典力场中加入键级参数及其修正项,比量子化学计算速度快万倍,可以模拟含数百万原子体系的反应过程[44]。

硝基甲烷在均匀受压和 3 个轴向受压情况下的量子化学计算[45]结果表明,在静水压下,当体积压缩至原来的 50%时,压力上升至 50Gpa,两者的活化能差 $\Delta E_{HOMO\text{-}LUMO}$ 减小了约 0.6eV。最高占据轨道(HOMO)和最低未占分子轨道(LUMO)同时增加,其差值却几乎随体积的变化单调下降,带隙减小从理论上可以认为是感度在增加。在 y 方向上,带隙最多可减小 1.4eV,比静水压时带隙下降值大,并且带隙呈非单调变化。x 方向的应变引起的带隙变化与 y 方向的类似,只不过当压缩后体积与原体积之比 V/V_0 接近 50%时,y 方向带隙会引起陡降。当 V/V_0 为 65%~80%时,z 方向的带隙急剧下降。z 方向压缩时,分子相互靠近会导致一个分子的甲基与其邻近分子的硝基靠近,定域在硝基上 HOMO 和 LUMO 的电子密度比其他类型的压缩形变更大,能带带隙下降得更快。高压所产生的 y 轴向张力,导致单胞内每个硝基甲烷分子均有 1 个 C—H 键产生急剧伸展。随着 y 轴应变增加至 50%,这些键会被进一步拉伸并引起质子消去。

奥克托今和 1,3,5-三氨基-2,4,6-三硝基苯(1,3,5-triamino-2,4,6-trinitrobenzene, TATB)高温分解的分子动力学模拟表明,TATB 经快速分解(30ps)产生大量以多芳环为主的碳簇合物(总量的 15%~30%),HMX 则产生小分子产物。HMX 在较低温度下易分解,TATB 分解速率比 HMX 小一个数量级[44],这可解释两种炸药分解过程实验现象的差别。分子动力学模拟还揭示了高温分解时各物种浓度的变化。

对液体和固体硝基甲烷在 2000～3000K、密度 1.97g·cm^{-3}、时间 200ps 内的高温过程进行模拟[46]，结果表明，在 3000K 时分解起始步骤为分子间质子迁移，生成 CH_3NOOH 和 CH_2NO_2；在较低的温度(2500～2000K)时第一步反应则为异构化生成 CH_3ONO 的过程，同时在反应刚开始极短时间内可伴随分子内质子迁移生成 CH_2NOOH。作为放热过程的标志，H_2O 的形成则是在这些过程之后，2000K 时液态硝基甲烷异构化生成亚硝酸酯，与从头算结果相一致。

采用 MD 研究含能材料的分解过程，一般用 ReaxFF 方法。目前的 ReaxFF 参数通过拟合 DFT 计算结果得到，而 DFT 方法低估了分子间的 London 色散力，导致晶体平衡体枳偏高 10%～15%。有研究通过对长程色散作用进行低梯度校正得到 ReaxFF-lg 力场[47]，由室温下 RDX 分子质心距离径向分布函数可知，ReaxFF-lg 使分子模拟结果大为改进，预期这类修正的反应力场将对高温高压条件下的含能材料研究发挥更有效的作用。

1.3.2　分子动力学方法在固体推进剂中的应用

1. 氧化剂

在推进剂中，氧化剂所占比例较大，双基推进剂常用的氧化剂有 RDX、HMX 和六硝基六氮杂异伍兹烷(CL-20)，以及复合推进剂常用的氧化剂高氯酸铵(ammonium perchlorate，AP)、二硝酰胺铵(ammonium dinitramide，ADN)和硝酸铵(ammonium nitrate，AN)。

HMX 有 4 种晶型，分别为 α-HMX、β-HMX、γ-HMX 和 δ-HMX。通过对这 4 种晶型的模量和升华热等性质的模拟发现，β-HMX 的模量最大[48]，且升华熔最高[49]。对其晶胞参数的模拟如表 1-1 所示，可以看出，理论计算与实验结果吻合良好。

表 1-1　β-HMX 的晶胞参数和密度的 MD 计算值与实验值的比较[50]

参数		实验值	计算值	相对误差/%
晶胞参数	$a \times 10^{-1}$/nm	6.540	6.560	0.31
	$b \times 10^{-1}$/nm	11.050	10.625	3.85
	$c \times 10^{-1}$/nm	8.700	9.113	4.75
	α/(°)	90.00	90.00	0.00
	β/(°)	124.30	123.71	0.48
	γ/(°)	90.00	90.02	0.02
ρ/(g·cm^{-3})		1.89	1.86	1.59

在建立 HMX 晶体模型时,以 β-HMX 为例[51],需考量超晶胞大小和形状以及是否切割分面和切割深度等模型建立问题。在考虑晶体缺陷情况下,构建 HMX 纯晶体、分别含质量分数 5.6% RDX 和空穴的 HMX 晶体 3 种模型[52],并对其力学性能做了模拟,结果如表 1-2 所示。

表 1-2 HMX 纯晶体和 HMX 缺陷晶体的力学性能

参数	晶体 1	晶体 2	晶体 3
拉伸模量/GPa	11.9	11.0	9.2
泊松比	0.29	0.29	0.29
体积模量 K/GPa	9.4	8.8	7.4
剪切模量 G/GPa	4.6	4.3	3.5
$C_{12} - C_{44}$	−2.7	−2.1	−2.0
K/G	2.04	2.05	2.11

注: 晶体 1、2、3 分别为纯 HMX、含质量分数 5.6% RDX 的 HMX 和含质量分数 5.6%空穴的 HMX 晶体。

由表 1-2 可知,含质量分数 5.6% RDX 和含质量分数 5.6%空穴的 HMX 晶体的弹性系数和模量均小于 HMX 纯晶体,而其柯西压(弹性系数 C_{12} 与 C_{44} 的差值)和 K/G(体积模量和剪切模量之比)增大,表明含缺陷 HMX 晶体的脆性减弱,韧性和延展性增强。因此一定程度的晶体缺陷会影响晶体的力学性能,这对推进剂的配方设计有一定的指导意义。

HMX 在高温受热之后会发生热分解,其 δ 构型如图 1-2 所示。

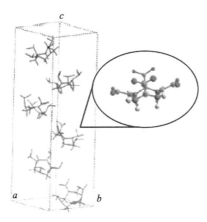

图 1-2 δ-HMX 晶体模型图

由图 1-2 可见,在晶胞中有 6 个 HMX 分子,应用分子反应动力学通过 ReaxFF 力场对该模型的研究表明,在 2500K 高温下,其主要分解机理为 N—NO₂ 键断裂和 HONO 的消去;在 1500K 温度下,其主要分解机理为 N—NO₂ 键断裂和环的断裂[53]。通过对 N—N 键的分解模拟研究表明[54]，直链硝胺比环状硝胺分解快，因此在实际应用中，可使用低感度环状硝胺，如 β-HMX、RDX 等。当 HMX 受到冲击压缩时，采用三阶 Birch-Murnaghan 方程和 Hugoniot 关系拟合[55,56]，结果表明随着体系温度升高，β-HMX 相比于其他晶型更容易压缩，且晶胞的压缩具有各向异性，这种压缩异性不随温度的改变而改变，并且可以通过对单轴压缩的模拟来研究单晶炸药的冲击响应，计算 HMX 晶体的绝热压缩来预估炸药的冲击温度[57]。

偏二氟乙烯与三氟氯乙烯摩尔比为 1:1 的共聚产物(F_{2311})对 HMX 的性能有一定的改善作用[58-60]，在用于原子模拟研究的凝聚相优化分子势(condensed-phase optimized molecular potentials for atomistic simulation studies，COMPASS)力场下，模拟结果如表 1-3 所示，氟聚物的加入会提高体系的弹性、延展性，改善体系力学性能，并且 HMX(1 0 0)晶面与 F_{2311} 之间的柯西压(弹性系数 C_{12} 与 C_{44} 的差值)最大，即韧性最好。对 HMX/F_{2311} 体系的爆热和爆速的模拟如表 1-4 所示，可见在加入 F_{2311} 之后，HMX 体系的爆热和爆速下降，安全性有所提高。

表 1-3 纯 HMX 和 HMX/F_{2311} 的弹性系数和有效各向同性力学性能[58]

材料	拉伸模量/GPa	泊松比	体积模量/GPa	剪切模量/GPa	$C_{12} - C_{44}$
纯 HMX	11.9	0.3	9.3	4.69	−2.7
HMX(0 0 1)/F_{2311}	9.6	0.3	9.1	3.6	0.04
HMX(0 1 0)/F_{2311}	10.6	0.3	8.5	4.1	1.5
HMX(1 0 0)/F_{2311}	9.8	0.3	9.2	3.7	2.7

表 1-4 HMX 和 HMX/F_{2311} 的爆热和爆速

材料	密度/(g·cm^{-3})	爆热/(kJ·g^{-1})	爆速/(km·s^{-1})
纯 HMX	1.894	6.266, 6.188±0.0503(Exp.)	9.063, 9.110(Exp.)
HMX/F_{2311}	1.800	6.082	8.590

在 HMX 力学性能的分子动力学模拟研究方面，研究者主要应用 COMPASS 力场，对部分 HMX 体系的力学性能做了计算。TATB[61]、硝化纤维素(nitrocellulose，NC)[62]、聚乙二醇(polyethylene glycol，PEG)、HTPB[63]和 Estane[64]等均表明可以改善 HMX 体系的力学性能，提高 HMX 体系的延展性，且 NC 还可以增强体系韧性，提高能量性能。

结合能的计算公式如下：

$$E_{bind} = -E_{inter} = -[E_{total} - (E_{cell} + E_{polymer})] \qquad (1-1)$$

式中，E_{bind} 为聚合物与晶面的结合能，通常 E_{bind} 越大，聚合物与晶面的相互作用越强；E_{total} 为由平衡结构求得的单点能；E_{cell} 为去掉高聚物后计算所得含能材料的单点能；$E_{polymer}$ 为去掉含能材料分子后计算所得高聚物的单点能。

Zhu 等[65]对 AP 与 HMX 之间的结合能进行了研究,通过模拟得到 E_{total} 和 AP、HMX 的单点能(E_{AP}、E_{HMX}),结果表明结合能先随温度的上升而增加,之后下降,温度达到 245K 时,结合能最大,可达 962.9kJ·mol^{-1}。

对 RDX 力学性能的模拟表明[66],在 195～345K 下,RDX 延展性和韧性随温度升高而增大;在 345～445K 下,RDX 延展性和韧性随温度升高而减小,呈抛物线规律。对 RDX 晶体的晶胞参数、质量分数中心、欧拉角度和晶格尺寸等晶体基本参数的模拟,有助于对 RDX 进行深入的研究。模拟 RDX 晶体缺陷对其最大引发键键长的影响的结果如表 1-5 所示,有一个空穴缺陷的 RDX 晶体的最大引发键键长最大,即感度最高。因此,晶体缺陷会对推进剂的稳定性产生一定的影响。

表 1-5　RDX(1 0 0)的无缺陷和有缺陷晶体的 N—NO$_2$ 引发键的 L_{max} 和 L_{ave}[67]

材料	最大引发键键长 $L_{max}/10^{-1}$nm	平均引发键键长 $L_{ave}/10^{-1}$nm
无缺陷的 RDX(1 0 0)	1.540	1.405
位错 1	1.555	1.385
位错 2	1.563	1.393
空穴	1.568	1.388
掺杂 1	1.547	1.387
掺杂 2	1.559	1.389

RDX 也可作为 Al 的包覆材料[68],RDX 中的氧原子和 Al 原子之间的强作用力会导致 RDX 中的 N—N 和 N—O 键分解,且 Al 的(1 1 1)晶面会被氧化,而剩下的 RDX 片段则会吸附在 Al 原子的表面上阻止 Al 的进一步氧化。向 RDX 中添加聚硫橡胶(PS)之后[69],随温度升高,RDX 引发键最大键长 L_{max} 增大,引发键(N—NO$_2$)中 E_{N-N} 减小,内聚能密度减小。研究缩水甘油叠氮聚醚(glycidyl azide polyether, GAP)接枝二甲基海因(GAP-DMH)与 RDX 晶体之间的相互作用的结果表明[70],GAP-DMH 在 RDX 晶体不同晶面上的结合能大小为[(0 0 1)]>[(0 1 0)]>[(1 0 0)],且因为 GAP-DMH 与 RDX 晶面之间的距离更接近,所以相比于 GAP/RDX 体系拥有更大的范德瓦尔斯力,即有更高的结合能。

许多学者研究了以 AP 颗粒为填料构建的固体推进剂颗粒填充模型,如图 1-3 所示,分子在运动中会不断碰撞,导致直径增大,最终颗粒的填充体积分数会达到预期要求,以计算推进剂的某些性能参数,如弹性模量、泊松比和导热系数等[71-73]。1990 年,Lubachevsky 和 Stillinger[74]首次提出使用分子动力学方法来生成颗粒填充模型的算法,之后 Knott 等[75]将这种办法成功用于复合固体推进剂体系中。

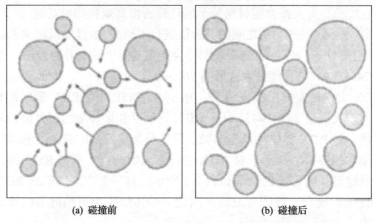

(a) 碰撞前　　　　　　　　　　　(b) 碰撞后

图 1-3　采用分子动力学方法模拟建立颗粒填充模型

　　李高春等[76]基于分子动力学模型对复合固体推进剂中的颗粒分布进行模拟，并应用细观力学 Mori-Tanaka 方法对推进剂的杨氏模量进行了计算，实验值与计算值吻合较好。张建伟等[77]构建以 AP 颗粒为填料的固体推进剂颗粒填充模型来模拟该体系模型的松弛模量曲线，结果表明，AP 颗粒主要增强了体系的瞬时模量，且 AP 颗粒体积分数越大，增强效果越强，瞬时模量增加速度越快。采用此模型还可对推进剂的微观损伤做出模拟预测，职世君等[78-81]使用 Surface-based Cohesive 方法模拟了固体颗粒与基体填料体系中的损伤，得到了界面损伤形貌，使用迭代法计算出了合理的界面损伤参数，并模拟分析了界面损伤初始应力、初始刚度和界面失效距离对复合固体推进剂最大延伸率的影响，结果表明，受固体推进剂细观颗粒的影响，AP 颗粒含量增加，推进剂的最大延伸率会减小，形成的宏观裂纹会越明显并有一定的随机性，且界面损伤多出现在大颗粒附近。通过对感度的计算，还可筛选推进剂的配方，研究 AP/HMX 体系的不同配比与感度的关系，结果如表 1-6 所示，当 AP/HMX 摩尔比为 1:1 时，其感度最大，N—NO$_2$ 平

表 1-6　不同摩尔比 AP/HMX 中 N—NO$_2$ 的平均键长 (L_{N-NO_2}) 和最大键长 (L_{max})

$m(\text{AP}):m(\text{HMX})$	$L_{N-NO_2}/10^{-1}\text{nm}$	$L_{max}/10^{-1}\text{nm}$
纯 HMX	1.354	1.486
3:1	1.372	1.495
2:1	1.373	1.500
3:2	1.373	1.506
1:1	1.373	1.510
2:3	1.382	1.502
1:2	1.371	1.487
1:3	1.367	1.486

均键长(L_{N-NO_2})可达 1.373×10^{-1}nm，最大引发键键长(L_{max})可达 1.510×10^{-1}nm，而在该体系中加入黏合剂后，如(PEG/NG/BTTN)/AP/HMX 体系，当其摩尔比为 2.5 : 3.5 : 2.3 时，感度相对最大[82,83]。

CL-20 为笼型多环硝胺结构，是一种白色结晶，常使用稳定性最好的 ε-CL-20 晶型。在 COMPASS 力场下模拟温度升高，发现 ε-CL-20 中引发键(N—NO$_2$)最大键长 L_{max} 递增，E_{N-N}、内聚能密度(cohesive energy density，CED)递减，即感度随温度升高而增大[84]。当 ε-CL-20 与黏合剂混合时，通过结合能和径向分布函数的模拟，可研究黏合剂的加入对 ε-CL-20 的影响，结果表明，氟聚物与 ε-CL-20 相容性较差，而 PEG、HTPB 和 GAP 均与 ε-CL-20 相容性较好，且黏合剂的加入能提高 ε-CL-20 体系的延展性，并保持体系密度大于 1.9g·cm^{-3}[85]。当其与 HMX 混合时，模拟结果表明，体系的感度和延展性都优于其单体[86]。

以上研究表明，分子动力学方法可以对氧化剂的力学性能、分子间相互作用等性质做出较好的模拟，并对其感度做出初步预测。同时，从氧化剂的分子动力学研究趋势可以看出，国内外研究者的关注点逐渐由对氧化剂微观结构的模拟向氧化剂具体性能的模拟转移，由单一组分模拟向复杂组分的模拟转移。

2. 黏合剂

HTPB 抗老化性能好，储存寿命长且黏度低，是目前在固体推进剂中得到广泛应用的黏合剂[87]。马昌兵等[88]根据纯 HTPB 无定形分子模型结构，将 HTPB 与 AP 和 Al 混合之后，得到的新结构具有各向同性、统计均匀性和各态历经性。李金龙等[89]在 COMPASS 力场下模拟不同溶剂与 HTPB 基聚氨酯之间的结合能和扩散系数，比较 HTPB 基聚氨酯的溶胀率，其结果如表 1-7 所示，可见溶剂对黏合剂会有一定的溶胀作用，三氯甲烷对 HTPB 基聚氨酯的溶胀率最高，与图 1-4 完全吻合。

表 1-7　HTPB 在不同溶剂中的扩散系数模拟值

溶剂	曲线方程	扩散系数/(10^{-4}cm^2·s^{-1})
环己烷	$y=1.44x+5.84$	2.240
甲苯	$y=2.32x+11.60$	0.387
苯	$y=2.12x+13.30$	0.353
二氯甲烷	$y=1.82x+16.10$	0.303
乙酸乙酯	$y=1.32x+13.20$	0.220
三氯甲烷	$y=2.51x+14.30$	0.148
丙酮	$y=1.17x+5.40$	0.195

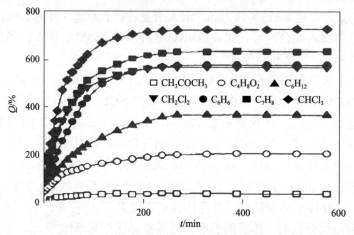

图 1-4　不同溶剂中 HTPB 的溶胀率-时间曲线

　　李红霞等[90]采用 COMPASS 力场，通过模拟 HTPB 分子的比体积-温度曲线，计算 HTPB 的玻璃化转变温度，但是模拟结果相比于实验值偏大，这可能是因为模拟中的冷却速度更快[91]。齐晓飞等[92]采用分子动力学方法，构建 NC 模型，将 NG 分子与 NC 分子混合在一起，计算 NG 对 NC 分子回转半径的影响，结果表明，升高温度会有限地提高回转半径，且 NG 越多，回转半径越大，最大回转半径为 2.618nm，通过径向分布函数的模拟，发现这是因为 NG 中—ONO_2 基团与 NC 中—OH 之间的氢键弱化了 NC 分子内的氢键，所以 NC 分子链的回转半径增大。黄锐等[93]比较了 NC 与硝化纤维素甘油醚（NCEC）的力学性能及加工性能，发现 NCEC 双基推进剂要优于 NC 双基推进剂。

　　以上研究表明，分子动力学方法可以对黏合剂的分子链构象及其与溶剂之间的溶胀性质做出较好的预测，这为黏合剂在固体推进剂中的选择应用提供了理论指导，但多组分体系仍需进一步研究。

3. 增塑剂

　　推进剂组分与增塑剂之间的相容性对推进剂的力学性能影响较大。当判断组分间的相容性时，可使用溶解度参数、内聚能密度等性能参数，采用 Materials Studio 中的 Synthia 方法和 Blend 方法可以得到相关结果[94]。黏合剂与增塑剂的溶解度参数的模拟结果如表 1-8 所示，当$|\Delta\delta|<1.3(J\cdot mol^{-3})^{1/2}$ 时认为两者相容性较好，根据表 1-8 结果可知，HTPB/DOS、HTPB/邻苯二甲酸二丁酯（dibutyl phthalate，DBP）、HTPB/苯二甲酸二乙酯（diethyl phthalate，DEP）体系相容，而 HTPB/一缩二乙二醇二硝酸酯（diethylene glycol dinitrate，DEGDN）[95]、HTPB/NG[33]体系不相容。将 HTPB/DOS 无定形分子模型放在 COMPASS 力场下计算，当 DOS 质量分数为 2%～4%，温度高于 228K 时，其扩散系数最大，共混效果最好[96-98]。对端

羟基聚醚(hydroxyl terminated polyether，HTPE)与 N-丁基硝氧乙基硝胺(N-butyl nitroxyethyl nitramine，Bu-NENA)之间的相容性的模拟结果表明[99]，Bu-NENA 的溶解度参数为 19.68$(J \cdot mol^{-3})^{1/2}$，HTPE 的溶解度参数为 19.034$(J \cdot mol^{-3})^{1/2}$，即 $|\Delta\delta|=0.646(J \cdot mol^{-3})^{1/2}$，故该体系相容。

表 1-8 黏合剂与增塑剂的溶解度参数

样品	$\delta_{MD}/(J \cdot mol^{-3})^{1/2}$	$\delta_{exp}/(J \cdot mol^{-3})^{1/2}$
HTPB	17.06	17.80
DOS	16.73	17.63
DBP	18.93	19.03
DEP	18.71	—
NG(硝化甘油)	24.95	23.10
DEGDN	25.95	—

虞振飞等[100]采用分子动力学方法模拟推进剂体系中组分迁移，研究 NG 与 1,2,4-丁三醇三硝酸酯(1,2,4-butanetriol trinitrate，BTTN)在聚氨酯弹性体中的迁移，结果表明，随温度升高，NG 和 BTTN 在聚氨酯中的扩散系数增大，且 NG 的扩散系数大于 BTTN。模拟 DOS 和 NG 的加入对 HTPB 体系的玻璃化转变温度的影响结果如图 1-5 所示，在加入 DOS 和 NG 之后，体系的玻璃化转变温度会降低，这与实验观测到的结果一致[101]。李晓颖等[102]进一步用力场能量项分析得到玻璃化转变温度与二面角扭转能呈正相关。

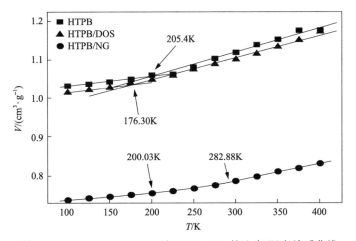

图 1-5 HTPB、HTPB/DOS 和 HTPB/NG 的比容-温度关系曲线

以上研究表明，分子动力学方法可以对增塑剂与黏合剂之间混溶性做出良好的预测，有助于对增塑剂的选取和对推进剂配方的研究，但计算精确度仍需进一

步提高。

4. 金属燃料

金属颗粒在固体推进剂中一般作为高能燃烧剂使用，在燃烧时会释放出大量的热能，提高了推进剂的燃烧温度，从而提高理论比冲与特征速度。常用的金属颗粒为铝粉、镁粉等，从微观上看，铝颗粒在推进剂中会作为分散相存在，而黏合剂则会作为连续相存在，所以铝颗粒与黏合剂之间的黏结状况会对固体推进剂的力学性能有显著影响。兰艳花等[103]以 PEG 为黏合剂时，在 COMPASS力场下，建立了高能推进剂硝酸酯增塑聚醚(NEPE)的组分 PEG/Al 球形包覆模型，力学性能模拟结果如表 1-9 所示，可见 Al 的加入对 PEG 的拉伸、剪切模量影响不大。

表 1-9　PEG/Al 球形包覆体系的力学性能

拉伸模量/GPa	泊松比	体积模量/GPa	剪切模量/GPa	拉梅系数/GPa
3.214	0.156	1.557	1.390	0.631

由泊松比 $\nu < 0.2$ 可知，加入 Al 之后 PEG 体系韧性较好，具备某些塑料特性。计算其结合能 E_B 为 1463.66kJ·mol^{-1}，而 PEG 的能量 E_P 为–22118kJ·mol^{-1}，故 PEG的分子内能量比 PEG/Al 之间的结合能小得多，所以，在 PEG 分子中容易出现分子内链断裂，而 Al 和 PEG 之间不易脱湿。

付一政等[104]以 HTPB 为黏合剂时，HTPB/Al 力学性能结果如表 1-10 所示，HTPB 与 Al(0 1 1)晶面之间的结合能最大，同时 HTPB 沿 Al(0 1 1)晶面综合力学性能最好。

表 1-10　400K 下 HTPB/Al 的力学性能

晶面	拉伸模量/GPa	体积模量/GPa	剪切模量/GPa	泊松比
(0 0 1)	8.86	3.28	4.22	0.05
(0 1 1)	13.93	6.76	6.03	0.15
(2 2 1)	10.95	4.87	4.87	0.13

以上研究结果表明，通过分子动力学模拟，可以计算金属颗粒与黏合剂之间的结合能与力学性能，从而判断黏合剂/金属颗粒体系的稳定性，但多组分体系仍需进一步研究。

5. 固化剂

黏合剂与固化剂之间的固化体系对推进剂整体的力学性能有着十分重要的影响。常用的固化剂是 2,4-甲苯二异氰酸酯(2,4-toluene diisocyanate，TDI)、IPDI

和六亚甲基二异氰酸酯(hexamethylene diisocyanate,HDI)等。采用分子动力学方法,可对推进剂固化反应的机理做出预测。如对 HTPB/TDI 体系的固化过程研究表明,TDI 的氰酸酯基(—NCO)中的 N=C 变成单键,羟基 O—H 断裂生成 C—O 键和 N—H 键,对其 C—O 键变化的模拟结果表明,固化过程中 C—O 键键长会不断减小,直到固化完成[105]。

当推进剂开始老化时,利用 Materials Studio 中的 Dmol3 模块研究发现,HTPB/TDI 结构中与—CH_2—相连的 C—O 键最容易断裂,其结构如图 1-6 所示,断裂仅需 244.95kJ·mol^{-1} 的能量[106]。在体系老化之后,体系的弹性模量会增加,这是因为在老化中释放的 CO_2 会扩散聚集[107],从而使体系形成局部有空隙的聚合体结构,该结构相比于未老化结构,拉伸模量和剪切模量会上升。

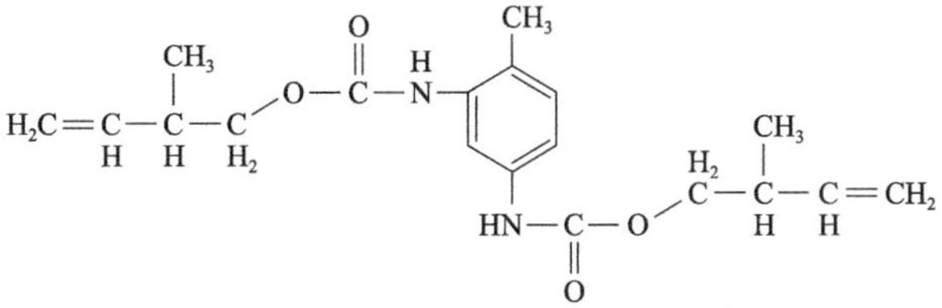

图 1-6 HTPB/TDI 的简化结构

在传统内聚力中引入黏弹性因素,对传统的计算模型做出修正,构建考虑应变率效应的 HTPB/IPDI 内聚力模型[108],并做参数反演优化,结果表明,颗粒随机分布对材料力学性能无影响,且可有效体现出 HTPB/IPDI 推进剂力学性能的应变率相关性。

以上研究表明,分子动力学方法可以对黏合剂与固化剂之间的固化机理做出较好的模拟,可预测固化体系的老化过程中的结构及性能变化,但对其动力学过程需进一步深入研究。

6. 键合剂

固体颗粒和黏合剂之间的黏结状况是影响推进剂力学性能的关键因素,为了防止推进剂出现脱湿(dewetting)的状况,可在固体推进剂中添加键合剂,采用分子动力学方法,可计算键合剂在金属颗粒和黏合剂上的吸附情况。如在 298K 下,三(2-甲基氮丙啶-1)氧化磷(MAPO)的尾端会吸附在 Al_2O_3 上,且在 Al_2O_3(0 1 0)晶面上的吸附能最大可达 13199kJ·mol^{-1}[109]。模拟不同键合剂在 HTPB 和 Al/Al_2O_3 上的吸附的结果如表 1-11 所示[110,111],键合剂在 Al_2O_3 上的(0 1 0)面吸附能最大,对力学性能的模拟表明,随着键合剂摩尔浓度的增大,体系的弹性模量也增大,并指出 w-氮丙啶丙酸与 2,2-二羟基丁醇反应生成的三酯(TAZ)对体系力学性能改善最好[112],而且加入键合剂之后,还可以减少氧化剂分解气体 O_2、H_2O 在键合剂膜层的扩散能力和改善推进剂储存抗老化性能。

表 1-11　键合剂在晶面和 HTPB 界面的吸附能

界面层	$E/(\text{kJ} \cdot \text{mol}^{-1})$				
	Al_2O_3		Al		HTPB
	(0 0 1)	(0 1 0)	(0 0 1)	(0 1 1)	
HTPB	692	2314	95	21	—
TEA	4787	—	75	16	32
MAPO	3793	13199	70	58	92
HY-752	2103	—	—	94	—
TAZ	13611	—	115	83	—

采用分子动力学还可模拟接枝海因对黏合剂的影响，模拟 GAP 及 GAP 与 3-炔丙基-5,5-二甲基海因（PDMH）的反应产物 GAP-PDMH 与 RDX、HMX 和 AP 构成的体系，结果表明，因为在 PDMH 上的三唑基团与海因基团、氧化剂之间有更强的相互作用力，所以 GAP-PDMH 与氧化剂之间有更大的相互作用能[113]。

以上研究表明，分子动力学方法可以对键合剂与黏合剂之间的结合能做出预测，有助于键合剂的选择和推进剂配方的调整，从而解决推进剂的脱湿问题，但多组分体系仍需进一步研究。

1.3.3　分子动力学方法在单体炸药中的应用

单体炸药是一类本身既具有氧化基团，又含有还原基团，在一定的外界能量的作用下能够发生快速化学反应、生成大量的热和气体产物的物质，通常又被称为高能量密度材料。其中 HMX 和 RDX 因具有正生成焓、能量高、热安定性好、化学性质较稳定以及燃烧产物分子量低等优点，已作为重要组分广泛应用于混合炸药和固体推进剂等复合含能材料中。因此，关于利用分子动力学研究单体炸药的报道，主要集中于对 HMX 和 RDX 的研究。

Manaa 等[53]应用分子动力学模拟研究了近似爆轰条件下 HMX 的热分解，其产物为 H_2O、N_2、CO_2 和 CO，气体产物的反应速率与采用热力学方法计算的最大浓度出现时间相吻合。Zhou 等[54]在应用分子动力学方法研究 β-HMX 的热分解机理时，发现其初始阶段热分解有 3 个竞争的途径：N—NO_2 键断裂、HONO 脱去以及母体环协同破裂；在高、低温条件下，N—NO_2 键断裂的途径均占优势，但其分解机理存在差异。Kohno 等[114]通过设定不同的模拟条件，研究了晶型对 HMX 初始热分解的影响，发现各晶型 HMX 初始热分解历程不同的原因在于其分子中 N—N 键长度存在差异。

除热分解外，单体炸药的力学性能也是分子动力学方法模拟研究的重点。

Sewell 等[48]模拟计算了不同晶型 HMX 的弹性系数和模量,其中 β-HMX 在常态条件下体模量的模拟计算值与理论计算值相吻合;模拟计算值表明 β-HMX 晶体接近各向同性弹性体,刚性较强且属于脆性物质,温度变化对其力学性能几乎没有影响,但压力增大后 β-HMX 晶体变得易于压缩[115],同时其硬度增加,脆性转变为韧性[116]。与 HMX 不同,RDX 的力学性能受温度影响较大,在 195~345K 范围内其刚性和弹性均随温度的增加而下降,柔性、延展性和韧性增强;此后,RDX 在继续升温至 445K 的过程中,其刚性和弹性不变,但延展性和韧性继续增强[117]。马秀芳等[52]应用分子动力学研究了晶体缺陷对 β-HMX 的力学性能的影响,发现相对于 HMX 完美晶体,缺陷晶体的弹性系数和模量(拉伸、体积和剪切)下降。

此外,也有应用分子动力学方法研究单体炸药的晶体结构、热膨胀系数以及爆炸性能等方面的报道。肖继军等[50]对 β-HMX 超晶胞(4×2×3)在常压下、205~385K 温度范围进行了 7 个不同温度的分子动力学模拟,发现 β-HMX 晶体的晶胞参数随温度变化很小,其线膨胀系数和体膨胀系数均随温度升高而缓慢下降,数值与文献相符。石一丁和黄风雷[118]对 β-HMX 晶体进行了不同方向的单轴压缩模拟,结果发现,垂直于不同晶面的单轴压缩得到的状态方程不同,且绝热压缩下体系温度的模拟结果与理论计算得到的冲击温度相接近,表明分子动力学方法可以用于预估炸药的冲击温度。

单体炸药 1,4,6,9-四硝基-1,4,6,9-四氮杂双环[4,4,0]癸烷(TNAD)的晶体结构和热膨胀系数也有模拟研究报道[119]。

1.3.4 分子动力学方法在混合炸药中的应用

1. 对炸药聚合体分子间相互作用的研究

在混合炸药体系中,单质炸药的聚合体的分子间相互作用是较简单的情形。Politzer 等[120]用 DFT-B3PW91 方法研究了二甲基硝胺的二聚体,计算得到了其表面静电势(ESP)图,发现了两种二聚体结合方式,并可由二聚体静电势推知第三个分子的结合方式,对此聚合体的研究同样与二甲基硝胺晶体的结构相关(图 1-7)。Li 等[121]运用从头计算(ab initio)方法在 HF/6-31G*水平下研究了燃料空气炸药(fuel air explosive,FAE)组分环氧乙烷二聚体,电子相关能用 MP 微扰法进行校正,求得了经 MP4 电子相关和基组叠加误差(BSSE)以及零点能(zero point energy,ZPE)校正的相互作用能,并用自然键轨道(NBO)分析揭示了稳定二聚体的弱相互作用的本质;他还采用 DFT 方法在 B3LYP/6-31++G**水平下,研究了硝基甲烷二聚体和三聚体的分子间相互作用[122];研究中发现构型优化时有六个分子间坐标需要确定,而采用组合得到尽可能多构型的方法,需要的构型数目惊人;为解决这一难题,采用了重点关注分子间异性基团的方法,以尽量减少所需构型;此外还发现基组的选择对于分子间相互作用计算有很大影响。

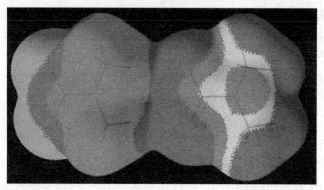

图 1-7　二甲基硝胺二聚体的表面静电势图[120]

　　通过量子化学计算可详细分析单质炸药聚合体中的弱相互作用。宋华杰等[123]运用密度泛函理论(density-functional theory)(DFT)结合对称性适应的分子间微扰理论(symmetry-adapted intermolecular perturbation theory，SAPT)方法研究了静电作用力、色散力和交换排斥能等不同分子间力在 TATB 二聚体中所起的作用，揭示了 TATB 分子间作用的本质。Chermahinia 等[124]采用 DFT 方法在 B3LYP/6-31++G(d,p)水平下研究了四唑二聚体的分子间相互作用和氢键。陈天娜等采用 DFT 方法在 B3LYP/6-31++G** 水平下研究了氧化呋咱二聚体，发现在形成二聚体的过程中分子的平面构型并没有发生改变，并推测出分子中形成较大的 π-π 共轭，分析了二聚体中的 O···H 与 N···H 氢键，结合 SAPT 方法发现了其分子中氢键作用主要由静电能决定[125]。有研究采用 QC 方法分别在 HF/6-31G*、MP2/6-31G*、B3LYP/6-31G* 和 PBE1PBE/6-31G* 水平下，用超分子(suprer molecular，SM)方法求得 α-双环-HMX 三种二聚体中的分子间相互作用能，并用 SAPT 与 DFT 相结合的方法求得三种二聚体的分子间相互作用能及其分量，发现 DFT 方法对色散能计算的丢失可能使其求得的相互作用偏小[126]。胡银等采用 DFT 方法在 B3LYP/6-31G(d)水平下求得 3,6-二氨基-1,2,4,5-四嗪二聚体[127]势能面上三种优化几何构型和电子结构，经 BSSE 和 ZPE 校正，求得分子间最大相互作用能；并进行了电荷分布与转移分析，由 NBO 分析揭示了分子间相互作用的本质；他们还通过振动分析并基于热力学分析发现二聚主要由强氢键所贡献，二聚过程在较低温度或常温下能自发进行。有研究采用 DFT 法在 B3LYP/6-31G*水平下，用同样的方法对 3,6-双(1-氢-1,2,3,4-四唑-5-氨基)-1,2,4,5-四嗪(BTATz)二聚体[128]进行分析，发现二聚也主要由强氢键所贡献，二聚过程在 200～400K 均能自发进行。

　　炸药分子晶体的研究方面，Politzer 和 Ma[129]采用 QC 方法在 HF/6-311+G** 及 B3PW91/6-311+G** 水平下计算了 RDX 晶格内非共价的分子间静电作用、极化作用和总能，发现总的相互作用能很好地近似于在单个椅式-AAE 构型的 RDX 分子间的纯静电作用，却不能很好地用 Mulliken 和 CHelpG 点-电荷模型来描述，研究结果能够为发展 MD 模拟中的分子间作用势提供参考。Zhang 等[30]基于 DFT 计算参数建立分子力场并进行 MD 模拟，研究了 TATB 晶体的分子间相互作用情况，计算得到在外界压力下分子间相互作用总能、范德瓦尔斯力及静电力的变化情况，并证明了 TATB 晶体中 π 堆积结构对外界刺激的缓冲作用。

2. 对不同炸药分子之间相互作用的研究

实际应用中，常将不同种炸药混合使用以达到改进配方的目的，因此不同炸药分子之间的相互作用也是混合体系中的常见情形。较为粗略但计算耗时较少的半经验方法在此方面有所应用，Li 等[130]用半经验分子轨道(molecular orbital, MO)方法在 PM3 水平上研究了 2,4,6-三硝基苯(TNB)与 TATB 的分子间相互作用，得到经色散能校正后的相互作用能。

DFT 方法更为精确，在研究不同炸药分子之间作用方面应用较多，其计算方法与同种炸药分子间作用的计算类似。侯素青等[131]用 DFT 方法在 B3LYP/6-31G(d)水平下研究了四种氮杂杯芳烃类与 RDX 形成的复合体的结构，分子间相互作用能由 BSSE 和 ZPE 校正进行计算，并对四种复合体系的相互作用能进行比较，用 NBO 分析揭示了相互作用的本质，结果表明，复合体的相互作用能主要由氢键所贡献。张文艳等[132]采取相同的方法进一步对四种氮杂环芳烃主体单体及其与 HMX 形成的四种复合体进行了研究，发现带有取代基的复合物的相互作用能大于没有带取代基的复合物，带有氨基取代基的复合物的相互作用能大于带有硝基取代基的复合物。牛晓庆等[133]用 DFT 方法在 B3LYP/6-31G(d)水平上研究了 B 炸药的主要成分 TNT 与 RDX 分子间的相互作用，对于 TNT + RDX 混合体系校正后的相互作用能为

$$\Delta E_c = E_{TNT+RDX} - E_{TNT} - E_{RDX} + E_{BSSE} \tag{1-2}$$

式中，$E_{TNT+RDX}$ 为混合体系的总能量；E_{TNT} 和 E_{RDX} 分别为单体 TNT 和单体 RDX 的能量；E_{BSSE} 为基组叠加误差，能量单位均为 $kJ \cdot mol^{-1}$。

通过讨论稳定构型在几何参数、稳定性、红外光谱和电荷分布上的差异，并借助分子静电势和 NBO 电荷分析揭示了分子间相互作用的本质，发现分子间作用主要由氢键所贡献，形成分子间氢键是个放热过程，运用 Kamlet-Jacobs 方程基于理论密度估算了混合体系梯恩梯(trinitrotoluene, TNT)/RDX 的爆速和爆压，并与文献值进行比较，结果表明理论计算可靠。

文献[134]采用 DFT 方法在 B3LYP/6-311++G(d,p)水平下计算了甲基硝基胍-硝酸肼低共熔物的分子间作用，分析了结合能、氢键作用的贡献和分子聚集数的影响；采用 DFT-D 计算方法得到了 TNT/CL-20 二聚体的最优化构型，分析了其分子间相互作用(图 1-8)，并用 MD 模拟研究了 TNT/CL-20 共晶炸药的力学性能、

稳定性和相互作用形式[135]。

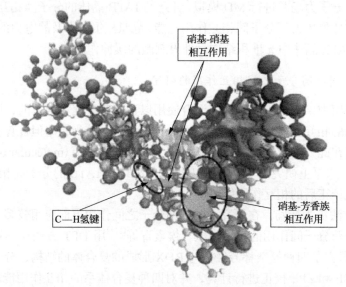

图 1-8　TNT/CL-20 共晶炸药中的分子间相互作用[135]

3. 对炸药与其他组分之间分子间相互作用的研究

对于含能组分与其他添加组分间的相互作用,主要应用 DFT 方法进行研究。黄辉和李金山[136]用 DFT 方法在 B3LYP/6-31G*水平下计算了 HMX 与 BH$_3$、BH$_2$(CH$_3$)、BH(CH$_3$)$_2$、B(CH$_3$)$_3$ 等一系列含硼化合物的相互作用,结果表明,HMX BH$_3$ 和 HMX BH$_2$(CH$_3$)中的 B 与 O 原子间相互作用较强,由于空间位阻效应,HMX 中的 O 原子与 BH(CH$_3$)$_2$、B(CH$_3$)$_3$ 和 B(OH)CH$_3$)(CH$_2$NH$_2$)中的 B 原子距离较大。林小雄等[137]用 DFT 法在 B3LYP/6-311++G**水平下研究了硝基甲烷与乙二胺、乙二醇、1,1-二氨基丙烷和 1,1,3-丙三醇的相互作用,得到它们的相互作用能,发现含有多羟基的化合物可增加硝基化合物的热稳定性,计算结果与其热重分析实验结果相符。Venkatesan 等[138]主要采用 DFT 法在 B3LYP/6-311++G**水平下计算了 FOX-7 和乙炔物质的量占比 1∶1 混合体系的结构、能量和振动性质,同时分子中原子理论(AIM)分析也被用来揭示分子间作用本质。

此外,针对添加改性组分常有高聚物而使体系较大、计算量增大的困难,半经验方法也得到应用。文献[139-141]报道用 MO 方法在 PM3 水平上分别研究了二缩三乙二醇二硝酸酯(triethylene glycol dinitrate,TEGDN)、丁三醇三硝酸酯和硝化甘油(NG)与高分子黏结剂形成的含能共混体系,在此水平下,相互作用能(ΔE)为 PM3 水平自洽场相互作用能(ΔE_{PM3})和相关作用能(这里为色散能 ΔE_D)之和,即

$$\Delta E = \Delta E_{PM3} + \Delta E_D \tag{1-3}$$

式中，色散能可以由原子-原子势经验方法计算，即

$$\Delta E_{\mathrm{D}} = \sum_{i}^{\mathrm{A}} \sum_{j}^{\mathrm{B}} C_{ij} R_{ij}^{-6} \tag{1-4}$$

式中，R_{ij} 为 A 分子中 i 原子与 B 分子中 j 原子的间距；C_{ij} 系数为 C_{ii} 和 C_{jj} 的几何平均，ΔE_{D} 单位为 kJ·mol^{-1}。

3-叠氮甲基-3-甲基环氧丁烷聚合物（3-azidomethyl-3-methylepoxybutane polymer，AMMO）和 3,3-双（叠氮甲基）环氧丁烷聚合物［3,3-bis（azidomethyl）epoxybutane polymer，BAMO］与 TEGDN 的相互作用能大于其他四种高分子黏结剂，端羟基聚丁二烯（hydroxyl terminated polybutadiene，HTPB）、AMMO 与 BTTN 的结合能随着高分子聚合度的增加而增大，而 BAMO、GAP、PEG 与 BTTN 间的结合能呈不同规律，GAP、AMMO 和 BAMO 与 BTTN 的结合能略大于 HTPB 和 PEG，除 GAP 和 BAMO 以外，当 NG 与高分子黏结剂混合体系的几何结构（聚合度 n）值增大时，混合体系的相互作用能增加。

分子模拟技术也被应用于炸药和其他组分的分子间相互作用研究。例如，孙小巧[142]运用 MM 方法研究典型高能炸药（HMX、RDX、CL-20）与高分子黏结剂（PEG、HTPB、GAP，AMMO、BAMO 等）混合物的分子间相互作用，计算了上述超分子体系的结构与结合能，发现相互作用能随高分子聚合度的增加而变化。以上计算结果可以为相关含能组分与高分子黏结剂的配方设计提供理论参考。

4. 对添加改性组分分子间相互作用的研究

探索黏结剂、增塑剂、固化剂等添加剂组分之间，特别是组分与聚合物间的相互作用，对于深入研究改性机理及筛选合理的混合炸药配方具有重要意义。张艳丽等[143]运用 DFT 法在 B3LYP/6-31G 水平上研究了高聚物黏结剂与硅烷偶联剂的混合体系，发现高聚物黏结剂与硅烷偶联剂之间存在较强的电荷转移作用，分子间存在 H···O 和 F···H 等弱氢键作用，成功地模拟了高分子链与增塑剂的相互作用情形。

混合炸药中添加的改性组分体系大多数是复杂凝聚态混合物，其组分相容性问题及介观结构性能等也深受关注，更深入的分子模拟和热力学分析是必要的。特别是对于含聚合物的添加组分体系，由于不易用实验测定其升华热等热力学性质，可以运用 MD 模拟，选用包括径向分布函数、内聚能密度和溶度参数等来表征其相互作用情况。径向分布函数 $g(r)$ 表示在一个分子周围距离为 r 的地方出现另一个分子的概率密度相对于随机分布概率密度的比值，能够反映分子间相互作用的本质。凝聚态结构中的分子间作用是各种引力和斥力所做贡献的总和，不能简单地用某种作用力表示，一般用内聚能和内聚能密度衡量分子间作用力

大小，如

$$E_{\text{coh}} = \Delta H_{\text{V}} - RT \tag{1-5}$$

$$\text{CED} = E_{\text{coh}} / V \tag{1-6}$$

式中，E_{coh} 为内聚能，$\text{kJ}\cdot\text{mol}^{-1}$；$\Delta H_{\text{V}}$ 为摩尔蒸发热，$\text{kJ}\cdot\text{mol}^{-1}$；$R$ 为摩尔气体常量，$\text{kJ}\cdot\text{mol}^{-1}\cdot\text{K}^{-1}$；$T$ 为热力学温度，K；CED 为内聚能密度，$\text{J}\cdot\text{cm}^{-3}$；$V$ 为摩尔体积，$\text{cm}^3\cdot\text{mol}^{-1}$。

定义溶度参数 δ 为内聚能密度的平方根，单位为 $(\text{J}\cdot\text{cm}^{-3})^{1/2}$：

$$\delta = \sqrt{E_{\text{coh}} / V} \tag{1-7}$$

当两种组分共混时，其混合热的 Hildebrand 半经验式可表示为

$$\frac{\Delta H_{\text{m}}}{V_{\varphi_1\varphi_2}} \Delta H_{\text{m}} / V_{\varphi_1\varphi_2} = (\delta_1 - \delta_2)^2 \tag{1-8}$$

式中，V 为总体积，cm^3；φ_1、φ_2 分别为组分 1 和组分 2 的体积分数，%；δ_1 和 δ_2 为组分 1 和组分 2 的溶度参数，$\text{J}\cdot\text{cm}^{-3}$；$\Delta H_{\text{m}}$ 为摩尔焓变，$\text{kJ}\cdot\text{mol}^{-1}$。

按照热力学的自由能判据，自发过程进行的必要条件是自由能变化小于零，即

$$\Delta G_{\text{m}} = \Delta H_{\text{m}} - T\Delta S_{\text{m}} < 0 \tag{1-9}$$

式中，ΔG_{m} 为摩尔自由能变，$\text{kJ}\cdot\text{mol}^{-1}$；$\Delta S_{\text{m}}$ 为摩尔熵变，$\text{J}\cdot\text{mol}^{-1}\cdot\text{K}^{-1}$；$T$ 为热力学温度，K。两物质的溶度参数越相近，ΔH_{m} 越小，ΔG_{m} 也就越小，其共混物体系越趋于相容。

采用无定形分子建模结合 MD 模拟的方法，分别计算了不同软硬段组成的叠氮黏结剂与硝酸酯的内聚能密度和溶度参数[144]，不混溶的 HTPB-DEGDN 体系与可混溶的 HTPB-己二酸二辛酯(DOA)体系的溶度参数、密度和蒸发焓[145]，HTPB 黏合剂与常用增塑剂和固化剂等组分的密度和溶度参数[146,147]，分析了各体系的组分相互作用和混溶性，计算结果与实验结果一致，此外还结合分子蒙特卡罗方法计算得到了叠氮纤维素与增塑剂的相互作用参数[148]。文献[149]研究了新型含能黏结剂聚缩水甘油醚硝酸酯(PGN)与 DOA、癸二酸二辛酯(DOS)、邻苯二甲酸二丁酯(DBP)等增塑剂的混溶性问题，先后构建并优化分子构型和无定形分子模型，采用 MD 模拟得到了各组分及共混体系 PGN 与增塑剂共混物的平衡构象(图 1-9)，基于热力学理论计算了内聚能密度、溶度参数、Flory-Huggins 参数和共混能等，分析了相应共混物的分子间相互作用及共混相容性。

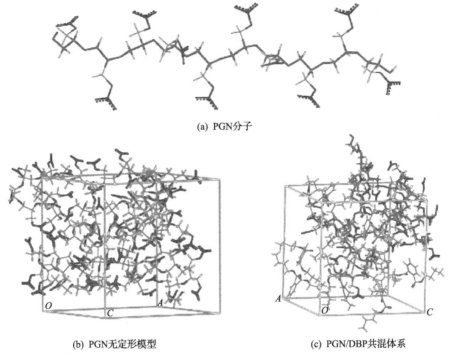

(a) PGN分子

(b) PGN无定形模型　　　　　　　　　　(c) PGN/DBP共混体系

图 1-9　含能黏结剂 PGN 及其与增塑剂共混物的优化分子模型[149]

5. 组分界面间相互作用的研究

组分界面间相互作用问题的难点在于涉及介观结构。混合炸药的力学、热力学等性质通常是以宏观材料测试方法进行研究的[21-23]，作为复杂混合体系，其介观尺度测试有一定困难。然而介观尺度结构对有关性能具有关键影响，寻找一个有效的微观模型与宏观性能的关联方法成为一个难题，而耗散离子动力学(DPD)方法则提供了一个有效的解决手段。

Zhang 等[150]用 DPD 方法研究了 TATB 基高聚物黏结炸药(polymer bonded explosive，PBX)中 F_{2311}、F_{2312}、F_{2313} 和 F_{2314} 的聚合行为，发现四种不同的含氟聚合物都形成网-球状结构，从而包裹住 TATB 炸药分子。通过与不同量的氯三氟乙烯(CTFE)混合的模拟，发现随着 CTFE 量的增加，含氟聚合物发生相分离，并发现在 350K 和 400K 下含氟聚合物分别形成了网状和蜂窝状结构;同样采用 DPD模拟方法研究了在 TATB 基 PBX 中硅烷偶联剂的有关行为，发现了一种新的偶联机理，即与 TATB 亲和的黏合剂结构单元在界面上组装，与 TATB 不亲和的黏合剂结构单元则通过皱缩在其中的硅烷偶联剂中而黏合在一起，从而提高黏合剂和 TATB 的黏合作用[151]。周阳等采用 DPD 方法系统地研究了含能聚合物自组装及其与纳米含能材料的相互作用问题:通过研究键角势弯曲系数对模拟体系温度控制的影响，建立了自定义的温差参数 δ_T 与链段比例 φ 及积分步长 Δ_t 的经验关系[152]：

$$\delta_T = a\varphi^b \Delta_t^c \qquad\qquad (1\text{-}10)$$

式中，a、b、c 为待定系数。

　　文献详细研究了大分子嵌段共聚物和小分子增塑剂对 GAP/HTPB 体系两相界面性能的影响[153]、以 GAP 为基的嵌段共聚物的介观形貌及其对力学性能的影响[154]、表面修饰的纳米棒对不相容 A/B 均聚物两相界面性能的影响(图 1-10)[155] 以及纳米含能颗粒与嵌段共聚物形成的自组装结构[156]等关键问题，从介观尺度描述了含能聚合物与纳米含能材料的相互作用和性能影响，为先进混合炸药的配方及改性设计提供了理论参考。

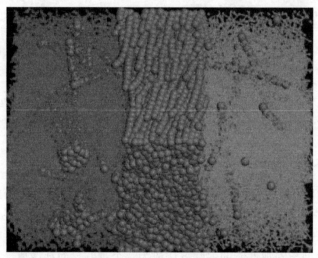

图 1-10　纳米棒对含能均聚物两相界面行为的影响[155]

　　肖继军等[58]应用分子动力学方法对 HMX 与含氟聚合物系列组成的高聚物黏结炸药(PBX)进行了模拟研究，发现与 HMX 相比，HMX 基氟聚物的弹性系数和模量均有所下降，表明材料的刚性减弱，同时韧性、塑性增强，脆性降低，黏结剂组分的加入有效地改善了 HMX 的力学性能，但或多或少降低了 HMX 的爆热和爆速[60]；在含氟聚合物系列中，F_{2311} 与 HMX 的结合能较大，且在 HMX(1 0 0)晶面上添加 F_{2311} 对提高体系的延展性作用较显著；在 245~445K 范围内，随温度增加，HMX(1 0 0)/F_{2311} 的 PBX 延展性呈抛物线变化，其原因在于 F_{2311} 分子链的运动及其构象随着温度的变化而变化[62]。除黏结剂组分外，某些单体炸药也可改善 HMX 的力学性能，如 TATB 与 HMX 所构成的混合体系在室温时的模量较 HMX 有所下降，且混合体系的力学性能受温度因素的影响较小[157]。此外，HMX 自身的晶体缺陷同样会对 PBX 的力学性能产生影响，可使 β-HMX/HTPB 弹性系数和模量下降，体系刚性减弱，延展性和韧性增强，其影响规律与单体 HMX 类似；晶体缺陷还导致 PBX 的爆炸性能下降，其趋势与力学性能下降趋势相一致[158]。

马秀芳等[159]对 TATB 基氟聚物 PBX 进行了分子动力学模拟研究，其结果与 HMX 基氟聚物 PBX 类似，含氟聚合物同样可改善 TATB 的力学性能。肖继军等[160]分别用量子力学方法和分子动力学方法计算了 TATB 与氟聚物之间的结合能，结果表明，2 种方法求得的结合能存在良好的线性关系。此外，选取 TATB 晶面的差异会影响氟聚物与 TATB 结合能的大小以及 PBX 的力学性能，TATB(0 0 1)晶面与氟聚物的结合能最大，其强度主要由分子间氢键作用决定[161]；而 TATB(0 1 0)晶面与 TATB(1 0 0)晶面和氟聚物组成的 PBX 的力学性能则相对较好[162]。马秀芳等[163]还研究了温度和高聚物浓度对 TATB 基 PBX 力学性能的影响，发现随着高聚物浓度的增加，PBX 的弹性系数和模量减小（即刚性减小、弹性增加），结合能增大；同时，随着温度的升高，PBX 的刚性减小、弹性增强，而结合能减小。

为将高能量密度化合物 CL-20 应用于 PBX 配方，许晓娟等[164]分别模拟计算了 ε-CL-20 与聚氨基甲酸乙酯(Estane 5703)、GAP、HTPB、PEG 和 F_{2314} 所构成 PBX 的结合能、相容性、安全性、力学性能和能量性质，发现在 5 种黏结剂中，PEG 与 ε-CL-20 的结合能最大、相容性最好；HTPB 与 ε-CL-20 的安全性最好，对 ε-CL-20 力学性能的改善程度也最显著；F_{2314} 则对 ε-CL-20 能量的消极影响最小。Umezawa 等[165]应用分子动力学方法对 RDX 与 PBX 常用的燃料组分 Al 之间的相互作用进行了模拟研究，发现 Al 原子对 RDX 分子中的氧原子有很强的吸引力，导致 N—O 和 N—N 键断裂，然后游离的 O 原子和 NO 分子使 Al 晶体表面氧化。由于炸药晶体模型的选取对模拟结果有着重要的影响，为此，Xiao 等[166]研究了炸药不同晶体模型的适用性，发现"吸附包覆"模型适于研究温度以及黏结剂浓度对 PBX 炸药弹性性能的影响，而"切割分面"模型更适于研究力学性能的各向同异性。

上述利用分子动力学模拟研究混合炸药结构与性能的工作多集中于双组分体系，为更接近实际应用，于艳春等[167]设计了 4 种四组分混合体系：GAP/NG/BTTN/二硝基偶氮氧化二呋咱(DNOAF)、GAP/NG/BTTN/三氢化铝(AlH$_3$)、PEG/NG/BTTN/DNOAF 和 PEG/NG/BTTN/AlH$_3$，并进行了分子动力学模拟研究，结果表明，在 4 种混合体系中，AlH$_3$ 和 DNOAF 与黏结剂的结合能均较大，表明其稳定性和组分间的相容性较好；同时，AlH$_3$ 比 DNOAF 的应用效果更好，其原因是 AlH$_3$ 中的 Al 原子可与 PEG 中的 O 原子间产生较强的氢键作用，导致 AlH$_3$ 晶体与黏结剂间的非键合力最强，使得 4 种混合体系中 PEG/NG/BTTN/AlH$_3$ 体系力学性能最好。

1.3.5　分子动力学方法在高分子材料中的应用

分子模拟是对真实分子系统的计算机模拟，许多通过实验很难得到或无法得到的数据，通过模拟却可以轻松地获得，因为计算机可以清晰地展示分子的微观结构和计算材料力学性能等。它既不是实验方法，又不是理论方法，它是在实验基础上，通过基本原理构筑一套模型与算法，从而计算出合理的分子结构与分子行为。分子模拟法可以模拟现代物理实验方法还无法考察的物理现象和物理过程，从而发展新的理论；研究化学反应的路径、过渡态、反应机理等问题，代替以往的化学合成、结构分析、物理检测等实验，从而进行新材料的设计，缩短新材料研制的周期，降低开发成本[160]。由于以上优点，分子模拟技术在药物分子设计、新材料设计、高分子合成等许多领域已成为一种十分重要的方法和工具，计算机模拟方法的迅速发展推动了材料科学的研究与进展。

1. 分子动力学模拟方法

随着计算机技术的强大，模拟计算的地位日渐凸显。分子模拟的方法主要有4种：量子化学方法、分子力学方法、分子动力学方法和分子蒙特卡罗方法。

1）量子化学计算方法[169]

QC 方法有从头计算法 Hartree-Fock(HF)法、Moller-Plesset 多体微扰理论(MP)、DFT 方法及半经验法等类型。从头计算法是求解多电子体系问题的量子理论全电子方法，不借助经验参数，在理论和计算上都比较严格，计算结果较为可靠。Hartree-Fock 法是最基本的从头计算方法，采用单电子近似，在其基础上继续考虑电子相关校正。Moller-Plesset 多体微扰理论是基于 HF 单行列式的电子相关方法，该方法把单电子 Fock 算符之和组成零级哈密顿，当计入微扰到 n 级时，就称为 MPn 方法，以上方法所需机时和计算空间较大。随着量子化学理论的发展，形成了现代 DFT，其核心是设计精确的泛函；DFT 方法既考虑了电子相关作用，又不是太耗时，而且计算精度也较高，是研究分子间相互作用比较理想的理论方法；最常用的 DFT 方法有 BLYP、B3LYP、B3P86 和 B3PW91，B3LYP 方法是目前最为流行的 DFT 方法。半经验法则需采用一些实验得到的参数帮助求解薛定谔方程，包括 AM1、PM3 等方法，计算耗时少，适合于计算较大的体系。

量子化学方法借助计算分子结构中各微观参数，如电荷密度、键序、轨道、能级等与性质的关系，设计出具有特定动能的新分子。该法所描述的是简单的非真实体系，计算的是热力学温度零度下真空中的单个小分子。其中从头算量子力学计算法广泛用于计算平衡几何形状、扭转势以及小分子的电子激发能。随着计算机硬件和算法的发展，已将此技术用到大分子，包括聚合物的低聚物在内的模型，并有较好的效果。

运用分子间相互作用能(ΔE)、自然键轨道理论等分析分子间相互作用情况：ΔE 表征分子间相互作用的强度，超分子变分法定义 ΔE 为

$$\Delta E = E_s - \sum_i E_i \tag{1-11}$$

式中，$i = 1 \sim n$，n 为子体系总数；E_s 为超体系的总能量；E_i 为子体系的总能量；同时还要考虑基组叠加误差(BSSE)，单位为 $kJ \cdot mol^{-1}$。微扰法定义 ΔE 为静电力、诱导力、色散力以及交换作用能之和，不存在基组叠加误差，如对称性匹配微扰理论法已成为研究分子间作用的基本手段之一；NBO 理论基于单粒子密度矩阵来研究多原子波函数以及其成键行为，可以通过自然杂化轨道分析、自然集居分析以及电子供体和受体(donor-acceptor)之间的电子转移模型分析，给出原子间的成键类型、分子轨道构成及其相互作用情况，已经成功应用于分子内或分子间氢键的研究。

2) 分子力场与分子力学[169]

分子力场是由一套原子尺度的势函数和力常数构成的势能场，它是分子力学甚至整个分子模拟方法的核心。一个分子力场由分子内相互作用和分子间相互作用两大部分构成，总能量(E_{total})包括键伸缩(E_{bond})、键角弯曲(E_{angle})、二面角扭转($E_{torsion}$)、范德瓦尔斯相互作用(E_{vdW})、氢键作用(E_{Hbond})、静电相互作用(E_e)和偶极作用(E_{dipole})等，如

$$E_{total} = E_{bond} + E_{angle} + E_{torsion} + E_{vdW} + E_{Hbond} + E_e + E_{dipole} \tag{1-12}$$

分子力场的参数由第一性原理计算结果或者实验结果拟合得到。目前分子力场已经从 MM、AMBER、CHARM 等第一代力场，CFF 系列、PCFF 等第二代力场，发展到 COMPASS 从头算力场、ReaxFF 反应力场等先进力场。MM 方法基于比较简单的模型建立分子力场公式来进行计算，计算公式中采用了大量的经验参数，因此大大简化了计算过程，与从头计算法和半经验方法相比，用 MM 计算较大的体系可以节省计算时间。

分子力学法又称 force field 方法，是在分子水平上解决问题的非量子力学技术。其原理是，分子内部应力在一定程度上反映被计算分子结构的相对势能大小。分子力学法是依据经典力学的计算方法，即依据波恩-欧本海默(Born-Oppenheimer)原理，计算中将电子的运动忽略，而将系统的能量视为原子核种类和位置的函数，这些势能函数被称为力场。分子的力场含有许多参数，这些参数可由量子力学计算或实验方法得到。该法可用来确定分子结构的相对稳定性，广泛地用于计算各类化合物的分子构象、热力学参数和谱学参数。

3) 分子动力学模拟[169]

分子动力学模拟(molecular dynamics simulation，MDS)方法的建立来自 MM 的发展，它是利用牛顿力学基本原理，通过求解运动方程得到所有原子的运动轨迹，进而基于轨迹计算得到所需各种性质的一种方法，适用于研究复杂凝聚态物质，是一种用来计算一个经典多体系的平衡和传递性质的方法。经典 MD 模拟是在特定分子力场下，通过运用力、速度和位置等参数动态模拟材料的结构和性能；从头算分子动力学（ab initio molecular dynamics，AIMD）方法基于第一性原理，将 DFT 方法与 MD 方法有机结合起来，是计算机模拟中最重要的方法之一。

在许多方面，分子动力学模拟与真实实验相似。它以特定粒子(如原子、分子或者离子等)为基本研究对象，将系统看作具有一定特征的粒子集合，运用经典力学方法研究微观分子的运动规律，得到体系的宏观特性和基本规律。由于分子力学所描述的是静态分子的势能，而真实分子的构象除了受势能影响外，还受到外部因素如温度、压力等条件的影响，在这种情况下，分子动力学方法应当是更符合实际、更符合真实状态的计算方法。分子动力学模拟已应用于模拟原子的扩散、相变、薄膜生长、表面缺陷等过程，可得到原子结构因子、状态方程、弹性模量、热膨胀系数、热容和焓等物理量。

4) 耗散粒子动力学模拟

DPD 是在 MD 等方法的基础上发展而来的，已经被广泛应用在多种复杂体系的模拟当中。DPD 模拟方法基于粗粒化模型，形象地说，就是把一条高分子链模拟为一串"珠子"，用每一个"珠子"代表一小块区域的集体行为，并且在粒子间引入了"软"的相互作用势，因此它可以用来模拟较大尺度上系统的结构及演变。在 DPD 模拟中，粒子的运动依然是遵循牛顿运动方程，耗散力和随机力分别代表粒子之间的动力相互作用，采用数值积分求解运动方程得到每个粒子在不同时刻的位置。

5) 蒙特卡罗法

蒙特卡罗法与一般计算方法的主要区别在于它能比较简单地解决多维或因素复杂的问题，它利用了统计学中的许多方法，又称统计实验方法。该方法不像常规数理统计方法那样通过真实的实验来解决问题，而是抓住问题的某些特征，利用数学方法建立概率模型，然后按照这个模型所描述的过程通过计算机进行数值模拟实验，以所得的结果作为问题的近似解。因此，蒙特卡罗法是数理统计与计算机相结合的产物。由于高分子链由大量的重复单元构成，聚合反应存在着随机性。分子量的大小分布、共聚物中的序列分布、高分子的构象、降解都存在着随机性问题，蒙特卡罗法无疑成为研究的最佳对象，几乎从其建立之日起，就在高分子领域得到了应用。

2. 多尺度数值模拟软件[170]

目前多尺度数值模拟软件的种类较多，各有各的优点和用途。以下简单介绍一些主流的多尺度数值模拟软件及用途。

1) Materials Studio

Materials Studio(MS)是 Accelerys 公司专为材料科学领域开发的新一代材料计算软件。它能方便地建立 3D 分子模型，深入分析有机晶体、无机晶体、无定形材料以及聚合物，可以在催化剂、聚合物、固体化学、结晶学、晶体衍射以及材料特性等材料科学研究领域进行性质预测、聚合物建模和 X 射线衍射模拟，操作灵活方便，并且能够最大限度地运用网络资源。模拟的方法包括量子力学的密度泛函理论、半经验的量化计算方法、分子力学、分子动力学以及介观模拟方法等。

2) CFD-Fastran

CFD-Fastran 是专门为航空航天应用所设计的可压缩流动的解算器。它采用了多种网格技术，可模拟导弹发射、分离过程等绝大多数复杂的航空、航天问题，并可分析包含移动物体和气动热化学反应的高速流动。

3) ANSYS

ANSYS 软件是集结构、流体、电场、磁场、声场分析于一体的大型通用有限元分析软件。它能与多数 CAD 软件接口，实现数据的共享和交换，如 Pro/Engineer、NASTRAN、Alogor、IDEAS 和 Auto CAD 等，是现代产品设计中的高级 CAD 工具之一。软件主要包括 3 个部分：前处理模块、分析计算模块和后处理模块。

4) Ansys CFX

Ansys CFX 是全球第一个在复杂几何、网格、求解这 3 个 CFD 传统瓶颈问题上均获得重大突破的商业 CFD 软件。

5) IMSL

IMSL 程序库已经成为数值分析解决方案中的工业标准，提供完整且值得信赖的函数库，提供目前世界上广泛使用的 IMSL 算法。IMSL FORTRAN 程序库提供新一代以 FORTRAN 90 为基础的程序，具有最佳化的演算能力，可应用于多处理器与其他高效能运算系统。

6) Multi-Physics

Multi-Physics 是多物理场耦合的有限元分析软件，可以通过选择不同的模块同时模拟任意物理场组合的耦合分析，直接定义物理参数创建模型，自由定义用户自己的方程，处理耦合问题的数目是没有限制的。

7) ABAQUS

ABAQUS 是一套功能强大的工程模拟有限元软件,其解决问题的范围从相对简单的线性分析到许多复杂的非线性问题。ABAQUS 包括一个丰富的、可模拟任意几何形状的单元库,并拥有各种类型的材料模型库,可以模拟典型工程材料的性能。作为通用的模拟工具,ABAQUS 除了能解决大量结构(应力/位移)问题外,还可以模拟其他工程领域的许多问题。

3. Materials Studio 在高分子材料中的应用

计算机模拟已经应用在高分子科学的各个方面,包括模拟高分子溶液、表面和薄膜、非晶态、晶态、液晶态、共混体、嵌段共聚体、界面、生物聚合物、高分子中的局部运动、液晶高分子的流变学、力学性质和电活性等[171]。

1) 高分子溶液的模拟

Deiley[172]在周期性边界的条件下运用 Dmol3 COSMO 方法建立了高分子的溶解和界面作用的模型,这种新模型的建立使固体内表面的几何优化、动力学、振动分析都很容易模拟,这种方法可以准确地确定高分子混合物的热力学性质,如水合能、蒸气压、分配系数等[173]。运用这种方法来研究固液体系,只需要选取少量的溶剂分子,这种方法将开辟固液界面模拟的新纪元。

2) 表面和薄膜的模拟

在包装工业和选择性分离膜的设计工业中,需要大量小分子气体在高分子材料中扩散的力学性能信息,通过分子模拟可以得到大量可靠的信息,对合成合适的高分子膜提供了巨大的帮助。Meunier[174]证明了 Materials Studio 的 MD 模拟能够准确地预测小分子气体在高分子材料中的扩散系数。为了建立气体扩散模型,他运用 Materials Studio 的 Amorphous 模块构建了不同构型的高分子长链和气体分子,运用 MD 使体系达到平衡,分析结果得到,在 298K 下的扩散系数偏高,这是由于链的柔顺性取决于链的长度,而实验选取的模型链长度太短。

3) 界面的模拟

MS 还可以预测材料的界面信息,有效指导实验。例如,文献[175]运用 Amorphous Cell 模块和 PCFF Force Field 力场研究了环氧树脂的交联,预测了它的黏附性和能垒,建立了一整套交联环氧树脂的模拟研究方法,该方法目前用于寻找钢材料的底漆。

为了制得高性能的热塑性复合材料,到现在为止,对于基体和增强材料的实验研究已经取得了很多成果,然而对于它们的组成结构、界面结构的微观分析研究仍然很少。江龙[176]以高性能树脂为基体,碳纤维作为增强相,采用分子模拟的手段,研究了热塑性复合材料组成结构和界面微观结构,从微观上更好地认识了热塑性复合材料的性能。首先,建立了聚合度为 12 的聚醚砜(PES)、含二氮杂萘酮结构的聚醚砜(PPES)、聚醚醚酮(PEEK)和聚醚酮(PPEK)4 种单链,对键长、键角和二面角扭转的能量值进行分析,得出键角和二面角是构象改变即能量降低的主要影响因素。其次,分别建立了三维周期性边界条件的 PES、PPES、PEEK 和 PPEK 基体模型,通过对 4 种基体模型体系分子链均方末端距的分析,发现分子链主链结构越复杂,刚性越大,分子的活动性越小。同时,计算了基体的内聚能密度和溶解度参数,比较分析了不同基体的内聚能密度。再次,在建立碳纤维(carbon fibre, CF)模型的基础上,针对 PES、PEEK、PPEK 和 PPES 这 4 种基体,分别建立了两种界面模型(未经过氧化处理的 CF 称界面模型 1 和经氧化处理的 CF 称界面模型 2),分析了 CF/PES 和 CF/PEEK 的两种界面模型中分子链的均方末端距,得出界面模型 1 中 CF 石墨晶层对基体分子链的吸引力比界面模型 2 大。最后,计算了 CF/PES、CF/PEEK、CF/PPEK 和 CF/PPES 两种复合材料在不同界面模型的界面结合能,得出 CF 的氧化处理虽然有利于树脂对纤维的浸渍,但却使界面结合能降低。

4) 高分子中的局部运动

聚酰亚胺(polyimide, PI)是一类以酰亚胺环为特征结构的芳杂环聚合物,是迄今工业上应用耐热等级最高的聚合物材料之一,它在极宽的温度范围内具有优异的性能,被广泛应用于航空、航天、核电和微电子领域,但它也存在一些不可忽视的问题,如在微电子方面吸水性和热膨胀系数不能满足要求等。目前,提高 PI 综合性能的主要途径是改性[177]。李青[178]应用 Materials Studio 来模拟单链 PI 的分子动力学行为。对两种结构的 PI(M-PI 和 O-PI)进行研究,在 300K 和 600K 下对体系单链的动力学行为进行模拟,得到协同环旋转主要是同相旋转,而协同链段扭转则主要是异相扭转,M-PI 的协同链段扭转要比 O-PI 的更活跃。杨红军等[179]采用 MS 分子模拟技术,系统地模拟了掺杂纳米 α-Al$_2$O$_3$ 和 SiO$_2$ 的 PI 复合材料的结构和性能。结果表明,PI 具有近程有序而远程无序的三维非晶形结构,元胞的形状接近立方体;纳米 α-Al$_2$O$_3$ 比 SiO$_2$ 掺杂 PI 改性效果好,纳米掺杂引起了 PI 结构、晶体类型和性能的改变。

5) 高分子共混的相容性、力学性能

Luo 和 Jiang[180]运用 MD 模拟和 DPD 模拟研究了聚氧化乙烯(PEO)和聚氯乙烯(PVC)共混物的相容性,计算得到纯 PEO、PEO/PVC(70/30(物质的量的比,余同))、PEO/PVC(50/50)、PEO/PVC(30/70)、纯 PVC 的玻璃化转变温度分别是 251℃、268℃、280℃、313℃、350℃,各种不同能量的贡献中,扭转角和范德瓦尔斯力的贡献最大,表明 PEO/PVC(70/30)和 PEO/PVC(30/70)的共混性比 PEO/PVC(50/50)好。从 DPD 模拟得到的共聚物的形态很好地证明了前面的结论,因为在 PEO/

PVC(50/50)的模拟中出现了明显的相分离。该研究同时考察了不同比例聚合物的氢键，发现在 PEO/PVC(70/30) 和 PEO/PVC(30/70) 的共混物中的氢键的数量多于 PEO/PVC(50/50) 中。Yang 等[181]通过分子动力学计算了纯 PHB 和纯 PEO 的浓度参数，计算结果与文献吻合，很好地证明了模拟的准确性。为了揭示聚 β-羟基丁酸酯(PHB)、PEO 共混后的性质，计算了玻璃化转变温度，证明了它们的相容性。

李倩等[182]研究了叠氮黏合剂的力学性能及其与硝酸酯的相容性，应用分子动力学方法模拟计算了不同软段、硬段的叠氮聚氨酯热塑性弹性体的杨氏模量、内聚能密度及其与硝酸酯的溶度参数。结果表明，当异氰酸酯部分由极性的苯环结构(MDl、TDI)变化为非极性的脂环结构(IPDI)，随着异氰酸酯极性的减弱，其杨氏模量逐渐减小；当硬段(二异氰酸酯)相同时，不同种类的叠氮预聚物引起的杨氏模量的大小顺序为：[GAP]>[PAMMO]>[PBAMO][①]，其溶度参数的大小顺序：[GAP]>[PBAMO]>[PAMMO]；当叠氮聚醚与四氢呋喃的摩尔比为 50：50 时，所得共聚物作为软段的热塑性弹性体，其杨氏模量比采用叠氮均聚醚时的模量有明显减小，引入四氢呋喃(THF)可以达到改善叠氮黏合剂力学性能的目的，但其溶度参数明显减小，可能导致聚氨酯与硝酸酯的混溶性变差；叠氮黏合剂与 DEGDN 的混溶性比与 NG 及 NG+DEGDN 混合溶液的混溶性好。

1.4　推进剂的宏细观损伤研究进展

固体推进剂药柱既是固体发动机的能量来源，又是固体发动机的一个工程构件，固体推进剂药柱在制造、储存、运输和使用过程中，要承受热应力、冲击、振动、加速度和点火压力等载荷的作用。在上述载荷作用下，推进剂药柱受到任何破坏都会引起发动机工作性能的严重恶化，如压力骤增，将使推力偏离其设计值，可能导致发射的失败。特别是当药柱被破坏时，装药燃烧表面积大大超过设计值，燃烧室壳体无法承受过高压力，将导致灾难性的燃烧室爆炸。因此，为了使固体发动机能够正常工作，要求推进剂必须具有非常好的力学性能，以承受在发射和运输过程中所产生的巨大应力以及在生产和长期储存期间温度变化所产生的热应力，保证推进剂结构的完整性[183-186]。

1.4.1　推进剂损伤实验研究

人们对于材料力学性能的探索在很大程度上取决于实验技术和测试手段，推进剂的力学性能研究也不例外。单轴拉伸机是测定推进剂力学性能广泛采用的仪器，由于单轴拉伸实验只能测定推进剂的宏观力学性能，难以分析细观损伤机理。

---

① PBAMO 表示聚 3,3-双叠氮甲基环氧丁烷，PAMMO 表示聚 3-叠氮甲基-3-甲基氧杂环丁烷。

随着测试技术的发展，应用现代测试技术如数字图像相关技术、扫描电镜技术、声发射技术、超声波技术及核磁共振成像技术研究推进剂的细观损伤和裂纹扩展是推进剂实验研究领域的新动向[187-189]。

1. 单轴拉伸试验

单轴拉伸试验是研究推进剂力学性能最早采用的方法，它具有快速、方便的特点，在当前推进剂力学性能研究中也得到了广泛使用。通过拉伸试验能够得到推进剂的抗拉强度、伸长率等性能参数以及拉伸应力-应变曲线。在强度设计的指导思想下，知道上述参数就可以确定推进剂是否满足设计要求，并且也可将这些参数作为推进剂力学性能好坏的标志。

固体推进剂典型的单轴拉伸曲线如图 1-11 所示，在拉伸过程中斜率逐渐减小和平台区以及在断裂前出现应力减小是固体推进剂应力-应变曲线典型的特点，即固体推进剂的应力-应变曲线具有强烈的非线性。文献[190]认为推进剂的这种非线性主要是由于基体的非线性以及颗粒与基体之间的界面脱湿。在载荷作用下，嵌在基体内的颗粒周围产生很大的应力，在颗粒附近引起应力集中，当外界载荷比较小时，这些应力还不足以引起颗粒与基体之间的界面脱湿，界面能够保持黏结，此时固体推进剂的应力-应变曲线具有较好的线性。随着载荷的增加，颗粒周围产

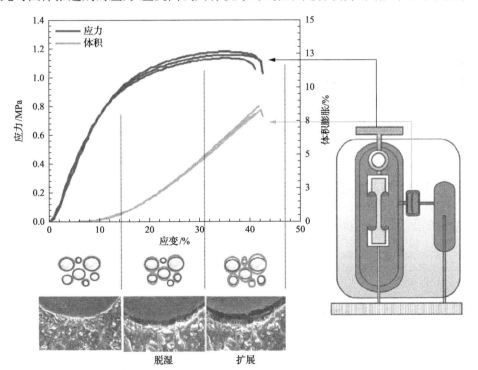

图 1-11　推进剂单轴拉伸曲线

生的应力足以引起颗粒与基体之间的界面脱湿，颗粒和基体产生脱湿后，降低了颗粒的增强作用，使推进剂的有效模量降低，从而使推进剂的应力-应变曲线呈现非线性。这个过程一直进行到基体产生断裂，失去承载能力。为了证实固体推进剂在拉伸过程中的界面脱湿，通过在单轴拉伸机中加入体积膨胀测试设备对推进剂在拉伸过程的体积变化进行了测定。实验表明，推进剂在拉伸过程中体积产生膨胀，间接地证实了固体推进剂在拉伸过程中的界面脱湿[191]。

2. 数字图像相关技术

数字图像相关技术是对变形体进行连续拍照，通过图像处理方法从连续的图像中获取变形体的位移以及应变场。数字图像相关技术刚开始只用于小变形体的应变测量。为了测定推进剂在拉伸过程的大变形行为，通过将原来的算法进行改进，发展了大变形数字图像相关技术(LDDIC)，对大变形条件下复合推进剂裂纹尖端的断裂过程进行了全方位的观测，通常会发现：①在裂纹尖端区的应变不均匀度比过去文献所报道的数值大得多，其偏差最大能达到平均应变的 3 倍，其值与固体颗粒的粒状微结构有关；②在裂纹尖端变形区半径大小为 1~3mm 的区域，应变的不均匀性支配着裂纹尖端周围的变形场，并控制着断裂扩展过程；③靠近裂纹尖端的开裂区不能用连续材料来描述，需要离散模型；④界面失效过程极不稳定，与固体颗粒形状、尺寸、颗粒方向、颗粒的相互作用有密切关系。

固体火箭发动机寿命预估的基础在于对发动机所采用推进剂断裂过程的准确描述，当前寿命预估遇到的主要问题是缺少对推进剂在使用条件下的裂纹扩展行为的了解以及预测裂纹扩展可靠的方法。为了能够准确地预测推进剂的使用寿命，Liu[192]用数字图像技术对预制裂纹推进剂试件的裂纹尖端损伤场和裂纹扩展等进行了研究，并就载荷条件的影响进行了详细的探讨。发现：①裂纹尖端通常存在一个明显的损伤区，这主要是由于裂纹尖端的高度应力集中，推进剂微粒与基体脱湿萌生微裂纹损伤，损伤区的大小和损伤程度对裂纹的扩展有强烈的影响，损伤区内的应力、应变及微观结构上的变化是影响推进剂裂纹扩展的主要因素；②裂纹在扩展过程中表现为很强的"停止—扩展—停止"非线性行为，对应的裂尖形貌的变化过程是"钝化—锐化—钝化"；③通过实验数据的统计分析，裂纹的平均扩展速率 $\dot{a}$ 与 I 型应力强度因子 K_I 存在一个近似的幂率关系，即 $\dot{a} = A(K_I)^c$。

3. 扫描电镜

扫描电镜是利用样品表面发射出微弱电子信号，经电子电路放大及处理后，在计算机上成像的电子仪器。扫描电镜有很高的分辨率，能给出试样各个方向的完整形貌，此外，还可以通过电镜观察加载条件下试件的形貌，研究微结构起始损伤和动态扩展过程。如文献[193]采用扫描电镜对加载作用下的推进剂断裂过程进行观察，并给出了随着应变增加时，推进剂损伤、断裂的一系列图片。发现随着应变的增加，微裂纹在颗粒之间的基体中产生，由于推进剂颗粒的强度较大，颗粒不会发生断裂。针对推进剂在不同拉伸速率下的应力-应变行为，采用单轴拉伸和扫描电子显微镜的实验手段，研究了拉伸速率对丁羟复合固体推进剂拉伸性能的影响，并对不同拉伸速率下丁羟推进剂的破坏机理进行了分析，研究结果表明，在较低应变速率时，推进剂试样断裂主要是由于高氯酸铵颗粒与黏合剂 HTPB 间"脱湿"，在较高应变速率时，尽管"脱湿"对试样的破坏也可能会有一些影响，但主要是由黏合剂相的内撕裂所决定。

通过扫描电镜研究了推进剂试件在定速单轴拉伸条件下细观形貌的变化，通过一组扫描图片分析了推进剂的细观损伤过程[193]：①当拉伸应变 $\varepsilon=0$ 时，黏弹基体处于自由状态，一些大固体颗粒裸露出黏合剂表面，在颗粒与基体的界面处有不明显的初始微裂纹。②当拉伸加载至 $\varepsilon=2.5\%$ 时，大颗粒界面上的微裂纹开始扩展，较小颗粒界面上微裂纹开始萌生。当载荷进一步增加时，这些微裂纹不断扩展，表现为界面键合剂的胶丝被不断拉长。③当拉伸应变 ε 达到 15% 时，裂纹扩展后迅速连片聚合，瞬间发生断裂破坏。

扫描电镜在推进剂的细观损伤、断裂的定性描述方面发挥了重要作用，而且研究者试图对试样在拉伸过程中推进剂内的应力-应变分布进行定量的表征。如文献[193]采用扫描电镜观察了加速老化后固体推进剂试件的断裂行为，研究了温度、应变率和老化对推进剂裂纹扩展的影响，研究表明：推进剂试件断裂行为受温度影响较大，而受应变率的影响较小。当温度从 60℃下降到–40℃时，推进剂模量增加，使裂纹扩展速率减少。当裂纹尖端钝化时，在裂纹尖端形成损伤的集中区，损伤由拉长的基体和脱湿颗粒组成。随着应变的增加，空穴产生聚合或基体断裂，使裂纹向损伤区扩展。另外，由于 AP 颗粒的强度较大，AP 颗粒将不产生断裂，裂纹在 AP 颗粒上下随机偏移。

4. 声发射技术

由于声发射技术具有连续、实时监测等特点，并且对材料的微裂纹扩展十分敏感，因此该技术已成为评价材料结构完整性的重要手段。文献[193]采用声发射能量累积监测 HTPB 复合固体推进剂单轴定速拉伸实验中的动态损伤过程，并根据声发射实验结果提出用声发射能量随应力(应变)的变化趋势来描述材料损伤随应力(应变)的变化过程。研究发现，声发射事件数刚开始很少，几乎不存在微裂纹损伤，但随实验时间的增加，黏合剂基体和界面开裂急剧增加，HTPB 复合固体推进剂的声发射事件数急剧增加到极大值，经过峰值后，声发射事件数随实验时间继续增加，但增加速度保持相对稳定，直至最后试件出现宏观裂纹发生断裂为止。HTPB 复合固体推进剂的声发射信号存在明显的临界值，载荷小于某一值时，声发射信号为 0 或很小。载荷超过该值后，声发射信号急剧增加，且增加速率不断上升，材料进入损伤成核、扩展和汇合阶段。

5. 超声波技术

损伤的产生导致材料的声速发生变化，通过超声波测量变形过程中的声速和声衰减等的变化可以对损伤演化过程进行定量分析。Liu[194]采用超声波技术研究了应变率和循环加载对高填充颗粒材料累积损伤的影响。在定应变实验中，采用了 0.005min⁻¹、0.05min⁻¹ 和 0.5min⁻¹ 三种应变率。在循环加载时，试件先进行七个三角形循环应变，经历七个循环后，试件在 0.5min⁻¹ 应变率下拉伸直至断裂。

图 1-12 为不同应变率下的应力-应变曲线，图 1-13 为声衰减率与应变率的关系。

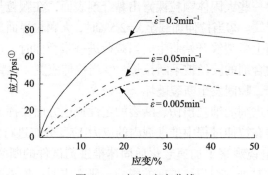

图 1-12　应力-应变曲线

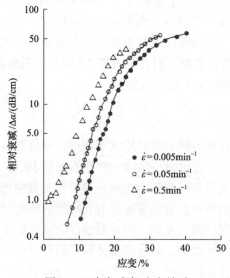

图 1-13　声衰减率-应变关系

① 1psi=1/145MPa。

由图可知，衰减系数随应变和应变率的增加而增加，并且存在一个应变阈值 ε_{th}，当应变小于该值时，不产生超声波衰减。ε_{th} 随应变率的增加而减少，在应变率为 0.005min^{-1} 和 0.05min^{-1} 时，ε_{th} 分别为 8% 和 4%；当应变率为 0.5min^{-1} 时，ε_{th} 为 0，也就是说，在应变率为 0.5min^{-1} 时，只要试件受拉伸，就产生超声波衰减。

图 1-14 为典型的循环应力-应变曲线，由图可知，不同应变循环下的应力-应变曲线是不同的。但加载-卸载曲线即滞后回线(hysteric loop)形状基本相同，并且滞后回线所包围的面积随着应变循环的增加而增加，这就是 Mullins 效应。

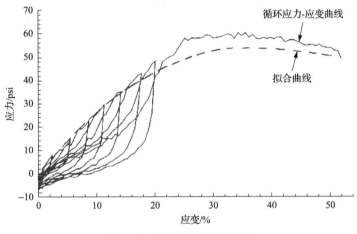

图 1-14　循环应力-应变关系

1.4.2　推进剂损伤数值模拟研究

推进剂的损伤、断裂的试验研究为推进剂的损伤、断裂理论分析提供了基础，为此，人们从不同角度提出了推进剂的损伤、断裂理论模型。

1. 宏观力学模型

推进剂的宏观力学模型(macromechanical model)着眼于推进剂宏观层次，将推进剂当作宏观均匀介质，根据唯象的假设建立推进剂的力学模型。为了描述推进剂的非线性行为，需引入推进剂的损伤因子，损伤因子的表征一般采用连续介质损伤力学。如 Lee[195]从推进剂的单轴拉伸应力-应变曲线出发，采用了基于损伤起始、演化和局部饱和的概念来预测裂纹扩展行为，当局部损伤达到饱和时，将形成裂纹。他观察了推进剂典型的应力-应变曲线，发现其曲线开始时为线性，当推进剂在拉伸过程中产生体积膨胀时，应力-应变曲线呈现非线性，经过持续的非线性行为，应力-应变曲线达到一个峰值点，试件开始失效。应力-应变曲线非线性行为归因于材料的微损伤，因此，应力-应变的非线性起点也就是损伤的起始点，应力峰值代表损伤的饱和状态。

为了将上述应力-应变曲线应用于有限元分析，将应力-应变曲线离散为分段线性曲线，并采用了 Von Mises 等效应力将单轴应力-应变关系扩展为多轴的应力-应变关系：

$$\bar{\sigma} = \frac{1}{\sqrt{2}}\left[(\sigma_1-\sigma_2)^2+(\sigma_2-\sigma_3)^2+(\sigma_3-\sigma_1)^2\right]^{\frac{1}{2}} \tag{1-13}$$

在计算时，当 Von Mises 等效应力在局部区域达到应力峰值时，认为这一区域达到损伤的饱和点，从而形成裂纹。计算结果表明，实验得到的裂纹行为可以采用上述方法来模拟，计算结果与实验结果比较吻合也表明了采用损伤演化和饱和概念的正确性。

Gdoutos[196,197]采用 ABAQUS 软件对固体推进剂裂纹的起始和扩展进行了有限元计算。采用 Ogden 超弹性本构方程来描述固体推进剂，计算了裂纹尖端的应力场，并采用应变能密度预测了裂纹扩展行为，包括裂纹起始、稳定扩展和最终失效，得到了裂纹扩展阻力曲线(裂纹扩展速度与应力强度因子的关系曲线)。研究表明：①即使在较小位移作用下，裂纹尖端附近将产生大变形；②裂纹起始和非稳定扩展的临界位移以及裂纹张开位移受试件的几何形状和裂纹长度影响；③在最终断裂前存在稳定的裂纹扩展。

宏观力学模型虽然可以考虑推进剂的损伤对其力学性能的影响，也能判断材料被破坏与否，但宏观力学模型没有考虑推进剂实际的组成以及在拉伸过程中推进剂内微裂纹的起始和成核产生断裂的过程。因此，难以从本质上解释实际发生的损伤、断裂破坏过程。为此，人们进行了推进剂细观力学模型(micromechanical model)研究。

2. 细观力学模型

从细观结构上看，复合固体推进剂主要是由颗粒与基体材料复合而成。填充颗粒的刚度远大于基体的刚度，颗粒在基体中的变形远小于基体的变形。在拉伸过程中，基体由于颗粒的存在产生应力重新分布及应力集中，使微裂纹容易发生损伤，特别是沿颗粒界面的脱湿(也称脱湿)损伤，进而导致推进剂的力学性能的劣化和本构非线性[198]。

立足于对推进剂细观损伤、断裂的认识，人们提出了许多细观力学模型。根据所采用的方法不同，可以分为以下几种。

1) 分析方法

基于复合材料细观力学分析方法(analysis method)的模型，首先采用复合材料细观力学方法计算得到复合材料内的应力-应变，根据所得的应力和应变，确定材料的损伤状态，从而获得材料的力学性能。通常采用的复合材料细观力学分析方法包括：广义自洽理论(generalized self-consistent method，GSCM)、Mori-Tanaka方法和变换场分析(transformation field analysis，TFA)。如含分布损伤橡胶基颗粒复合材料细观损伤，该模型将微裂纹引入到传统的广义自洽理论中(图 1-15)，建立了预测颗粒复合材料微裂纹扩展模型。并且在求得含损伤线黏弹性材料本构关系的基础上，将其推广到非线性黏弹性复合材料情形，得出了黏弹性材料裂纹扩展方程与老化弹性材料的裂纹扩展方程相似的结论。

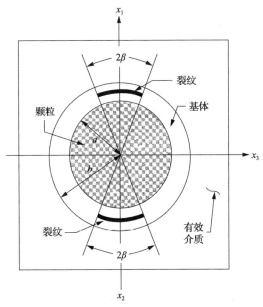

图 1-15　基于广义自洽理论的细观损伤分析方法
a. 颗粒半径；b. 填充颗粒后基体半径；2β. 裂纹长度

　　Mori-Tanaka 方法由于运算简单，被广泛地用于复合材料的有效模量预估，近年来，研究人员对其进行了扩展，使其能够用于研究界面损伤。Tan[199]采用数字图像技术得到紧凑拉伸实验中 PBX 材料宏观裂纹尖端的应力和位移场，通过考虑界面损伤的 Mori-Tanaka 方法，将宏观紧凑拉伸实验结果与细观界面脱湿联系起来，建立了三阶段界面脱湿模型，并根据所得结果，研究了非线性界面脱湿对 PBX 的本构行为的影响。研究表明，PBX 材料存在一个临界颗粒半径，当颗粒小于临界半径时，脱湿后颗粒仍能起到增强作用；而颗粒大于临界半径时，颗粒脱湿后起不到增强作用，将使基体软化。

　　法国 SNPE 公司进行了从细观力学角度建立含能材料力学性能预测模型的研究[200]，该研究的目的是分析含能材料各组分的特征，建立一个能够考虑实际物理损伤的宏观模型，并将其用于有限元计算。同时，将所得方法应用于含能材料的力学性能预测中。其采用的方法是基于 Mori-Tanaka 细观力学方法，考虑了颗粒之间相互作用和颗粒与基体之间的脱湿，所得结果与实验结果比较吻合。通过变换场理论和非完全界面模型研究颗粒复合材料的损伤演化过程，并采用实验对其进行验证，表明此模型对于预测复合材料小变形条件下的细观损伤有一定的精度，但有待进一步拓宽以用于研究推进剂等复合材料的大变形行为。

　　上述采用不同的分析方法对推进剂的损伤进行了研究，表明基于复合材料细观力学方法研究推进剂材料的损伤和断裂时还存在一定局限性。主要体现在：为了使分析法能够处理所研究的问题，在计算时，往往对所研究的问题大大进行简化，这样不能有效地处理推进剂高颗粒填充情况和推进剂拉伸过程中的大变形等复杂问题。因此，人们又发展了基于细观有限元的损伤、断裂模型。

　　2) 有限元方法

　　有限元方法(finite element method)是根据所研究材料具体的细观结构，建立代表性体积单元(representative volume element，RVE)和边界条件，求解受载荷作用下 RVE 的应力和应变，根据所获得的应力和应变分析材料的实际损伤过程。由于有限元方法能够获得具体结构下的应力和应变，因此其在细观力学模型中得到广泛的应用。文献[52]曾建立了推进剂的轴对称有限元模型，计算了颗粒界面和基体内的应力分布情况，结合损伤萌生的条件着重考察了推进剂材料可能出现的损伤形式及位置，并讨论了颗粒模量及颗粒体积分数的影响。结果表明，刚硬粒子填充将在极界面附近产生大的应力集中区，从而引发界面脱湿损伤，这种界面脱湿损伤趋势随颗粒的刚度和体积分数的增大而增强，并由此推断，对于复合固体推进剂这种高刚度大填充比颗粒复合材料，其在载荷作用下的界面脱湿损伤是主要的损伤形式。

　　随着计算方法的发展，有限元方法可以有效地用以计算含能材料细观力学性质。采用胞元模型对于不同的颗粒填充度、不同界面脱湿程度情况下的推进剂泊松比的变化进行有限元计算，并据此提出通过测量材料泊松比的变化来确定含能材料是否脱湿的方法。

　　为了准确地描述推进剂的细观损伤过程，必须考虑颗粒与基体的界面脱湿。为此，国内外广泛采用有限元方法模拟推进剂的界面脱湿行为。如 Matous 和 Geubelle[201]提出了多尺度计算算法来模拟颗粒增强聚合物的损伤扩展过程，采用有限元分析方法对颗粒填充复合推进剂的应力-应变关系进行了计算，并用算例来验证这一算法，为了模拟颗粒与基体之间的界面，引入了界面单元，所得结果与实验比较吻合。

　　3) 流形元法

　　流形元法(manifold method，MM)是利用现代数值"流形"的有限覆盖技术建立起来的一种新的数值方法，该方法引入了数学流形分析中有限覆盖技术，试图统一表达连续和不连续变形问题，从而创造出一种把有限元法和不连续变形分析方法协调在一个统一框架内的数值方法[202]。Wong[203]借助流形元法对 PBX 准静态加载条件下的损伤破坏进行了数值模拟研究，分析拉伸和压缩加载条件下 PBX 界面脱湿、晶体断裂和黏合剂开裂等不同破坏现象。

3. 宏细观力学模型

固体推进剂所制成的药柱属于一个工程构件，为了分析其结构完整性，需将推进剂的细观结构破坏对推进剂宏观力学性能的影响引入到推进剂的宏观力学分析中，从而能够更加细致地分析推进剂颗粒与基体界面脱湿、基体破坏等对推进剂宏观性能的影响。为此，人们提出了宏细观力学模型(micro-mesomechanical model)[204,205]。

这一模型从宏观力学和细观力学相结合的角度，建立了裂纹在复合推进剂中发生和扩展的数学模型，在宏观尺度上采用有限元分析方法，而在细观尺度上采用了简化的胞元模型和损伤力学。两种方法在不同的尺度下进行，但又相互作用，两种方法的相互作用如图 1-16 所示。

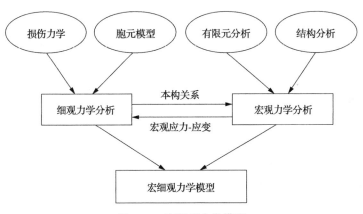

图 1-16　宏细观力学模型

上述分析中，细观力学分析采用了简化的胞元方法。其方法是根据各组分的本构关系、颗粒的体积分数以及损伤情况计算出宏观本构关系，将其提供给宏观力学分析，而细观力学分析所需要的应力-应变关系可由宏观力学分析给出。计算在有限元分析的积分点上进行，由于细观力学分析和宏观力学分析时采用了相同的积分点，细观力学分析和宏观力学分析发生相互作用。另外，由于细观力学分析在组分层次上进行，可以考虑不同的损伤模式和机理，包括黏合剂断裂、黏合剂和颗粒界面脱湿等损伤模式。

文献[206]认为，在裂纹尖端附近，推进剂内大颗粒首先产生脱湿，界面脱湿产生微孔洞，在外界应力作用下，这些微孔洞产生聚集，从而使裂纹扩展。这一过程在裂纹尖端毫米级的区域内进行，如图 1-17 所示。

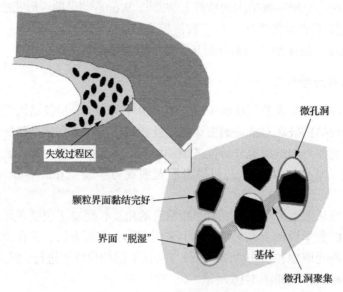

图 1-17　推进剂细观断裂过程

　　针对推进剂的断裂过程，将远离裂纹尖端的推进剂看作均匀体，采用常规的无损伤的模型来模拟，而将接近裂纹尖端(毫米级区域内)的推进剂看作非均匀体，建立了多尺度模型[207]，采用细观力学方法考虑推进剂损伤起始和扩展过程，此方法既能处理推进剂的宏观均匀性，也能处理细观条件下推进剂的非均匀性。

1.5　复合固体推进剂本构模型研究进展

　　HTPB 推进剂是一种典型的颗粒填充复合材料，其基体材料为丁羟胶，颗粒填料包括高氯酸铵(AP)和铝(Al)颗粒，其中还有少量改善燃烧和力学性能的工艺助剂。HTPB 推进剂的力学特性随温度和应变率的变化而变化。HTPB 基体材料的黏弹特性使得推进剂整体也呈现出黏弹特性，颗粒填料的加入提高了材料的模量，同时也引入了更为复杂的力学特性。为了研究其断裂特性必须首先获得 HTPB 推进剂的本构模型。

　　国外在该方面的研究较早，Schapery 本构理论是一种基于工作势的非线性理论，基于损伤理论的推进剂本构理论是一个重要的研究方向，他提出的 Schapery 本构模型广泛应用于颗粒增强材料和纤维增强复合材料的损伤中，如 Schapery[208] 在 1987 年提出了一种弹性体损伤本构模型，并且将该模型扩展到黏弹性材料中。该理论基于不可逆的热力学过程，使用一个内变量来描述材料结构改变的不可逆过程。这一模型是基于以下观察得到的，即在有限载荷作用下材料内部结构改变对载荷历史不敏感。Schapery 将这种弹性的损伤理论应用于热黏弹性材料中，并且在其中考虑了材料微观结构的改变。Schapery 对硬质颗粒体积含量达 70%的交联非晶态高聚物复合材料进行了研究，同时将 Park 的本构模型做了改进并应用于三维应力状态下的推进剂应力-应变分析中[209]，而且在 Schapery 本构模型基础上发展出一种包含微裂纹的一维推进剂黏弹性本构模型。Vratsanos 等[210]提出了一种预测颗粒填充高弹体材料非线性应力-应变特性的方法，这种非线性主要源于颗粒脱湿所造成的孔洞。其中使用热力学第一定律推导了在变形效应下颗粒脱湿的临界应变值，并将该模型的预测结果和其他数据结果对比研究，认为该模型可以在给定推进剂力学特性的情况下指导颗粒的设计。

另外，Swanson 和 Christensen[211]将以遗传积分的形式给出应变软化函数用于研究高延伸率的复合推进剂本构模型，并用应变软化函数研究推进剂力学行为，模拟推进剂在不同加载和卸载环境下的力学特性以及在大应变条件下 HTPB 推进剂、NEPE 推进剂的力学响应，认为脱湿是导致材料宏观模量下降的主要原因。Özüpek 和 Becker[212]为研究在压力和多轴应力环境下及循环载荷下推进剂装药的力学响应及其在应变增加下的体积膨胀，提出了一种唯象学的黏弹性本构模型，模型中使用体积膨胀和自由能函数来描述材料的损伤行为；在此基础上给出了调整损伤函数和循环加载函数的方法，认为推进剂内部的孔洞导致了材料体积模量的下降和畸变响应软化，使用一种损伤函数来描述这种软化效应的程度，同时使用另外的循环加载函数来控制推进剂在循环加载条件下的力学响应[213,214]。

国内近些年也相继开展了相关研究。如阳建红等[215,216]对复合推进剂的损伤本构模型进行了研究，认为 HTPB 推进剂在损伤过程中伴随着细观裂纹的形成和能量的释放过程，这一能量释放过程可以通过声发射实验获得，并在建立的 HTPB 推进剂的损伤本构模型的基础上，结合阿伦尼乌斯老化模型建立了包含老化效应的损伤本构模型。孟红磊[217]使用累计损伤模型建立了改性双基推进剂的损伤本构模型，模型中认为损伤在应力载荷作用历史上会不断累积。邓凯等[218]使用 Schapery 本构和 Perzyna 黏塑性本构模型的组合来模拟 HTPB 推进剂的黏弹塑性本构模型，并使用了单轴拉伸实验验证该本构模型。沙宝亮和侯晓[219]使用了其他研究学者提出的唯象学统一本构模型对装药在点火压力载荷下的力学响应进行了有限元仿真分析。

从推进剂材料的微观角度来分析和建立本构模型是近年来的研究热点。Xu 等[220]使用严格的均匀化理论研究了 HTPB 推进剂的本构模型，提出的三维宏观本构模型中包含了微观损伤演化过程，损伤的产生基于孔洞的形成和增长过程，同时使用了背应力的概念来改进应力松弛情况下的模型精度。彭威等[52]使用等效夹杂理论建立了复合推进剂的广义黏弹损伤本构模型，模型中考虑了填充颗粒材料的增强作用和脱湿造成的损伤效应。结果表明，所建立的模型在未产生损伤时的变形范围内是正确的,同时也可以模拟出颗粒脱湿所造成的损伤。为了研究填充颗粒对材料整体力学响应的影响,李高春等[76]分别使用 Mori-Tanaka 分析方法和基于细观模型的有限元计算方法对推进剂的单轴拉伸过程进行了仿真,从微观层面获得了材料宏观的力学响应。刘承武等[221,222]建立了改进型的 Mori-Tanaka 模型来计算复合推进剂的宏观力学响应,又建立了基于改进 Mori-Tanaka 法的有限元计算方法。Zhi 等[223]使用基于分子动力学的方法建立了复合推进剂的微观颗粒分布模型,并且使用基于接触的黏结面算法计算了推进剂在载荷作用下的损伤过程,成功模拟了推进剂在拉伸过程中的宏观力学响应。

综上所述,复合推进剂本构理论已经从小变形下的线性黏弹性本构逐渐发展到有限变形下的非线性黏弹性本构。由于复合推进剂本身低模量、高颗粒填允量的特点,在断裂过程中容易产生较大的变形和颗粒脱湿损伤,因此在研究复合推进剂的断裂过程中必须建立起有限变形下的非线性损伤黏弹性本构模型。

参 考 文 献

[1] 居学海, 叶财超, 徐司雨. 含能材料的量子化学计算与分子动力学模拟综述[J]. 火炸药学报, 2012, 35(2): 1-9.

[2] 邱玲. 氮杂环硝胺类高能量密度材料(HEDM)的分子设计[D]. 南京: 南京理工大学, 2007.

[3] 肖鹤鸣. 硝基化合物的分子轨道理论[M]. 北京: 国防工业出版社, 1993.

[4] Pang W Q, DeLuca L, Gromov A. Innovative Energetic Materials: Properties, Combustion and Application [M]. Singapore: Springer, 2020.

[5] 牟丹, 李健全. 高分子材料的多尺度模拟方法及应用[M]. 北京: 科学出版社, 2017.

[6] Alder B J, Wainwright T E. Phase transition for a hard sphere system[J]. Journal of Chemical Physics, 1957, 27: 1208-1209.

[7] 朱伟平. 分子模拟技术在高分子领域的应用[J]. 塑料科技, 2002, 151(5): 23-25.

[8] 舒远杰, 霍冀川. 炸药学概论[M]. 北京: 化学工业出版社, 2011.

[9] 马卿, 舒远杰, 罗观, 等. TNT 基熔铸炸药: 增韧增弹的途径及作用[J]. 含能材料, 2012, 20(5): 618-629.

[10] 李吉祯, 王炜, 刘芳莉, 等. 稳定剂对 ADN 和 NC 初期相互作用的影响[J]. 火炸药学报, 2011, 34(2): 61-64.

[11] 宋秀铎, 赵凤起, 王江宁, 等. BAMO-AMMO 的热行为及其与含能组分的相容性[J]. 火炸药学报, 2008, 31(3): 75-78.

[12] 张腊莹, 衡淑云, 刘子如, 等. NC/NG 与 ADN 的相互作用[J]. 含能材料, 2009, 17(1): 95-98.

[13] 张腊莹, 衡淑云, 刘子如, 等. PBT 与高能氧化剂的相互作用的热分析法研究[J]. 含能材料, 2009, 17(6): 668-672.

[14] 王晓红, 衡淑云, 张皋, 等. DSC/TG-MS 联用技术研究 CL-20 与 NC/NG 体系的相互作用[J]. 火炸药学报, 2007, 30(4): 20-24.

[15] 何少蓉, 张林军, 衡淑云, 等. 量气法研究 ADN 与(NC + NG)的相互作用[J]. 含能材料, 2008, 16(2): 225-228.

[16] 何少蓉, 衡淑云, 张林军, 等. 量气法研究三种黏合剂与 CL-20 混合体系的热行为[J]. 含能材料, 2010, 18(1): 37-41.

[17] 岳璞, 衡淑云, 韩芳, 等. 三种方法研究 ADN 与几种黏合剂的相容性[J]. 含能材料, 2008, 16(1): 66-69.

[18] 李江存, 焦清介, 任慧, 等. 不同键合剂与 RDX 表界面作用[J]. 含能材料, 2009, 17(3): 274-277.

第 1 章 绪 论 · 47 ·

[19] 周文静, 马亚南, 王克勇, 等. NTO 与黏结剂的界面作用[J]. 火炸药学报, 2010, 33(4): 40-43.

[20] 倪冰, 覃光明, 冉秀伦. GAP/HTPB 共混黏合剂体系的力学性能研究[J]. 含能材料, 2010, 18(2): 167-173.

[21] 潘碧峰, 罗运军, 谭惠民. CL-20 与树形分子键合剂的黏附性能研究[J]. 含能材料, 2004, 12(4): 199-202.

[22] 潘碧峰, 罗运军, 谭惠民. 树形分子键合剂包覆 AP 及其相互作用研究[J]. 含能材料, 2004, 12(1): 6-9.

[23] 潘碧峰, 罗运军, 谭惠民. 树形分子键合剂与 HMX 的相互作用[J]. 火炸药学报, 2004, 27(3): 25-28.

[24] 张斌, 罗运军, 谭惠民. 多种键合剂与 CL-20 界面的相互作用机理[J]. 火炸药学报, 2005, 28(3): 23-26.

[25] 李玉斌, 李金山, 黄辉, 等. 新型硼酸酯键合剂与 HMX 的键合作用[J]. 火炸药学报, 2010, 33(4): 36-39.

[26] Rohac M, Zeman S, Ruzicka A. Crystallography of 2,2′,4,4′,6,6′-hexanitro-1,1′-biphenyl and its relation to initiation reactivity[J]. Chemistry of Materials, 2008, 20(9): 3105-3109.

[27] 肖鹤鸣, 居学海. 高能体系中的分子间相互作用[M]. 北京: 科学出版社, 2004.

[28] 杨小震. 软物质的计算机模拟与理论方法[M]. 北京: 化学工业出版社, 2010.

[29] Clementi E, Corongiu G, 帅志刚, 等. 从原子到大分子体系的计算机模拟——计算化学 50 年[J]. 化学进展, 2011, 23(9): 1795-1830.

[30] Zhang C Y, Wang X C, Huang H. π- Stacked interactions in explosive crystals: Buffers against external mechanical stimuli [J]. Journal of the American Chemical Society, 2008, 130(26): 8359-8365.

[31] 刘子如, 岳璞, 任晓宁, 等. 热爆发活化能研究[J]. 火炸药学报, 2011, 34(6): 58-63.

[32] Ju X H, Xiao H M, Xia Q Y. A density functional theory investigation of 1,1-diamino-2,2 dinitroethylene dimorn and crystal [J]. Journal of Chemical Physics, 2003, 119(19): 10247-10255.

[33] 赵贵哲, 冯希柏, 付一政, 等. 端羟基聚丁二烯/增塑剂共混物相容性的分子动力学模拟和介观模拟[J]. 化学学报, 2009, 67(19): 2233-2238.

[34] Ju X H, Xiao H M, Guang F J. Periodic DFT approaches to crystalline alkali metal azides[J]. Chinese Science Bulletin, 2002, 47: 1180-1183.

[35] 居学海, 姬广富, 邱玲. Cu^+、Ag^+ 叠氮盐晶体的周期性 ab initio 计算[J]. 高等学校化学学报, 2005, 26(11): 2125-2127.

[36] Soreseu D C, Rice B M. Theoretical predictions of energetic molecular crystals at ambient and hydrostatic compression conditions using dispersion corrections to conventional density functionals(DFT D)[J]. Journal of Physical Chemistry C, 2010, 114(14): 6734-6748.

[37] Sorescu D C, Boatz J A, Thompson D T. First principles calculations of the adsorption of nitromethane and 1,1′-diamino 2,2′-dinitroethylene(FOX-7)molecules on the α-$A1_2O_3$(0001) surface[J]. Journal of Physical Chemistry B, 2005, 109(4): 1451-1463.

[38] Zhou S Q, Zhao F Q, Ju X H, et al. A density functional theory study of adsorption and decomposition of nitroamine molecules on the Al(1 1 1) surface [J]. Journal of Physical Chemistry C, 2010, 114(20): 9390-9397.

[39] Umezawa N, Kalia R K, Nakano A, et al. 1,3,5-trinitro-1,3,5-triazine decomposition and chemisorption Oil A1(1 1 1)surface: First principles molecular dynamics study [J]. Journal of Chemical Physics, 2007, 126: 234702.

[40] Long Y, Liu Y G, Nie F D, et al. Theoretical study of breaking and slipping processes for HMX/graphite in terrace [J]. Applied Surface Science, 2012, 258(7): 2384-2392.

[41] 焦东叫, 杨月诚, 强洪夫, 等. 键合剂对 HTPB 与 $A1/Al_2O_3$ 之间界面作用的分子模拟[J]. 火炸药学报, 2009, 32(4): 60-76.

[42] 李红霞, 强洪夫, 武文明. 丁羟推进剂黏结体系中增塑剂迁移的分子模拟[J]. 火炸药学报, 2008, 31(5): 74-78.

[43] Van Duin A C T, Dasgupta S, Lorant F, et al. ReaxFF: A reactive force field for hydrocarbons[J]. Journal of Physical Chemistry A, 2001, 105: 9396-9409.

[44] Zhang L, Zybin S V, van Duin A C T, et al. Carbon cluster formation during thermal decomposition of octahydro 1,3,5,7-tetranitro 1,3,5,7-tetrazocine and 1,3,5-Triamino-2,4,6 trinitrobenzene high explosives from ReaxFF reactive molecular dynamics simulations[J]. Journal of Physical Chemistry A, 2009, 113: 10619-10640.

[45] Manaa M R, Fried L E, Reed E J. Explosive chemistry: Simulating the chemistry of energetic materials at extreme conditions [J]. Journal of Computer-Aided Materials Design, 2003, 10(2): 75-97.

[46] Han S P, van Duin A C T, Goddard III W A, et al. Thermal decomposition of condensed phase nitromethane from nrolecular dynamics from ReaxFF reaetive dynamics[J]. Journal of Physical Chemistry B, 2011, 115: 6534-6540.

[47] Liu L C, Liu Y, Zybin S V, et al. Correction of the ReaxFF reactive force field for London dispersion, with applications to the equations of state for energetic materials [J]. Journal of Physical Chemistry A, 2011, 115: 11016-11022.

[48] Sewell T D, Menikoff R, Bedrov D, et al. A molecular dynamics simulation study of elastic properties of HMX [J]. Journal of Chemical Physics, 2003, 119 (14): 7417-7426.

[49] Bedrov D, Ayyagari C, Smith G D, et al. Molecular dynamics simulations of HMX crystal polymorphs using a flexible molecule force field [J]. Journal of Computer-Aided Materials Design, 2002, 8(2): 77-85.

[50] 肖继军, 黄辉, 李金山, 等. HMX 热膨胀系数的分子动力学模拟研究[J]. 含能材料, 2007, 15(6): 622-625.

[51] 刘冬梅, 肖继军, 陈军, 等. 不同模型下 HMX 晶体结构和性能的 MD 研究[J]. 含能材料, 2013(6): 765-770.

[52] 马秀芳, 肖继军, 黄辉, 等. HMX 和 HMX/HTPB PBX 的晶体缺陷理论研究[J]. 化学学报, 2008, 66(8): 897-901.

[53] Manaa M, Fried L E, Melius C F, et al. Decomposition of HMX at extreme conditions: A molecular dynamics simulation [J]. Journal of Physical Chemistry A, 2002, 106(39): 9024-9029.

[54] Zhou T T, Huang F L. Effects of defects on thermal decomposition of HMX via ReaxFF molecular dynamics simulations [J]. Journal of Physical Chemistry B, 2011, 115(2): 278-287.

[55] 石一丁, 黄风雷. HMX 状态方程与弹性性能的分子动力学研究[J]. 含能材料, 2009, 17(5): 561-567.

[56] 石一丁, 黄风雷. 不同温度下 β-HMX 状态方程的分子动力学模拟[J]. 北京理工大学学报, 2010, 30(7): 854-587.

[57] 石一丁, 黄风雷. β-HMX 晶体单轴压缩及绝热压缩的分子动力学模拟[J]. 高压物理学报, 2010, 24(5): 326-332.

[58] 肖继军, 方国勇, 姬广富, 等. HMX 基高聚物黏结炸药结合能和力学性能的模拟研究[J]. 科学通报, 2004, 49(24): 2520-2524.

[59] 肖继军, 黄辉, 李金山, 等. HMX 晶体和 HMX/F_{2311} PBXs 力学性能的 MD 模拟研究[J]. 化学学报, 2007, 65(17): 1746-1750.

[60] 马秀芳, 赵峰, 肖继军, 等. HMX 基多组分 PBX 结构和性能的模拟研究[J]. 爆炸与冲击, 2007, 27(2): 109-115.

[61] Ma X, Zhao F, Ji G, et al. Computational study of structure and performance of four constituents HMX-based composite material [J]. Journal of Molecular Structure Theochem, 2008, 851(1-3): 22-29.

[62] 朱伟, 肖继军, 赵峰, 等. HMX/TATB 复合材料弹性性能的 MD 模拟[J]. 化学学报, 2007, 65(13): 1223-1228.

[63] Xiao J, Huang H, Li J, et al. A molecular dynamics study of interface interactions and mechanical properties of HMX-based PBXs with PEG and HTPB [J]. Journal of Molecular Structure Theochem, 2008, 851(1): 242-248.

[64] Xiao J, Hui H, Li J, et al. Computation of interface interactions and mechanical properties of HMX-based PBX with Estane 5703 from atomic simulation [J]. Journal of Materials Science, 2008, 43 (17): 5685-5691.

[65] Zhu W, Wang X, Xiao J, et al. Molecular dynamics simulations of AP/HMX composite with a modified force field [J]. Journal of Hazardous Materials, 2009, 167(1): 810-816.

[66] 朱伟, 肖继军, 马秀芳, 等. 不同温度下 RDX 晶体力学性能的 MD 模拟[J]. 火炸药学报, 2007, 30(4): 17-19.

[67] Xiao J J, Li S Y, Chen J, et al. Molecular dynamics study on the correlation between structure and sensitivity for defective RDX crystals and their PBXs [J]. Journal of Molecular Modeling, 2013, 19(2): 803-809.

[68] Umezawa N, Kalia R K, Nakano A, et al. 1,3,5-trinitro-1,3,5-triazine decomposition and chemisorption on Al(1 1 1) surface: First-principles molecular dynamics study [J]. Journal of Chemical Physics, 2007, 126 (23): 351-355.

[69] 赵丽, 肖继军, 陈军, 等. RDX 基 PBX 的模型、结构、能量及其与感度关系的分子动力学研究[J]. 中国科学: 化学, 2013, (5): 576-584.

[70] Lan Y, Zhai J, Li D, et al. Multiscale simulation on the influence of dimethyl hydantoin on mechanical properties of GAP/RDX propellants [J]. Propellants Explosives Pyrotechnics, 2014, 39(1): 18-23.

[71] 史佩, 李高春, 李昊. 复合固体推进剂细观力学模型研究[J]. 计算机仿真, 2007, 24(5): 21-24.

[72] 史佩, 李高春 王玉峰, 等. 复合推进剂颗粒填充模型的分子动力学模拟方法[J]. 计算机与应用化学, 2007, 24(5): 665-668.

[73] 职世君, 孙冰, 张建伟. 基于细观颗粒夹杂模型的固体推进剂导热系数预测[J]. 航空动力学报, 2013, 28(5): 1187-1191.

[74] Lubachevsky B D, Stillinger F H. Geometric properties of random disk packings [J]. Journal of Statistical Physics, 1990, 60(5/6): 561-583.

[75] Knott G M, Jackson T L, Buckmaster J. Random packing of heterogeneous propellants [J]. Aiaa Journal, 2001, 39(4): 678-686.

[76] 李高春, 邢耀国, 王玉峰, 等. 基于细观力学的复合固体推进剂模量预估方法[J]. 推进技术, 2007, 28(4): 441-444.

[77] 张建伟, 职世君, 孙冰. 基于细观颗粒夹杂模型的复合固体推进剂松弛模量预测[J]. 航空动力学报, 2013, 28(10): 2370-2375.

[78] 职世君, 曹付齐, 申志彬, 等. 复合固体推进剂双折线脱湿损伤模型参数影响分析[J]. 固体火箭技术, 2017, 40(2): 183-188.

[79] 职世君, 曹付齐, 申志彬, 等. 复合固体推进剂颗粒脱湿损伤参数反演[J]. 推进技术, 2016, 37 (10):1977-1983.

[80] 职世君, 孙冰, 张建伟. 基于表面黏结损伤的复合固体推进剂细观损伤数值模拟[J]. 推进技术, 2013, 34(2): 273-279.

[81] 职世君, 张建伟, 张泽远. 复合固体推进剂细观损伤形貌数值模拟[J]. 固体火箭技术, 2015, (2): 239-244.

[82] 朱伟, 肖继军, 郑剑, 等. 高能混合物的感度理论判别——不同配比和不同温度 AP/HMX 的 MD 研究[J]. 化学学报, 2008, 66(23): 2592-2596.

[83] 朱伟, 刘冬梅, 肖继军, 等. 多组分高能复合体系的感度判据、热膨胀和力学性能的 MD 研究[J]. 含能材料, 2014 (5): 582-587.

[84] 刘强, 肖继军, 陈军, 等. 不同温度下 CL-20 晶体感度和力学性能的分子动力学模拟计算[J]. 火炸药学报, 2014, 37(2): 7-12.

[85] 许晓娟, 肖继军, 黄辉, 等. ε-CL-20 基 PBX 结构和性能的分子动力学模拟-HEDM 理论配方设计初探[J]. 中国科学, 2007, 37(6): 556-563.

[86] Sun T, Xiao J, Liu Q, et al. Comparative study on structure, energetic and mechanical properties of a ε-CL-20/HMX cocrystal and its composite with molecular dynamics simulation[J]. Journal of Materials Chemistry A, 2014, 2(34): 13898-13904.

[87] 姚维尚, 李倩, 谭惠民. NEPE 推进剂黏合剂性能的分子模拟研究[J]. 含能材料, 2007, 15(6): 650-655.

[88] 马昌兵, 强洪夫, 武文明, 等. 丁羟推进剂微观结构的统计特性分析[J]. 火炸药学报, 2011, 34(3): 52-56.

[89] 李金龙, 袁俊明, 刘玉存, 等. 端羟基聚丁二烯基聚氨酯的溶胀试验研究[J]. 中国胶黏剂, 2015, (10): 12-15.

[90] 李红霞, 强洪夫, 武文明. 丁羟胶玻璃化温度的模拟计算[J]. 中国胶黏剂, 2009, 18(3): 17-20.

[91] 付一政, 胡双启, 兰艳花, 等. HTPB/增塑剂玻璃化转变温度及力学性能的分子动力学模拟[J]. 化学学报, 2010, 68(8): 809-813.

[92] 齐晓飞, 张晓宏, 李吉祯, 等. NC/NG 共混体系的分子动力学模拟研究[J]. 兵工学报, 2013, 34(1): 93-99.

[93] 黄锐, 姚维尚, 谭惠民. 纤维素基含能黏合剂的分子模拟[J]. 火炸药学报, 2008, 31(1): 64-67.

[94] 杨月诚, 焦东明, 强洪夫, 等. HTPB 推进剂组分溶度参数的分子模拟研究[J]. 含能材料, 2008, 16(2): 191-195.

[95] Abou R H, Lussier L S, Ringuette S, et al. On the correlation between miscibility and solubility properties of energetic plasticizers/polymer blends: modeling and simulation studies [J]. Propellants Explosives, Pyrotechnics, 2008, 33(4): 301-310.

[96] 赵树森, 付一政, 梁晓艳, 等. HTPB/增塑剂共混物的介观动力学模拟[J]. 高分子材料科学与工程, 2011, 27(5): 186-190.

[97] 李红霞, 强洪夫, 王广, 等. 基于 MD 方法的增塑剂扩散行为的模拟研究[J]. 含能材料, 2009, 17(1): 36-41.

[98] 李红霞, 强洪夫, 李新其, 等. HTPB 推进剂中增塑剂扩散系数计算[J]. 固体火箭技术, 2012, 35(3): 387-390.

[99] Fu X L, Fan X Z, Ju X H, et al. Molecular dynamic simulations on the interaction between an HTPE polymer and energetic plasticizers in a solid propellant [J]. Rsc Advances, 2015, 5(65): 52844-52851.

[100] 虞振飞, 付小龙, 蔚红建, 等. 聚氨酯弹性体中 NG 和 BTTN 迁移的介观模拟[J]. 含能材料, 2015, 23(9): 858-864.

[101] 焦东明, 杨月诚, 强洪夫, 等. HTPB 固体推进剂增塑剂选取分子模拟研究[J]. 化学研究与应用, 2009, 21(6): 805-809.

[102] 李晓颖, 李福田, 姚巍, 等. HTPB/增塑剂共混物玻璃化转变温度的 MD 模拟[J]. 哈尔滨工业大学学报, 2009, (11): 152-156.

[103] 兰艳花, 刘亚青, 付一政, 等. 高能推进剂 NEPE 组分 PEG 与铝颗粒模型的分子动力学模拟[J]. 化学推进剂与高分子材料, 2009, 7(4): 49-51.

[104] 付一政, 刘亚青, 梅林玉, 等. HTPB 与 Al 不同晶面结合能和力学性能的分子动力学模拟[J]. 物理化学学报, 2009, 25(1): 187-190.

[105] 李红霞, 强洪夫, 武文明. HTPB 与 TDI 固化的分子模拟研究[J]. 固体火箭技术, 2008, 31(6): 602-606.

[106] 杜仕国, 秦浩, 闫军, 等. HTPB 推进剂老化机理的分子模拟[J]. 含能材料, 2014, 22(3): 291-294.

[107] 武文明, 张炜, 陈敏伯, 等. 理论研究丁羟黏合剂化学键解离及其对力学性能的影响[J]. 化学学报, 2012, 70(10): 1145-1152.

[108] 韩龙, 许进升, 周长省. HTPB/IPDI复合固体推进剂细观界面率相关参数的反演识别研究[J]. 含能材料, 2016, 24(10): 928-935.

[109] 焦东明, 杨月诚, 强洪夫, 等. 基于渗透性能选择丁羟推进剂用键合剂的分子模拟研究[J]. 兵工学报, 2009, 30(8): 1024-1029.

[110] 焦东明, 杨月诚, 强洪夫, 等. 丁羟推进剂模型体系中键合剂作用机理的分子模拟研究[J]. 含能材料, 2009, 17(6): 650-654.

[111] 焦东明, 杨月诚, 强洪夫, 等. 键合剂对 HTPB 与 Al/Al$_2$O$_3$ 之间界面作用的分子模拟[J]. 火炸药学报, 2009, 32(4): 60-63.

[112] 杨月诚, 焦东明, 强洪夫, 等. 基于分子模拟方法选择推进剂键合剂的研究[J]. 计算机与应用化学, 2008, 25(8): 1011-1014.

[113] 张丽娜, 李定华, 姚维尚, 等. GAP 接枝海因与推进剂组分相互作用的分子模拟[J]. 推进技术, 2010, 31(5): 587-592.

[114] Kohno Y, Ueda K, Imamura A. Molecular dynamics simulation of initial decomposition processes on the unique N—N bond in nitramines in the crystalline state[J]. The Journal of Physics Chemical, 1996, 100: 4701-4712.

[115] 于海利, 段晓惠, 谭学蓉. HMX 溶液结晶的分子动力学模拟[J]. 含能材料, 2013, 21(5): 589-593.

[116] 苗爽, 张雷, 王涛, 等. RDX 杂质对 HMX 性能影响的分子动力学研究[J]. 含能材料, 2018, 26(10): 828-834.

[117] Cherukuvada S, Babu N J, Nangia A. Nitrofurantoin-p-aminobenzoic acid cocrystal: hydration stability and dissolution rate studies [J]. Journal of Pharmaceutical Sciences, 2011, 100(8): 3233-3244.

[118] 陈芳, 刘圆圆, 王建龙, 等. 混合溶剂对 β-HMX 结晶形貌影响的分子动力学模拟[J]. 物理化学学报, 2017, 33(6): 1140-1148.

[119] Qiu L, Xiao H M, Zhu W H, et al. Ab initio and molecular dynamics studies of crystalline TNAD (trans-1, 4,5,8-tetranitro-1,4,5,8-tetraazadecalin) [J]. The Journal of Physics Chemical B, 2006, 110(22): 10651-10661.

[120] Politzer P, Concha M C, Murray J S. Density functional study of dimers of dimethylnitramine[J]. International Journal of Quantum Chemistry, 2000, 80(2):184-192.

[121] Li J S, Xiao H M, Dong H S. Theoretical study on intermolecular interaction of epoxyethane dimer[J]. International Journal of Quantum Chemistry, 2000, 78: 94-98.

[122] Li J S, Zhao F, Jing F Q. An ab initio study of intermolecular interactions of nitromethane dimer and nitromethane trimer [J]. Journal of Computational Chemistry, 2003, 24 (3): 345-352.

[123] 宋华杰, 肖鹤鸣, 董海山. TATB 二聚体分子间作用力及其气相几何构型研究[J]. 化学学报, 2007, 65(12): 1101-1109.

[124] Chermahinia A N, Ghaedia A, Teimourib A, et al. Density functional theory study of intermolecular interactions of cyclic tetrazole dimers [J]. Journal of Molecular Structure: Theochem, 2008, 867: 78-84.

[125] 陈天娜, 汤业朋, 宋华杰. 氧化呋咱二聚体分子间相互作用的理论计算[J]. 含能材料, 2007, 15(6): 641-645.

[126] 陈天娜, 汤业朋, 肖鹤鸣. α-双环-HMX 晶体中二聚作用的理论研究[J]. 化学学报, 2010, 68(19): 1986-1990.

[127] 胡银, 马海霞, 张教强, 等. 3,6-二氨基-1,2,4,5-四嗪二聚体分子间相互作用的理论研究[J]. 化学通报, 2010, (3): 263-268.

[128] 胡银, 邵颖慧, 胡荣祖, 等. BTATz 二聚体分子间相互作用的理论计算[J]. 含能材料, 2012, 20(3): 273-279.

[129] Politzer P, Ma Y G. Noncovalent intermolecular energetics: RDX crystal [J]. International Journal of Quantum Chemistry, 2004, 100(5): 733-739.

[130] Li J S, Xiao H M, Dong H S. A study on the intermolecular interaction of energetic system-mixtures containing —CNO₂ and —NH₂ groups[J]. Propellants, Explosives, Pyrotechnics, 2000, 25(1): 26-30.

[131] 侯素青, 曹端林, 张文艳, 等. 氮杂杯[4]芳烃主体与 RDX 客体分子间相互作用的密度泛函理论[J]. 火炸药学报, 2008, 31(5): 19-23.

[132] 张文艳, 曹端林, 侯素青, 等. 氮杂类杯[6]芳烃与 HMX 分子间相互作用的理论研究[J]. 含能材料, 2009, 17(4): 436-441.

[133] 牛晓庆, 张建国, 冯晓军, 等. B 炸药主要组分 TNT 和 RDX 分子间相互作用的理论研究[J]. 化学学报, 2011, 69(14): 1627-1638.

[134] 陈玲, 李华荣, 熊鹰, 等. 甲基硝基胍-硝酸肼低共熔物结构及分子间作用[J]. 含能材料, 2012, 20(5): 560-564.

[135] Li H R, Shu Y J. Theoretical insights into the nature of intermolecular interactions in TNT/CL-20 cocrystal and its properties[C]//New Trends in Research of Energetic Materials, Czech Republic, 2013: 742.

[136] 黄辉, 李金山. HMX 与含硼化合物相互作用的理论计算[J]. 原子与分子物理学报, 2007, 24(1): 106-110.

[137] 林小雄, 王明良, 赵凤起, 等. 硝基甲烷与氨基及羟基化合物间的相互作用[J]. 火炸药学报, 2012, 35(4): 1-4.

[138] Venkatesan V, Polke B G, Sikder A K. Ab initio study on the in- termolecular interactions between 1,1-diamino-2, 2-dinitroethyl-ene and acetylene: Pull effect on complex formation[J]. Computational and Theoretical Chemistry, 2012, 995: 49-54.

[139] 居学海, 范晓微, 孙小巧, 等. 三乙二醇二硝酸酯与高分子黏结剂在混合体系中的分子间相互作用[J]. 化学推进剂与高分子材料, 2007, 5(5): 44-47.

[140] 孙小巧, 范晓薇, 居学海, 等. 丁三醇三硝酸酯与高分子黏合剂的相互作用[J]. 火炸药学报, 2007, 30(3): 1-4.

[141] 范晓薇, 居学海, 孙小巧, 等. 硝化甘油与高分子黏合剂混合体系相互作用的理论研究[J]. 火炸药学报, 2009, 32(3): 46-49.

[142] 孙小巧. 高能氧化剂与黏合剂的分子间相互作用[D]. 南京: 南京理工大学, 2007.

[143] 张艳丽, 姬广富, 龚自正. 高聚物黏结剂与硅烷偶联剂分子间相互作用[J]. 南京理工大学学报(自然科学版), 2009, 33(5): 682-686.

[144] 李倩, 姚维尚, 谭惠民. 叠氮黏合剂与硝酸酯溶度参数的分子动力学模拟[J]. 含能材料, 2007, 15(4): 370-373.

[145] Abou-Rachid H, Lussier L S, Ringuette S, et al. On the correla- tion between miscibility and solubility properties of energetic plasticizers/polymer blends: Modeling and simulation studies [J]. Propellants, Explosives, Pyrotechnics, 2008, 33(4): 301-310.

[146] Clarke S M, Friscic T, Jones W, et al. Observation of a two-dimensional hydrogen bonded cocrystal at sub-monolayer coverage using synchrotron X-ray diffraction [J]. Chemical Communications, 2011, 47(9): 2526-2528.

[147] 付一政, 刘亚青, 兰艳花. 端羟基聚丁二烯/增塑剂共混物相容性的分子动力学模拟[J]. 物理化学学报, 2009, 25(7): 1267-1272.

[148] 黄锐, 姚维尚, 谭惠民. 叠氮纤维素结构和溶度参数的分子模拟[J]. 含能材料, 2008, 16(4): 446-449.

[149] Qian W. Simulation study on the miscibility of energetic binder poly (glycidyl nitrate) with several plasticizers [C]//Proceeding of the 6th International Conference of Molecular Simulations & Applied Informatics Technologies, Nanjing, 2012: 457-467.

[150] Zhang Y L, Ji G F, Zhao F Q, et al. Mesoscopic simulation of aggregate behaviour of fluoropolymers in the TATB-based PBX [J]. Molecular Simulation, 2011, 37(3): 237-242.

[151] Zhang Y L, Ji G F, Gong Z Z. New coupling mechanism of the silane coupling agents in the TATB-based PBX [J]. Molecular Simulation, 2013, 39(5): 423-427.

[152] Zhou Y, Long X P, Zeng Q X. Effect of the angular potential on the temperature control in dissipative particle dynamics simulations [J]. Molecular Simulation, 2012, 38(12): 961-969.

[153] Zhou Y, Long X P, Zeng Q X. Simulation studies of the interfaces of incompatible glycidyl azide polymer-hydroxyl-terminated polybutadiene blends by dissipative particle dynamics Ⅰ: The effect of block copolymers and plasticizers [J]. Journal of Applied Polymer Science, 2012, 125(2): 1530-1537.

[154] Zhou Y, Long X P, Zeng Q X. Simulation study of the morphologies of energetic block copolymers based on glycidyl azide polymer [J]. Journal of Applied Polymer Science, 2013, 129(1): 480-486.

[155] Zhou Y, Long X P, Zeng Q X. Dissipative particle dynamics studies on the interface of incompatible A/B homopolymer blends in the presence of nanorods [J]. Polymer, 2011, 52(26): 6110-6116.

[156] Zhou Y, Long X P, Zeng Q X, et al. A novel nanocage from the cooperative self-assembly of coil-rod-coil triblock copolymers and nanoparticles [J]. Macro Molecular Rapid Communications, 2013, 34(10): 883-886.

[157] 夏露. 高能材料结构和性能的分子动力学模拟[D]. 苏州: 苏州大学, 2008.

[158] 张崇民, 赵小峰, 付小龙, 等. 分子动力学模拟在推进剂组分物理化学性能研究中的应用进展[J]. 火炸药学报, 2018, 41(6): 531-542.

[159] 马秀芳, 肖继军, 殷开梁, 等. TATB/聚三氟氯乙烯复合材料力学性能的 MD 模拟[J]. 化学物理学报, 2005, 18(1): 55-58.

[160] 肖继军, 谷成刚, 方国勇, 等. TATB 基 PBX 结合能和力学性能的理论研究[J]. 化学学报, 2005, 63(6): 439-444.

[161] 黄玉成, 胡应杰, 肖继军, 等. TATB 基 PBX 结合能的分子动力学模拟[J]. 物理化学学报, 2005, 21(4): 425-429.

[162] 胡应杰, 黄玉成, 肖继军, 等. TATB/氟聚物 PBX 沿不同晶面力学性能的分子动力学模拟[J]. 中国科学(B 辑: 化学), 2005, (3): 20-25.

[163] 马秀芳, 肖继军, 黄辉, 等. 分子动力学模拟浓度和温度对 TATB/PCTFE PBX 力学性能的影响[J]. 化学学报, 2005, 63(22): 2037-2041.

[164] 许晓娟, 肖继军, 黄辉, 等. ε-CL-20 基 PBX 结构和性能的分子动力学模拟——HEDM 理论配方设计初探[J]. 中国科学(B 辑: 化学), 2007, 37(6): 556-563.

[165] Umezawa N, Kalia R K, Nakano A, et al. 1,3,5- trinitro-1,3,5-triazinede composition and chemisorption on Al(111) surface: first-principles molecular dynamics study [J]. The Journal of Chemical Physics, 2007, 126(23): 234-702.

[166] Xiao J J, Ma X F, Zhu W, et al. Molecular dynamics simulations of polymerbonded explosives (PBXs): Modeling, mechanical properties and their dependence on temperatures and concentrations of binders [J]. Propellants, Explosives, Pyrotechnics, 2007, 32(5): 355-359.

[167] 于艳春, 朱伟, 肖继军, 等. 四组分高能体系结合能和力学性能的分子动力学模拟[J]. 化学学报, 2010, 68(12): 1181-1187.

[168] 杨小震. 计算机与应用化学[M]. 北京: 化学工业出版社, 1999.

[169] Bedrov D, Ayyagari C, Smith G D, et al. Molecular dynamics simulations of HMX crystal polymorphs using a flexible molecule force field [J]. Journal of Computer-Aided Materials Design, 2002, 8(2): 77-85.

[170] 朱建士. 多尺度问题的数值模拟[C]. 第四届全国计算爆炸力学会议, 合肥, 1990, 4: 21-23.

[171] 顾宜, 刘欣. 高分子科学中的计算机模拟[J]. 高分子材料科学与工程, 2000, (6): 28-31.

[172] Delley B. The conductor-like screening model for polymers and surfaces[J]. Molecular Simulation, 2006, 32(2): 117.

[173] Klamt A. COSMO-RS: From quantum chemistry to fluid phase thermodynamics [J]. Computer Aided Chemical Engineering, 2018, 43: 9.

[174] Meunier M. Diffusion coefficients of small gas molecules in amorphous cis-1, 4-polybutadiene estimated by molecular dynamics simulations [J]. Journal of Chemical Physics, 2005, 123: 134906.

[175] Yarovsky I. Evans E. Computer simulation of structure and properties of crossiinked polymers: application to epoxy resins [J]. Polymer, 2002, 43: 963-969.

[176] 江龙. 高性能热塑性复合材料组成结构与界面的分子模拟[D]. 哈尔滨: 哈尔滨工业大学, 2007.

[177] 徐一昆, 詹茂盛. 纳米二氧化硅目标杂化聚酰亚胺复合材料膜的制备与性能特征[J]. 航空材料学报, 2003, 23(2): 33-36.

[178] 李青. 聚酰哑胺单链动力学行为的分子动力学模拟[D]. 长春: 东北师范大学, 2006.

[179] 杨红军, 殷景华, 雷清泉. 聚酰亚胺纳米复合材料结构和性能的分子模拟[J]. 哈尔滨理工大学学报, 2006, (2): 31-34.

[180] Luo Z L, Jiang J W. Molecular dynamics and dissipative particle dynamics simulations for the miscibility of poly(ethylene oxide)/poly(vinyl chloride) blends[J]. Polymer, 2010, 51(6): 291-299.

[181] Yang H, Sheng L Z, Oian H J, et al. Molecular dynamics simulation studies of binary blend miscibility of poly(3-hydroxybutyrate) and poly(ethylene oxide)[J]. Polymer, 2004, 45: 453-457.

[182] 李倩, 姚维尚, 谭惠民. 分子动力学模拟叠氮热塑性弹性体的杨氏模量及其与硝酸酯的溶度参数[J]. 火炸药学报, 2007, (4): 13-16.

[183] Hinterhoelzl R M, Schapery R A. FEM implementation of a three-dimensional viscoelastic vonstitutive model for particulate composites with damage growth [J]. Mechanics of Time-Dependent Materials, 2004, 8: 65-94.

[184] Jung G D. A three-dimensional nonlinear viscoelastic constitutive model of solid propellant [J]. International Journal of Solids and Structures, 2000, 37: 4715-4732.

[185] Burke M A, Woytowitz P J. Nonlinear viscoelastic constitutive model for solid propellant [J]. Journal of Propellant and Power, 1992, 8(3): 586-591.

[186] Neviere R. An extension of the time-temperature superposition principle to non-linear viscoelastic solids [J]. International Journal of Solids and Structures, 2006, 43(17): 5295-5306.

[187] 阳建红, 李学东, 赵光辉, 等. HTPB 推进剂细观损伤机理的声发射实验研究[J]. 推进剂技术, 2000, 21(3): 67-70.

[188] 罗景润. PBX 材料损伤、断裂及本构关系研究[D]. 绵阳: 中国工程物理研究院, 2001.

[189] Gotz J. Characterization of the structure in highly filled composite materials by means of MRI [J]. Proellants, Explosives, Pyrotechnics, 2002: 27: 179-184.

[190] Tan H. The Mori-Tanak method for composite materials with nonlinear interface debonding [J]. International Journal of Plasticity, 2005, 21: 1890-1918.

[191] Metzner A P. Yielding of polymers filled with large-diameter particles [J]. Journal of Applied Polymer Science, 2001, 85, 455-465.

[192] Liu C T. Preload effect on stable crack growth in a particulate composite material [J]. Composite Part B, 1998, 29: 15-19.

[193] 陈鹏万, 黄风雷. 含能材料损伤理论及应用[M]. 北京: 北京理工大学出版社. 2006.

[194] Liu C T. Monitoring damage initiation and evolution in a filled polymeric material using nondestructive testing techniques [J]. Computers and Structures, 2000, 76: 57-65.

[195] Lee J H. Modeling of crack initiation and growth in solid rocket propellants using macromechanics and micromechanics [D]. Monterey: Naval Postgraduate School, 1996.

[196] Gdoutos E E. Prediction of crack initiation and growth in solid propellants[R]. Xanthi: Democritus University of Thrace Press, 1999.

[197] Gdoutos E E., Papakaliatakis. Study of crack growth in solid propellants fatigue fracture [J]. Engineering Material Structure, 2001, 24: 637-642.

[198] 彭威. 复合固体推进剂黏弹损伤本构模型的细观力学研究[D]. 长沙: 国防科学技术大学, 2001.

[199] Tan H. The cohesive law for the particlematrix interfaces in high explosives [J]. Journal of the Mechanics and Physics of Solids, 2005, 53: 1892-1917.

[200] Funfschilling C. Micromechanical approach for modeling mechanical properties and damage of energetic materials [R]. 35th International Annual Coference of ICT, 2004.

[201] Matous K, Geubelle P H. Multiscale modeling of particle debonding in reinforced elastomers subjected to finite deformations [J]. International Journal for Numerical Methods in Engineering, 2006, 65:190-223.

[202] Rao S, Krishna Y. Fracture toughness of nitramine and composite solid propellants [J]. Materials Science and Engineering A, 2005, 403:125-133.

[203] Wong F C. Pseudodomain fracture analysis of instrumented analog rocket motors [J]. Journal of Spacecraft and Rockets, 2003, 40(1): 92-100.

[204] Segurado J. A new three-dimensional interface finite element to simulate fracture in composites [J]. International Journal of Solids and Structures, 2004, 41: 2977-2993.

[205] 叶碧泉. 用界面单元法分析复合材料界面力学性能[J]. 应用数学和力学, 1996, 17: 343-348.

[206] Miller T C. Crack growth rates in a propellant under various conditions[R]. ADA410476.

[207] Vratsanos L A, Farris R J. A predictive model for the mechanical behavior of particulate composites. Part Ⅰ: Model derivation[J]. Polymer Engineering & Science, 1993, 33(22): 1458- 1465.

[208] Schapery R A. Deformation and fracture characterization of inelastic composite materials using potentials[J]. Polymer Engineering & Science, 1987, 27(1): 63-76.

[209] Ha K, Schapery R A. A three-dimensional viscoelastic constitutive model for particulate composites with growing damage and its experimental validation[J]. International Journal of Solids and Structures, 1998, 35(26-27): 3497-3517.

[210] Vratsanos L A, Farris R J. A predictive model for the mechanical behavior of particulate composites. Part Ⅱ: Comparison of model predictions to literature data[J]. Polymer Engineering & Science, 1993, 33(22): 1466-1474.

[211] Swanson S R, Christensen L W. A constitutive formulation for high-elongation propellants[J]. Journal of Spacecraft and Rockets, 1983, 20: 559-566.

[212] Özüpek S, Becker E B. Constitutive equations for solid propellants [J]. Journal of Engineering Materials and Technology, 1997, 119(2): 125-132.

[213] Canga M E, Becker E B, Özüpek S. Constitutive modeling of viscoelastic materials with damage-computational aspects [J]. Computer Methods in Applied Mechanics and Engineering, 2001, 190(15-17): 2207-2226.

[214] Jung G D, Youn S K, Kim B K. A three-dimensional nonlinear viscoelastic constitutive model of solid propellant [J]. International Journal of Solids and Structures, 2000, 37(34): 4715-4732.

[215] 阳建红, 王芳文, 覃世勇. HTPB 复合固体推进剂的声发射特性及损伤模型的试验和理论研究[J]. 固体火箭技术, 2000, 23(3): 37-40.

[216] 阳建红, 俞茂宏, 侯根良, 等. HTPB 复合推进剂含损伤和老化本构研究[J]. 推进技术, 2002, 23(6): 509-512.

[217] 孟红磊. 改性双基推进剂装药结构完整性数值仿真方法研究[D]. 南京: 南京理工大学, 2011.

[218] 邓凯, 阳建红, 陈飞, 等. HTPB 复合固体推进剂本构方程[J]. 宇航学报, 2010, 31(7): 1815-1818.

[219] 沙宝亮, 侯晓. 压力环境下固体推进剂含损伤的统一本构模型[J]. 强度与环境, 2012, 39(3): 13-18.

[220] Xu F, Aravas N, Sofronis P. Constitutive modeling of solid propellant materials with evolving microstructural damage [J]. Journal of the Mechanics and Physics of Solids, 2008, 56(5): 2050-2073.

[221] 刘承武, 阳建红, 邓凯, 等. 基于 Mori-Tanaka 有限元法的黏弹复合推进剂非线性界面脱粘[J]. 推进技术, 2011, 32(2): 225-229.

[222] 刘承武, 阳建红, 陈飞. 改进的 Mori-Tanaka 法在复合推进剂非线性界面脱粘中的应用[J]. 固体火箭技术, 2011, 34(1): 67-70.

[223] Zhi S J, Sun B J, Zhang W. Multiscale modeling of heterogeneous propellants from particle packing to grain failure using a surface-based cohesive approach [J]. Acta Mech Sinica, 2012, 28(3): 746-759.

第 2 章　固体推进剂分子动力学数值模拟

2.1　概　　述

分子动力学模拟方法从微观尺度预测含能材料的特性，可通过数值模拟计算为实验提供理论指导，大大节省实验所需的时间和原料，近年来逐步应用于固体推进剂的研究之中[1,2]。固体推进剂是以高聚物为基体，多颗粒填充的复合含能材料，其中的增塑剂选择是固体推进剂和高聚物黏结炸药配方设计的关键之一，增塑剂的加入能降低黏合剂如 GAP、HTPE 等的黏度，增加其柔韧性并降低玻璃化转变温度，使其易于加工成型，理想的增塑剂必须和黏合剂具有良好的相容性。用实验方法来表征和筛选与黏合剂相容性良好的增塑剂不仅费时费力，而且还存在一定局限性，而分子动力学方法模拟是一种更直接的技术。近年来已有研究通过分子动力学方法模拟研究增塑剂和黏合剂的相容性[3-5]，文献[6]～[8]用分子动力学方法研究了 HTPB 与己二酸二辛酯及一缩二乙二醇二硝酸酯的相容性。肖鹤鸣和居学海[9]模拟研究了 4 种四组分高能混合体系的结合能和力学性能，但这些工作主要集中于黏结剂和增塑剂间不含氢键或氢键较弱的体系，结果表明对于这类共混体系采用溶度参数能够较好地判断其相容性的优劣。

目前，多采用传统的实验方法研究推进剂的力学性能，如拉伸实验和动态热机械性能测试等，这些方法虽然可以获得 1,5-二叠氮基-3-硝基-氮杂戊烷（DIANP）应用效果的直观判断和定性结论，但难以得到更深层次的理论机理。分子动力学模拟计算方法是近年来发展较为迅速的微尺度数值计算方法，能够准确预测材料的特性且从微观角度揭示材料结构与性能之间的关系，已成为一种研究火炸药宏观性质的方法。因此，采用分子动力学数值模拟技术研究固体推进剂组分的相互作用是重要的方向之一。本章旨在采用分子动力学方法模拟计算固体推进剂组分中不同混合体系、共晶的相互作用，通过相关实验进行验证，为高性能固体推进剂的开发与设计提供理论指导和参考。

2.2　计　算　方　法

2.2.1　力场的选择

本书选择 COMPASS 力场对 CL-20、HMX、Bu-NENA、DIANP、NC、NG

及 NC/NG、NC/Bu-NENA、ε-CL-20/含能黏结剂等复合体系进行数值模拟。选择原因如下：首先，COMPASS 力场中多数力场参数的调试确定都基于从头算数据，它是通过从头计算方法，获得分子内的键参数，同时又采用以凝聚态分子动力学为基础的经验方法优化范德瓦尔斯非键合参数，COMPASS 力场是当前较为完善的分子力场；其次，COMPASS 对这些分子和复合体系的优化构型与量子力学优化构型符合得很好，且基于 COMPASS 力场预测的含能材料晶胞结构也与实验相符[10]。

2.2.2　物理建模过程

整个模拟程序计算均在美国 Accelrys 公司开发的 Materials Studio (MS) 5.5 软件上运行，利用其中 Visualizer 菜单下的 Amorphous Cell (AC) 模块的 Construction 构建。选择 COMPASS 力场，它是第一个基于量子力学从头计算的力场，能模拟出准确的凝聚态的结构与性质[11]。利用 Smart minimization 方法对所构建的无定形分子模型进行结构优化，然后将结构优化后的模型进行每隔 30K，从 250K 升温至 520K 再降温至 250K 的 3 个循环的退火处理，这一过程能使体系越过势能面上局部极小值之间的位垒，将模型中产生的局部不合理结构消除，为下一步的 MD 模拟提供比较合理的平衡几何构象。

1. GAP/不同增塑剂体系模型的构建

表 2-1 为实验所用原料的分子结构和密度数据，首先运用 Materials Studio 软件中的 Visualizer 模块，根据表 2-1 中原料的结构建立相应的分子模型，采用 Smart minimizer 方法进行结构优化。本节模拟选择的 GAP 的聚合度为 120。

表 2-1　GAP 及增塑剂的分子结构及密度

分子结构	密度 $\rho/(g \cdot cm^{-3})$
GAP：$-(OCH_2CH(CH_2N_3))-_m$	1.3
BDNPF：$(H_3CC(NO_2)_2CH_2O)_2CH_2$	
BDNPA：$(H_3CC(NO_2)_2CH_2O)_2CH(CH_3)$	1.4
A3：BDNPF/BDNPA=1∶1	
Bu-NENA：$O_2NOOCH_2CH_2N(NO_2)(CH_2)_3CH_3$	1.211
TEGDN：$O_2NO(CH_2CH_2O)_3NO_2$	1.328

注：BDNPF 表示 2,2-二硝基丙醇缩甲醛，BDNPA 表示 2,2-二硝基丙醇缩乙醛。

利用 AC 模块，保持温度 298K，在 COMPASS 力场下，依据表 2-1 中各物质的相应密度数据，分别构建 GAP、2,2-二硝基丙醇缩甲醛与 2,2-二硝基丙醇缩乙醛混合物 (A3)、Bu-NENA、TEGDN 4 种纯物质及 GAP/A3、GAP/Bu-NENA、GAP/TEGDN 共混物的无定形分子模型，再次进行能量最小化，以消除模型构建形成的局部不平衡，选取能量低、结构合理的盒子作为研究对象 (图 2-1)。

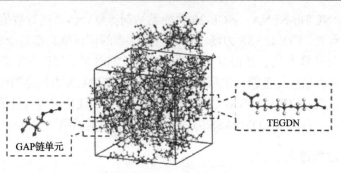

图 2-1　GAP/TEGDN 共混物体系模型

2. NC/不同增塑剂模型的构建

依据 NC、DIANP、Bu-NENA、BDNPF/A 和 NG 的化学结构式，建立 NC 和增塑剂纯物质模型，模型中 NC 分子链、Bu-NENA、BDNPF/A 和 NG 分子的数目分别为 2 条、102 个、98 个、64 个和 90 个，此时各纯物质模型质量相同。NC 和增塑剂的分子模型如图 2-2 所示。

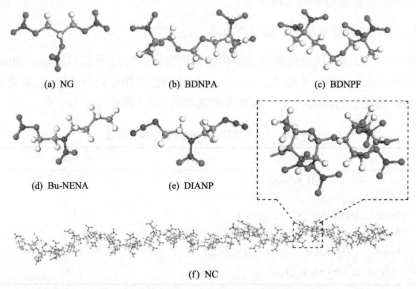

图 2-2　NC 和不同增塑剂的分子模型

1) NC/TMETN 模型的构建[①]

构建 NC 分子链(链节数为 20,含氮量为 12%)和 TMETN,在 Forcite 模块中,使用 COMPASS 力场对其结构进行优化并获得稳定构型,之后所有处理保持力场

---

① TMETN 为三羟甲基乙烷三硝酸酯。

一致。基于稳定构型，使用 Amorphpous Cell 模块构建不同质量比的 NC/TMETN 黏结体系，用以研究 TMETN 对 NC 性能的影响。构建无定形晶胞时，其密度接近理论密度值(通过理论加和获得)，各体系的组成比例见表 2-2。

表 2-2　不同质量比的 NC/TMETN 黏结体系的组成

NC/TMETN	分子数目		总原子数
	NC	TMETN	
1 : 1	3	124	6293
1.1 : 1	3	113	6007
1.2 : 1	3	103	5747
1.3 : 1	3	96	5566
1.4 : 1	3	88	5357
1.5 : 1	3	82	5201

在 Forcite 模块下，使用 COMPASS 力场对黏结体系进行结构优化以消除内部应力，然后进行结构弛豫：使用 MD 在等温等压(NPT)系综、298K 下进行 50ps 模拟，所得平衡结构在等温等容(NVT)系综、298K 下进行 50ps 模拟，所得结构再在 300～500K 进行退火，最终完成结构弛豫并获得各体系最稳定构型。进行各体系分子动力学模拟：使用 NPT 系综，在 298K、100kPa 下进行 1000ps MD 模拟，步长 1fs，控温方式为 Anderson，控压方式为 Berendsen，分别使用 Atom based 和 Ewald 方法计算范德瓦尔斯力和静电作用力。获得不同质量比的 NC/TMETN 黏结体系的平衡体系，最后 300ps 用于性能分析。

2) NC/NG 模型的构建

依据 NC 和 NG 化学结构式，构建含有 2 条分子链的 NC 纯物质模型(将两条 NC 分子链的初始构象分别标记为 NC-A 和 NC-B)，建立 NC、NG 和 NC/NG 共混体系模型，如图 2-3 所示，在 298K、$1.01×10^5$Pa 条件下，对 NC 纯物质模型、NG 纯物质模型和 NC/NG 共混体系模型进行分子动力学模拟，获取分子动力学轨迹并进行分析，得到静态力学性能、结合能和回转半径。考虑到模拟体系的分子大小对模拟效果的影响和模拟效率因素，建立的 NC 分子链由 20 个聚合单元组成，并以羟基封端。NC 分子链上的—OH 基团和—NO₂ 基团的数目基于 NC 含氮量(11.87%)计算得到，并随机分布于分子链上。为避免分子模型的能量陷入势阱，先采用 COMPASS 力场，利用 Smart minimizer 方法对其进行能量优化[12]。

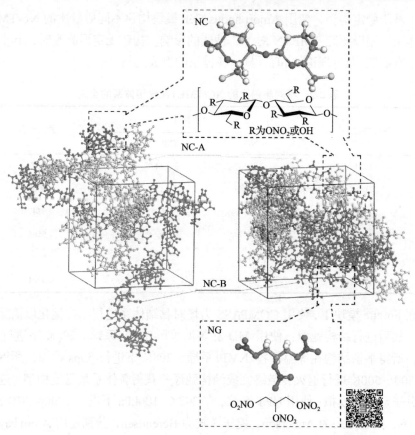

图 2-3　NC、NG 及 NC/NG 共混体系模型(彩图扫二维码)

3) NC/DIANP 模型的构建

依据 NC、DIANP 的化学结构式，用 MS 建立 NC、DIANP 和 NC/DIANP 共混体系的模型，构建包含两条 NC 分子链的 NC 纯物质模型(两条分子链分别标记为 NC-A 和 NC-B)，然后向其中分别添加 102 个 DIANP 分子，并与向 NC 中添加 90 个 NG 分子的质量比均为 1∶1 的 NC/NG 共混体系模型进行对比，如图 2-4 所示。

4) NC/DNTF 模型的构建

依据 NC 和 DNTF 化学结构式，构建质量比为 2∶1 的 NC/DNTF 共混物模型，模型结构如图 2-5 所示。在 298K、1.01×10^5 Pa 条件下，对 NC 纯物质模型和 NC/DNTF(3,4-二硝基呋喃基氧化呋喃)共混物的模型进行分子动力学计算，获取分子动力学参数并进行分析，得到 NC 纯物质和 NC/DNTF 共混物的静态力学性能和径向分布函数，其中静态力学性能计算原理参见文献[13]。

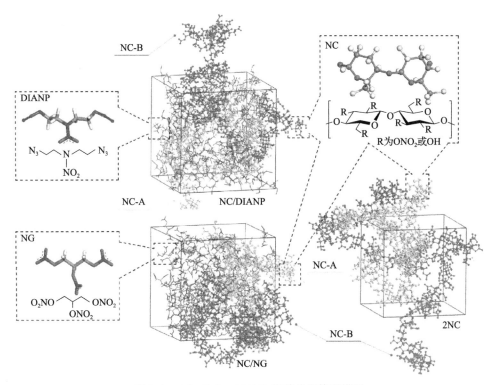

图 2-4　NC、NG、DIANP 及其共混体系模型

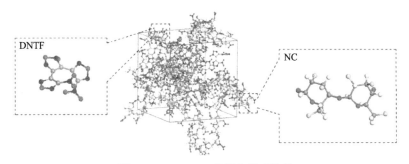

图 2-5　NC/DNTF 共混物模型结构

5）NC/Bu-NENA 模型的构建

依据 NC 和 Bu-NENA 的化学结构式，构建质量比为 1∶1 的 NC/Bu-NENA 共混体系模型，并与等质量比的 NC/NG 共混体系进行对比，结构如图 2-6 所示。分别在–40℃、20℃、50℃、70℃及 1.01×10⁵Pa 条件下，对共混体系模型进行分子动力学模拟，获取分子动力学轨迹并进行分析，得到均方位移（mean squared displacement，MSD）、自由体积和径向分布函数等。

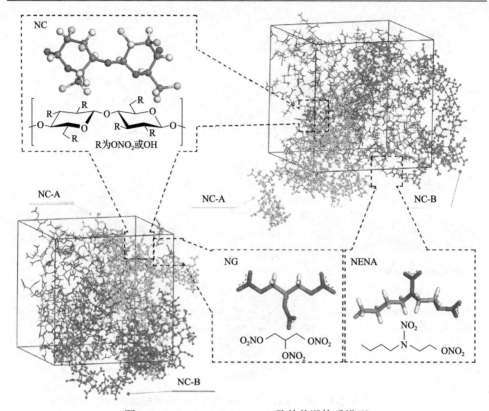

图 2-6　NC、Bu-NENA、NG 及其共混体系模型

3. NC/PEG 模型的构建

依据 NC、PEG(分子量为 6000)的化学结构式,构建 NC、PEG 纯物质和等质量比(二者分子量的比值约为 16.7)的 NC/PEG 共混体系模型,其中,NC 和 PEG 的分子链数目分别为 2 条和 45 条,NC/PEG 共混体系的结构如图 2-7 所示。分别

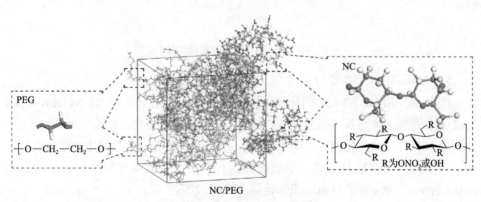

图 2-7　NC/PEG 共混体系模型

在 20℃、1.01×10⁵Pa 条件下，通过 Discover 模块对纯物质和共混体系模型进行分子动力学模拟，获取分子动力学轨迹并进行分析，得到溶度参数、单体摩尔体积和径向分布函数等数据。

4. HTPE/增塑剂模型的构建

1) 分子链模型构建

运用 Material Studio 软件包中 Visualizer 模块，建立 HTPE 和 DEP、DBP、DOS 的分子模型，图 2-8 示出了四种物质的分子结构，其中，HTPE 是以羟基封端、聚合度为 52 的嵌段共聚物，其嵌段摩尔比 $n(PEG):n(PTMG)=1:1$。对应材料在 298K、101kPa 下的密度为：HTPE 为 $1.10\text{g}\cdot\text{cm}^{-3}$；DEP 为 $1.12\text{g}\cdot\text{cm}^{-3}$；DBP 为 $1.046\text{g}\cdot\text{cm}^{-3}$；DOS 为 $0.915\text{g}\cdot\text{cm}^{-3}$。然后采用 Smart Minization 方法对所构建的分子模型进行结构优化，选择 COMPASS 力场，分别用 Atom based 和 Ewald 方法求范德瓦尔斯作用和静电作用[14]。

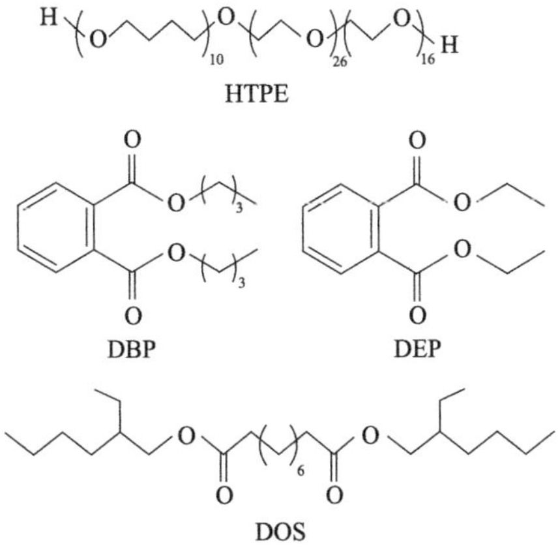

图 2-8　HTPE、DBP、DEP 和 DOS 的分子结构

2) 模型的构建

在 298K、101kPa 下，利用 Amorphous Cell 模块分别构建 HTPE、DBP、DOS、DEP 四种纯物质及 HTPE/DBP、HTPE/DOS、HTPE/DEP 三种共混物的无定形分子模型。为了使所构建的模型包含 1000 个以上原子，构建的纯 HTPE 无定形分子模型中包含 2 条 HTPE 嵌段共聚物，DBP、DOS、DEP 的无定形分子模型分别包含 16 个、14 个、16 个相应的分子，构建的共混物无定形分子模型中均包含一条 HTPE 分子链，添加的 DBP、DOS、DEP 分子个数分别为 6 个、4 个、6 个。构建过程中的初始密度均按各组分的体积比例加和获得。

采用 Andersen 控温方法，Berendsen 控压方法，先进行 50ps 等温等容系综的 MD 模拟以稳定系统，再进行 250ps 等温等压系综的 MD 模拟以调节密度，后 50ps

体系已经平衡，用于分析性能。为了获得体系自由体积随温度的变化情况，在400～100K，对建立的 HTPE、HTPE/DEP、HTPE/DBP、HTPE/DOS 四种无定形模型进行阶段性降温的 MD 模拟。每个阶段的 MD 模拟降温 20K，前一阶段(较高温度)MD 模拟的最终平衡构象用作后一阶段(较低温度)MD 模拟的起始构象。

5. CL-20/含能黏结剂模型的构建

1)含能高聚物的构建

构建不同软硬段比例(BAMO∶AMMO)的含能高聚物，控制软段的长度和硬段的长度，使得 PBAMO(12)[①]、PBAMO(9)-g-PAMMO(2)、PBAMO(5)-g-PAMMO(7)、PAMMO(17) 占 CL-20/含能黏结剂复合体系的质量分数基本保持一致，分别为8.07%、8.28%、8.03%及 7.97%。PBAMO、PAMMO、PBAMO(m)-g-PAMMO(n)均聚物及共聚物的分子结构如图 2-9 所示。

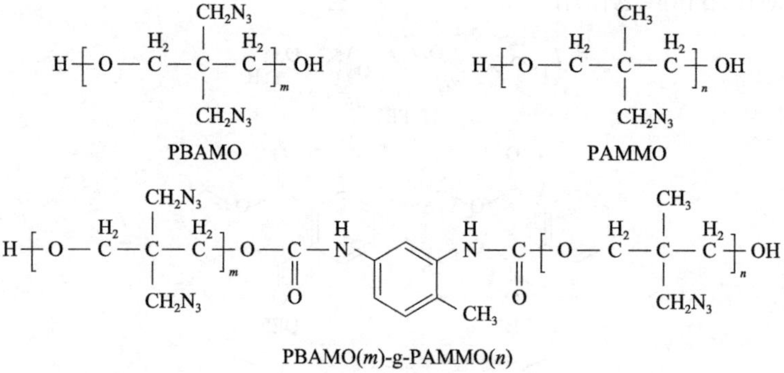

图 2-9　PBAMO、PAMMO 及 PBAMO(m)-g-PAMMO(n)分子结构

m 代表 PBAMO 中 BAMO 的个数，n 代表 PAMMO 中 AMMO 的个数，g 代表嵌段共聚物

用 Materials Studio 软件中的 Discover 模块，以 COMPASS 力场进行 MD 模拟，选取 NVT 系综，在真空条件下，采用 Anderson 恒温器，温度为 298K，时间步长为 1fs，总模拟时间为 300ps，获得的最终构象为高聚物链的平衡构象。

2)ε-CL-20 基 PBX 的构建

ε-CL-20 晶体结构取自 X 射线衍射结果[15]，构建的原胞如图 2-10 所示。由MS 软件构建其(3×3×2)晶胞模型，晶胞原子总个数为 2592 个。因 ε-CL-20 的(0 0 1)晶面分子堆积较为紧密，与各黏结剂作用较强[16]，故本节将超晶胞沿(0 0 1)晶面方向切割，真空层设为 20Å[②]。将含能高聚物的平衡构象分别加入该真空层中，并尽可能接近 ε-CL-20 分子，从而达到 PBX 初始构型，经过能量优化和动力学模

① 括号中的数字表示链段结构单元数。

② 1Å=1×10⁻¹⁰m。

拟(在 COMPASS 力场下进行 NVT 系综 MD 模拟,温度设为 298K,选择 Andersen
控温方法,步长 1fs,模拟步数为 20 万步,前 10 万步用于平衡,后 10 万步用于
统计分析,每 50 步保存一次轨迹文件,用于分析结合能)得到其平衡(体系的平衡
可由温度和能量的同时平衡来确定,当温度和能量在 5%~10%范围内波动即可认
为体系已达到平衡)构型。

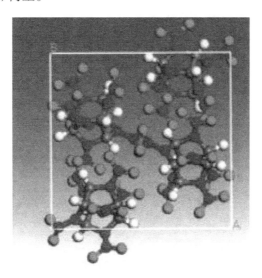

图 2-10　ε-CL-20 单晶胞

3)ε-CL-20 基 PBX 的力学性能模拟计算

将得到的平衡结构,边压缩边进行动力学模拟,经过多次压缩,得到密度接
近 ε-CL-20 基 PBX 理论密度的平衡结构[17],其中,PBAMO(12)、PBAMO(9)-g-
PAMMO(2)、PBAMO(5)-g-PAMMO(7)、PAMMO(17)与 ε-CL-20 复合体系平衡
结构的密度分别为: 1.897g·cm^{-3}、1.891g·cm^{-3}、1.895g·cm^{-3}、1.892g·cm^{-3}。平
衡结构中总原子个数分别为 2835 个、2833 个、2843 个及 2901 个。通过 MS 对密
度接近 2.2 的 ε-CL-20 基 PBX 理论密度的平衡结构进行形变量为 0.05%的拉伸与
纯切形变操作,得到弹性系数在应变各方向应力分量——弹性系数 $C_{ij}(i,j=1\sim6)$
的矩阵,然后分析模型并计算可得拉伸模量 E、剪切模量 G 和体积模量 K、泊松
比 ν 等力学性能参数。

6. PPESK/CL-20 模型的构建

1)力场选择及 PPESK 无定形晶胞构建

COMPASS 力场是当前较为完善的分子力场,适用于凝聚相及不同类型组分
相互作用的分子动力学研究,尤其适合硝基含能化合物及其混合体系结构和性能
的相关模拟研究。因此,选择 COMPASS 力场研究聚醚砜酮[poly(phthalazinone

ether sulfone ketone)，PPESK]聚合物体系及其与 ε-CL-20 的复合体系。为获得足够的数据点，在较高温度(750K)下优化模型后，在 200ps 的 NVT 系综进行 MD 模拟，步长为 1fs，再退火从而获得最稳定构型，之后在 290K 下 200ps 的 NPT 系综进行 MD 模拟，获得最终平衡构象，其密度为 $1.313\mathrm{g\cdot cm^{-3}}$。基于最终平衡构象计算玻璃化转变温度：在 750K、200ps 的 NPT 系综下进行 MD 模拟，之后每降 20K 重复上述过程，直至温度降至 290K。

2)ε-CL-20 生长面模拟及 PBX 模型构建

依据 ε-CL-20 的 X-ray 衍射数据[15]构建其单晶胞,其晶面生长示意图如图 2-11 所示。

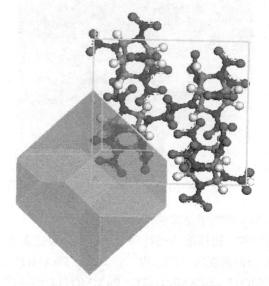

图 2-11　ε-CL-20 晶面生长示意图

使用 Morphology 模块计算 ε-CL-20 的主要生长面为(0 1 1)、(1 1 0)、(1 0 $\overline{1}$)和(0 0 2)，具体数据见表 2-3，表中只列出了主要生长面。

表 2-3　ε-CL-20 的主要生长面面积及其所占百分比

ε-CL-20 主要生长面	$S_{总}/10^4\mathrm{nm}^2$	$P_S/\%$
(0 1 1)	4.7	38.2
(1 1 0)	3.3	26.2
(1 0 $\overline{1}$)	1.7	14.0
(0 0 2)	1.4	11.0
(1 1 $\overline{1}$)	1.1	8.5
(1 0 1)	0.24	1.9

注：$S_总$为生长面总面积，P_S为生长面面积在晶体总面积中所占百分比。

构建 ε-CL-20 的 4×3×3 超晶胞模型，共 864 个 CL-20 分子，5184 个原子。沿 ε-CL-20 超晶胞的 4 个主要生长面进行切割，设置真空层的厚度为 1nm，将构建的 PBX 模型进行结构优化后，在 NVT 系综下进行 MD 模拟，获得平衡构型。模拟温度为 298K，力场为 COMPASS，控温方法为 Andersen，模拟时间为 200ps，步长为 1fs。

7. 含氟聚合物包覆铝粉的分子动力学计算

1) Al_2O_3 超晶胞的构建

Al_2O_3 为斜方六面体结构，晶胞属于 R-3C 空间群，晶胞参数 a=0.476nm、b=4.579nm、c=12.591nm。为研究含氟聚合物在 Al_2O_3 晶面的吸附，采取 MS 软件切割分面方法，选取 Al_2O_3(0 0 1)晶面方向进行切割，采用 Discover 模块中 Smart minimizer 对表面进行 50000 步能量优化。Al_2O_3 为离子型晶体，分配力场后删除 Al—O 键，建立超晶胞(6×6)体系，不添加真空层。

2) 含氟聚合物在 Al_2O_3(0 1 1)6×6 晶层吸附模型的构建

首先建立 3 种含氟聚合物(聚合度为 50)分子结构，并对其结构进行能量优化，然后用 Amorphous 模块构建具有周期性边界条件的含氟聚合物的无定形模型。界面模型通过分层建模共聚实现，聚合物真空层设为 30，分别构建 3 种含氟聚合物在 Al_2O_3(0 1 1)6×6 晶层吸附模型，然后在 NVT 系综下进行动力学模拟(温度设为 298K，选择 Andersen 控温方法，步长 1fs，模拟步数为 20 万步，前 10 万步用于平衡，后 10 万步用于统计分析，每 50 步保存一次轨迹文件，用于分析结合能)得到其平衡(体系的平衡可由温度和能量的同时平衡来确定，当温度和能量在 5%～10%范围内波动即可认为体系已达到平衡)构型。

3) 十二烷基苯磺酸钠在 Al_2O_3(0 1 1) 6×6 晶层吸附模型的构建

首先，建立十二烷基苯磺酸钠(SDBS)分子结构，并对该结构进行能量优化，然后用 Amorphous 模块构建具有周期性边界条件的 SDBS 无定形模型。界面模型通过分层建模共聚实现，SDBS 真空层设为 30，构建 SDBS 在 Al_2O_3(0 1 1)6×6 晶层吸附模型，而后在 NVT 系综进行动力学模拟，得到其平衡构型。

4) SDBS 和含氟聚合物相互作用模型的构建

首先建立 3 种含氟聚合物(聚合度为 50)分子结构，再建立 SDBS 分子结构，分别对结构进行能量优化，然后用 Amorphous 模块构建具有周期性边界条件的 2 个含氟聚合物分子和 4 个 SDBS 分子的无定形模型，在 NVT 系综进行动力学模拟，得到其平衡构型。

5) 动力学计算

计算过程中，温度控制和压力控制分别采取 Nose/Hoover 和 Andersen 算法，静电及范德瓦尔斯力计算采取 Eward 长程加和方法,非键截断(cut off)为 0.95nm,模拟步长为 1.0fs,温度设定为 298K,力场选取 COMPASS 力场。

6)O_2 在含氟聚合物膜中扩散的模拟

首先建立不同构型的 3 种含氟聚合物(聚合度为 160)和 O_2 分子结构,对结构进行能量优化,然后用 Amorphous Cell 模块构建具有周期性边界条件所需数量的聚合物及 O_2 分子的无定形模型。先用 NVT 系综对结构进行平衡,再用 NVE 系综(微正则系综)对结构进行进一步平衡,总步数为 50000,每 500 步输出一次构型。对结构平衡后的氧原子进行标记,对其均方位移进行动力学模拟,并通过计算得到扩散系数[18,19]。O_2 在不同数量 F_{2311} 分子链中扩散时,控制 O_2 分子个数为 4 个,F_{2311} 分子个数分别为 1、2、3,F_{2311} 聚合度为 160。O_2 在不同聚合度 F_{2311} 中扩散时,控制聚合度分别为 40、80、160,其分子链个数分别为 4、2、1。不同温度条件下,O_2 在 F_{2311}(聚合度 160)膜中扩散时,控制 NVT 系综及 NVE 系综的温度分别为 298K、350K 及 400K。

8. PEG/Al 模型的构建

1)Al、PEG 和 PEG/Al 模型的构建

铝球模型的建立:首先输出 Al 结构,并进行 5×5×5 的超晶胞处理,以其中心为圆心,1nm 为半径,选取铝球形模型,共 249 个原子,对其进行退火处理,如图 2-12(a)所示。按照 PEG 与 Al 颗粒在实际中的物质的量比,建立相应的 PEG 模型,PEG 的重复单元个数为 8 个,PEG 的分子模型如图 2-12(b)所示。再进行能量最小化处理,并置于具周期性边界条件的周期箱中,其中密度为 $1.25\mathrm{g\cdot cm^{-3}}$[20],每个周期箱的参数根据 Al 的晶胞参数设置,在晶胞的 6 个面均匀分布 PEG,见图 2-12(c)。再对其能量最小化处理,使体系达到平衡,并进行 MD 模拟,时间步长为 1fs,截断半径为 0.95am,模拟时间为 200ps,其中前 100ps 用于使系统平衡,后 100ps 用于力学性能分析,采取帧的平均值作为分析结果。

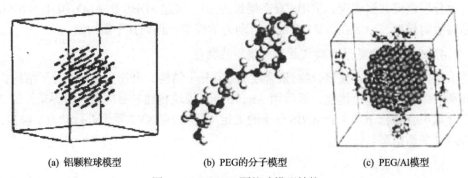

(a) 铝颗粒球模型　　　　　(b) PEG的分子模型　　　　　(c) PEG/Al模型

图 2-12　PEG/Al 颗粒球模型结构

2) 计算方法

模拟过程中势能截断采用球形截断法，截断半径为 0.95nm，截断距离之外的分子间相互作用能按平均密度近似方法进行校正。模拟温度选取 298K，采用 Andersen 控温方法，全部模拟均在 1atm[①]下进行，采用 Parrinello 控压方法。模拟的总步数为 20 万步，每 1000 步保存一次，故共 200 帧。实验主要采用 COMPASS 力场，非键能考虑到了范德瓦尔斯力和静电作用力，用 Smart Minimizer 方法进行优化处理，能量的最大间隔为 $20850\text{kJ} \cdot \text{mol}^{-1}$，时间步长为 1fs，以 1000fs 为一帧输出结果。

2.2.3　分子动力学模拟细节

首先，利用 Smart Minimizer 方法对所构建的无定形分子模型进行能量优化，然后选用 COMPASS 力场，应用周期性边界条件，即以立方元胞为中心，周围有 26 个相邻的镜像立方元胞，以达到利用较少分子模拟宏观性质的目的。各分子起始速度由 Maxwell-Boltzmann 随机分布给定，Velocity Verlet 算法进行求解。分别采用 Atom-based 和 Ewald 方法计算分子间的范德瓦尔斯力和静电作用力，非键截取半径 0.95nm，样条宽度(spline width)取 0.1nm，缓冲宽度(buffer width)取 0.05nm。在 293K、303K、313K 和 323K 及 $1.01 \times 10^5\text{Pa}$ 条件下，采用 Andersen 控温方法和 Berendsen 控压方法利用 Discover 模块进行 400ps、时间步长为 1fs 的 NPT(正则系综，系统的粒子数 N、压强 P 和温度 T 恒定)分子动力学模拟，每 100fs 取样一次，记录模拟轨迹。后 200ps 体系已经平衡(温度和能量随时间的变化率小于 5%)，对其分子动力学轨迹进行分析获取体积分布、回转半径和径向分布函数。

2.2.4　静态力学性能计算原理

反映小变形条件下弹性体应力与应变关系的广义胡克定律[21]为

$$\begin{bmatrix} \sigma_x \\ \sigma_y \\ \sigma_z \\ \tau_{yz} \\ \tau_{xz} \\ \tau_{xy} \end{bmatrix} = \begin{bmatrix} C_{11} & C_{12} & C_{13} & C_{14} & C_{15} & C_{16} \\ C_{21} & C_{22} & C_{23} & C_{24} & C_{25} & C_{26} \\ C_{31} & C_{32} & C_{33} & C_{34} & C_{35} & C_{36} \\ C_{41} & C_{42} & C_{43} & C_{44} & C_{45} & C_{46} \\ C_{51} & C_{52} & C_{53} & C_{54} & C_{55} & C_{56} \\ C_{61} & C_{62} & C_{63} & C_{64} & C_{65} & C_{66} \end{bmatrix} \begin{bmatrix} \varepsilon_x \\ \varepsilon_y \\ \varepsilon_z \\ v_{yz} \\ v_{xz} \\ v_{xy} \end{bmatrix}$$

对于各向同性体，只有两个独立的弹性系数 C_{11} 和 C_{12}，令 $C_{12}=\lambda$，$C_{11}-C_{12}=\mu$，则

---

① 1atm=1.01325×10^5Pa。

$$\left[C_{ij} \right] = \begin{bmatrix} \lambda+2\mu & \lambda & \lambda & 0 & 0 & 0 \\ \lambda & \lambda+2\mu & \lambda & 0 & 0 & 0 \\ \lambda & \lambda & \lambda+2\mu & 0 & 0 & 0 \\ 0 & 0 & 0 & \mu & 0 & 0 \\ 0 & 0 & 0 & 0 & \mu & 0 \\ 0 & 0 & 0 & 0 & 0 & \mu \end{bmatrix}$$

$$E = \frac{\mu(3\lambda+2\mu)}{\lambda+\mu} \tag{2-1}$$

$$G=\mu \tag{2-2}$$

$$K = \lambda + \frac{2}{3\mu} \tag{2-3}$$

$$\lambda = \frac{\lambda}{2(\lambda+\mu)} \tag{2-4}$$

式中，λ 和 μ 为拉梅系数；E 为拉伸模量；G 为剪切模量；K 为体积模量；ν 为泊松比。

利用模拟所得纯物质模型、不同共混体系的分子动力学平衡运动轨迹，对其进行形变量为 0.05%的拉伸与剪切形变操作，可计算出 μ、E、G、K 和 ν 等力学性能参数。

2.2.5　PPESK/ε-CL-20 性能模拟计算

1. PPESK/ε-CL-20 力学性能模拟计算

将上述所得平衡结构边压缩边进行分子动力学模拟，经过多次压缩及分子动力学模拟得到 4 组 ε-CL-20 基 PBX 平衡结构。PPESK/ε-CL-20(0 1 1)、PPESK/ε-CL-20 (1 1 0)、PPESK/ε-CL-20 (1 0 $\bar{1}$) 和 PPESK/ε-CL-20 (0 0 2)的平衡密度分别为 1.780g·cm^{-3}、1.802g·cm^{-3}、1.829g·cm^{-3} 和 1.813g·cm^{-3}，对最终平衡构型进行力学性能计算，获得拉梅系数 λ 和 μ 及复合体系的 E、K、G 和 ν。

2. PPESK/ε-CL-20 热相容性及结合能计算

将上述所得的分子动力学模拟结果用于分析热相容性及结合能。基于上述结果计算 4 组 ε-CL-20 基 PBX 的内聚能密度和溶度参数，用于分析 ε-CL-20 和 PPESK 之间的热相容性。结合能是共混体系组分间相互作用强度的一个重要特征参数。结合能值越大，表明复合体系界面间相互作用力越强，该复合体系界面结构越稳定。另外，结合能大小也可体现组分间相容性，结合能越大，则表明组分间相容性越好。PPESK 和 ε-CL-20 晶体表面的结合能可表示为[22]

$$E_{bind} = E_{inter} = -(E_{total} - E_{CL-20} - E_{PPESK})\qquad(2-5)$$

式中，E_{bind} 为聚合物与 ε-CL-20 的结合能，一般 E_{bind} 值越大，表明聚合物与晶体表面的作用力越强；E_{inter} 为聚合物与 ε-CL-20 的分子间作用力；E_{total}、E_{CL-20} 和 E_{PPESK} 分别为混合体系、ε-CL-20 和 PPESK 平衡构型的单点能。

2.2.6 介观动力学模拟

利用 Materials Studio 软件的 MesoDyn 模块进行共混体系的介观动力学模拟前，需由分子动力学模拟计算纯物质的溶度参数和单体摩尔体积等参数，通过 Synthia 模块和 Discover 模块确定高斯链的珠子个数（N_{Mes}）和不同珠子间的相互作用参数（χ）等参数，此部分的计算方法参见文献[23]。

将介观动力学模拟参数、NC 与增塑剂质量配比和温度等数据，输入 MesoDyn 模块进行步长为 20ns、总步数为 50000 步、总时间为 1000μs 的介观动力学模拟，获得共混体系的介观形貌和等密度图。介观动力学模拟的其他参数设定参见文献[24]。

2.2.7 共晶含能材料分子动力学模拟

1. 力场的选择

共晶采用Materials Studio程序包中的COMPASS力场进行MM和MD的模拟。选择 COMPASS 力场对不同共晶体系进行模拟，并与相应的共混体系做一对比。选择原因如下：首先，COMPASS 力场中多数力场参数的调试确定都基于从头算数据，此后又以实验数据为依据进行优化，还以 MD 求得液态和晶体分子的热物理性质优化其非键参数；其次，COMPASS 对 ε-CL-20 分子的优化构型与量子力学优化构型符合得很好，且基于 COMPASS 力场预测的 ε-CL-20 晶胞结构也与实验相符[25]。

2. 共晶模型的建立

CL-20/HMX 共晶模型的建立：ε-CL-20 晶体、β-HMX、CL-20/HMX 共晶的结构取自 X 射线衍射结果[26]。ε-CL-20 晶体结构属于单斜晶系，P21/a 空间群，其晶胞参数为：a=1.3696(7)Å，b=1.2554(6)Å，c=0.833(4)Å，β=111.18(2)°；β-HMX 晶体结构属于 P21/c 空间群，其晶胞参数为：a=6.472Å，b=10.341Å，c=8.966Å，β=123.47°。由 MS 软件构建其（2×2×2）晶胞模型，共晶结构中 ε-CL-20 与 β-HMX 的摩尔比为 2：1。

CL-20/HMX 共混模型的建立：按照与 CL-20/HMX 共晶炸药配方中两物质相同的摩尔比建立初始模型，选取 ε-CL-20(2×2×2) 和 β-HMX(2×2×2) 模型。将它们随机放入 200Å×200Å×200Å 周期箱中，在 COMPASS 力场下进行常温 NVT 20ps MD 模拟，使体系达到平衡；然后缩小周期箱体积，同时进行 MD 模拟，以达到新的平衡；重复此过程直到体系的密度接近其理论密度(2.00g·cm^{-3})。经过能量优化和动力学模拟(在 COMPASS 力场下进行 NVT 系综 MD 模拟，温度设为298K，选择 Andersen 控温方法，步长 1fs)得到其平衡(体系的平衡可由温度和能量的同时平衡来确定，当温度和能量在 5%～10%范围内波动即可认为体系已达到平衡)构型，平衡构型中 ε-CL-20 和 β-HMX 的摩尔比为 2:1。

CL-20/FOX-7 共晶模型的建立：根据共晶形成原理[27]，在共晶体系中氢键是共晶形成的最重要的作用力，CL-20 含有极性的 NO$_2$ 基团，FOX-7 含有 NH$_2$ 基团，二者可以形成 N—O…H 型氢键，考虑 CL-20 与 FOX-7 分子之间可能形成的分子间氢键，CL-20/FOX-7 共晶中 FOX-7 作为氢键的给体，CL-20 作为氢键的受体，构建初始超分子结构，建立摩尔比为 1:1 的 CL-20/FOX-7 共晶超分子结构。基于 CL-20 的中子衍射单晶数据，建立 ε-CL-20 的晶胞和超晶胞(3×2×2)模型，共计 48 个 CL-20 分子。FOX-7 分子对 CL-20 分子的取代分为随机取代和在不同生长晶面上的取代，主要生长面模型采取切割分面法切割 ε-CL-20 超晶胞，用 24 个 FOX-7 分子随机取代 24 个 CL-20 分子，真空层厚度为 200nm，共建立 7 种共晶模型。CL-20 主要生长面的确定采用 Morphology 模块中的 Growth Morphology 方法。

CL-20/TATB 共晶模型的建立：CL-20 含有极性的 NO$_2$ 基团，TATB 含有 NH$_2$基团，二者可以形成 N—O…H 型氢键。CL-20 与 TATB 分子之间形成分子间氢键，构建初始超分子结构，建立摩尔比为 1:1 的 CL-20/TATB 共晶超分子结构。基于 CL-20 的中子衍射单晶数据，建立 CL-20 的晶胞和超晶胞(2×2×1)模型，共计16 个 CL-20 分子。TATB 分子对 CL-20 分子的取代分为随机取代和在不同生长晶面上的取代，用 8 个 TATB 分子取代 8 个 CL-20 分子，总共建立 6 种共晶模型。CL-20 主要生长面的确定采用 Morphology 模块中的 Growth Morphology 方法。

HMX/FOX-7 共晶模型的建立：根据共晶形成的氢键规则，FOX-7 和 HMX 可能通过 FOX-7 的氨基与 HMX 的硝基或 FOX-7 的硝基与 HMX 的亚甲基之间的分子间氢键组装成摩尔比为 1:1 的共晶。HMX/FOX-7 共晶中 FOX-7 作为氢键的给体，HMX 作为氢键的受体，因此 MD 模拟过程中 HMX 与 FOX-7 的模型按照摩尔比为 1:1 建立。基于 β-HMX 的中子衍射单晶数据[28]，建立 β-HMX 的晶胞和超晶胞(4×3×3)模型。FOX-7 分子采取随机取代 β-HMX 超晶胞和主要生长面2 种模型。主要生长面模型采取切割分面法切割 β-HMX 超晶胞，用 36 个 FOX-7

取代 36 个 HMX 分子，真空层厚度为 30Å 构建(表 2-4)。FOX-7 分子 β-HMX 晶体的主要生长面用 Morphology 模块中的 Grow Morphology 方法确定。

表 2-4　HMX 的主要生长面

参数	晶面				
	(011)	(11$\bar{1}$)	(100)	(020)	(10$\bar{2}$)
米勒数	4	4	2	2	2
晶面间距/Å	6.06	5.40	5.40	5.17	4.42
表面积/Å^2	82.52	92.54	92.68	48.39	113.10
总附着能/(kcal·mol^{-1})	−30.18	−41.64	−57.48	−40.42	−47.33
范德勒附着能/(kcal·mol^{-1})	−18.16	−21.57	−26.18	−21.43	−22.69
静电附着能/(kcal·mol^{-1})	−12.03	−19.07	−31.30	−18.99	−24.64
距离/Å	30.18	40.64	57.48	40.42	47.33
百分比/%	57.26	33.73	1.31	6.19	1.51

初始模型通过 MM 能量最小后，在 COMPASS 力场下，选取 NVT 系综，采用 Anderson 恒温器，温度设为 298K，用 Velocity Verlet 积分法求解牛顿运动方程，原子初始速度按 Boltzmann 随机分布方法确定，步长为 1fs，模拟时间为 100ps，模拟后得到最后平衡模型。模拟过程中范德瓦尔斯力和静电相互作用力分别按 Atom based 和 Ewald 方法计算。

3. 模型的优化及分子动力学模拟

初始模型通过 Forcite 模块下的 Anneal 过程进行 200~500℃升、降温退火循环处理以消除超晶胞中不合理的能量和构象，此过程步数为 5000 步；之后通过 Discover 模块下 Minimizer 过程将初始模型进行能量最小化；最后在 Discover 模块下对前面优化后的共晶结构模型进行 NVT 系综下的 MD 模拟，采用 COMPASS 力场，NVT 系综，Andersen 控温方法，温度设为 298K，用 Velocity Verlet 积分法求解牛顿运动方程，原子初始速度按 Boltzmann 随机分布方法确定，总时间为 200ps，步长为 1fs，模拟过程中范德瓦尔斯力和静电作用力分别用 Atom based 和 Ewald 方法确定，此过程可充分弛豫超晶胞，为 MD 模拟提供合理、平衡的几何构象，模拟后得到最后平衡模型。

4. X 射线粉末衍射

将平衡后的共晶模型运用 Materials Studio 软件包中的 Reflex 模块，基于 CL-20/TATB 的平衡构型进行 X 射线粉末衍射图模拟，选择 Cu 靶，扫描范围为 5°~75°，步长为 0.02°。

5. 径向分布函数分析

为了进一步弄清含能材料，如 CL-20 与 TATB 形成的共晶结构，以及分子间相互作用的本质，利用 MS 的相关模块，在进行 MD 模拟后，分析各共晶体系的径向分布函数。

6. 共晶及共混体系的力学性能模拟计算

通过 MS 对形成的共晶结构及相应的共混结构进行形变量为 0.05% 的拉伸与纯切形变操作，得到弹性系数应变各方向应力分量——弹性系数 $C_{ij}(i,j=1\sim6)$ 的矩阵，然后分析模型并计算得到 E、G、K 和 v 等力学性能参数。

2.2.8　样品制备及试验测试

1. 原材料及仪器

硝化棉（NC，D 级），四川北方硝化棉股份有限公司；黑索今、3,4-二硝基呋喃基氧化呋喃(DNTF)，甘肃银光化学工业集团有限公司；NG、DIANP、Bu-NENA、BDNPF/A，西安近代化学研究所。

HKV-Ⅱ型立式捏合机，德国 IKA 集团公司；JS-5800 扫描电子显微镜，日本电子株式会社；4505 型材料实验机，英国 Instron 公司。

2. 样品制备

共混体系样品制备：采用淤浆浇铸工艺，将等质量的 NC 球形药分别与 NG、DIANP、Bu-NENA 和 BDNPF/A 加入 HKV-Ⅱ型立式捏合机，真空捏合 1h，出料后 70℃固化 72h，退模、取样。其中，NC 的氮质量分数为 11.87%。

NC/PEG 共混体系胶片制备：室温下，将 PEG 溶于二氯甲烷，配制成 0.4g·mL^{-1} 的均匀溶液；将 NC 溶于丙酮，配制成 0.1g·mL^{-1} 的均匀溶液。将两种溶液各取出一部分并混合均匀，配制成 NC 与 PEG 质量比为 1:1 的共混体系溶液。然后将 PEG、NC 纯溶液和 NC/PEG 共混体系溶液分别倒入模具内，置于 60℃烘箱中恒温 1h，取出后于室温下静置，待溶剂挥发完毕后形成 PEG、NC 纯物质和 NC/PEG 共混体系胶片，取样。其中，PEG 的分子量为 6000，NC 的氮质量分数为 11.87%。

3. 实验测试

动态流变学实验：采用 HAAKE RS300 流变仪(德国)以平行板方式测试样品在小形变震荡剪切条件下的储能模量(G')和损耗模量(G'')，得到二者的动态时间谱；测试频率为 6.28rad·s^{-1}，应变幅度为 3%，温度为 70℃。

红外光谱实验：采用 TENSOR 27 型傅里叶变换红外光谱仪（德国）测试 NG、NC、PEG、NC/NG 共混体系、NC/PEG 共混体系的红外谱图；光谱范围：400～4000cm^{-1}；分辨率：2cm^{-1}；制样方式：衰减全反射红外（ATR）。

动态力学性能实验：采用 TA DMA2980 型仪器动态热机械分析仪，夹具选用单悬臂梁，样品尺寸为 4mm×10mm×4mm，测试频率分别为 1Hz、2Hz、5Hz、10Hz 和 20Hz，温度为–80～110℃，间隔为 4℃的步进式加热，振幅为 2μm。

拉伸实验：按照 GJB 770B—2005 方法 413.1，利用 INSTRON 4505 材料实验机（美国），将样品制成 10mm×10mm×120mm 哑铃形状，在–40℃、20℃、50℃条件下，拉伸速率为 100mm·min^{-1}，用材料实验机测试推进剂的最大拉伸强度和最大伸长率。

偏光显微镜实验：采用 DM2500 型偏光显微镜（德国）观察分析 NC、PEG 及其共混体系胶片的形貌结构。

微观形貌分析：利用扫描电子显微镜观察 NC/DIANP、NC/Bu-NENA、NC/BDNPF/A 和 NC/NG 共混体系混溶产物固化后的微观形貌。

2.3　微观动力学模拟

2.3.1　GAP/不同增塑剂共混体系

GAP 因生成热高、密度大等优点成为新一代高能钝感推进剂极为重要的黏合剂体系。为改善 GAP 推进剂的低温力学性能，增加 GAP 黏合剂的流动性，通常需要加入增塑剂[29]。增塑剂与黏合剂的相容性是增塑剂选择的衡量条件，固体推进剂的力学性能在很大程度上也依赖于配方中高分子黏合剂与增塑剂的相容性。BDNPF/BDNPA（A3）、Bu-NENA、TEGDN 为 3 种常用的含能钝感增塑剂。本节拟采用 MD 方法将以上 3 种钝感增塑剂分别与 GAP 黏合剂混合，研究 3 种增塑剂与 GAP 黏合剂的相容性，并以径向分布函数揭示 GAP 黏合剂与 3 种增塑剂的相互作用本质。

1. 溶度参数——相容性模拟计算

溶度参数作为衡量高分子之间或高分子与溶剂间相容性的重要指标，可直观地对不同组分间的相容性进行预估。对 GAP、A3、Bu-NENA、TEGDN 在 298K 下的溶度参数进行模拟计算，结果见表 2-5。由表 2-5 可知，GAP 黏合剂 δ 为 16.9957(J·cm^{-3})$^{1/2}$，其中δ_{vdW}约为δ_{Esp}的 2 倍，说明尽管 GAP 分子中含有大量的叠氮侧基极性基团，但分子间作用仍以范德瓦尔斯力为主。

表 2-5　模拟所得各组分的溶度参数 δ

组分	溶度参数值 δ /(J·cm^{-3})$^{1/2}$	范德瓦尔斯力的贡献 δ_{vdW} /(J·cm^{-3})$^{1/2}$	静电力的贡献 δ_{Esp} /(J·cm^{-3})$^{1/2}$	$|\Delta\delta|$/(J·cm^{-3})$^{1/2}$
GAP	16.9957	15.0665	7.8627	—
A3	18.8863	12.7648	13.9195	1.8906
Bu-NENA	18.6871	16.0474	9.5775	1.6914
TEGDN	18.8129	15.7615	10.270	1.8172

注：$|\Delta\delta| = |\delta_{GAP} - \delta_{增塑剂}|$。

文献[30]报道了增塑剂分子结构中极性基团的比重越大，静电力对溶度参数贡献越大，溶度参数越大。A3、Bu-NENA、TEGDN 3 种增塑剂 δ 分别为 18.8863（J·cm^{-3}）$^{1/2}$、18.6871（J·cm^{-3}）$^{1/2}$、18.8129（J·cm^{-3}）$^{1/2}$，对应分子结构中极性基团的比重分别为 67.68%、58.94%、65.03%，3 种增塑剂溶度参数与分子结构的极性基团比重存在一定的正相关性。3 种增塑剂 δ_{vdW} 分别为 δ_{Esp} 的 0.9 倍、1.7 倍、1.5 倍左右，可知 A3 的溶度参数以静电力贡献为主，Bu-NENA 和 TEGDN 的溶度参数则均以范德瓦尔斯力为主，增塑剂溶度参数静电力的贡献与极性基团比重也呈正相关。

比较 3 种增塑剂可知，3 种增塑剂与 GAP 黏合剂的溶度参数相差均小于 2（J·cm^{-3}）$^{1/2}$，根据高分子相容理论[31]，对于高分子体系，两种材料的 $\Delta\delta$ 只要满足 $|\Delta\delta| < 2$（J·cm^{-3}）$^{1/2}$，二者即相容，故可认为常温下，3 种钝感增塑剂均与 GAP 黏合剂具有较好的相容性。

2. 混合能量 E_{mix} 分析——相容性分析

Flory-Huggins 理论认为，混合吉布斯自由能（ΔG_{mix}）可以作为高分子之间或高分子与溶剂间能否相容的判据，当不考虑浓度、温度变化时，可用混合能量 E_{mix} 的值来代替 ΔG_{mix} 用以进行高分子相容性的判断。本节采用 Blend Tools 模块计算 3 种增塑剂分别与 GAP 混溶数据（表 2-6），其中，由于 A3 增塑剂由 2 种溶剂混合而成，因此分别进行计算。

表 2-6　GAP/增塑剂的混溶能量和配位结果

GAP/增塑剂	E_{bb}	Z_{bb}	Z_{ss}	Z_{bs}	Z_{sb}	E_{mix}
GAP/BDNPF	−2.86	5.603	5.579	14.115	1.950	−27.015
GAP/BDNPA	−2.86	5.603	5.575	14.110	2.001	−22.326
GAP/Bu-NENA	−2.917	5.597	5.592	14.694	1.890	−5.233
GAP/TEGDN	−2.869	5.635	5.549	14.519	1.967	−19.450

注：表中 E_{ij} 为混溶时成分 i 和 j 的结合能，代表原子核内质子、中子结合的紧密程度，并不能够反映溶质与溶剂的混合性质，E_{ij} 为平均配位数，表示可以环绕在一个 i 分子周围的 j 分子数目；$E_{mix} = Z_{ij}E_{ij} + Z_{ji}E_{ji} - Z_{ii}E_{ii} - Z_{jj}E_{jj}$；下标 b 代表黏合剂，s 代表增塑剂。

从表 2-6 可以看出，以同种 GAP 为混合基质，表中 E_{bb} 与 Z_{bb} 变化很小，证实了模拟的稳定性和可重复性。Z_{bs} 与 Z_{sb} 相差较多，这是由 GAP 分子与增塑剂分子的分子体积和结构决定的，增塑剂小分子可较多地分布在 GAP 黏合剂大分子周围。

3 种增塑剂与 GAP 黏合剂分子的 Z_{sb} 和 Z_{bs} 均相差不大，但也具有一定的规律性，Z_{sb}：[Bu-NENA]＜[TEGDN]≈[BDNPF/BDNPA]；Z_{bs}：[Bu-NENA]＞[TEGDN]＞[BDNPF/BDNPA]。Z_{sb} 为 GAP 黏合剂高分子在增塑剂小分子周围的配位，由于二者体积相差极大，小分子体积的微小变化对高分子影响较小，配位数的不同主要是由分子间相互作用力的强弱差距引起的，因为 Bu-NENA 与 GAP 分子作用力偏弱，所以配位数偏小。Z_{bs} 为增塑剂小分子在高分子周围的配位，一方面受小分子体积效应的影响，小分子体积越大，Z_{bs} 越小，对于侧基较少、组成接近的线性小分子而言，显然应有分子体积与分子质量呈正相关，故得出 Z_{bs}：[Bu-NENA]＞[TEGDN]＞[BDNPF/BDNPA]；另一方面取决于分子间的相互作用，相互吸引力越强，配位越多。结合 Z_{sb} 规律比较可知，显然对 3 种增塑剂而言，小分子体积效应对 Z_{bs} 的变化有较大的影响。

从表 2-6 可知，3 种增塑剂的混合能量 E_{mix}（GAP/增塑剂）均小于 0，表明 GAP 黏合剂与 3 种增塑剂的混溶过程均放热，常温下混溶过程均可自发进行，3 种增塑剂都可作为 GAP 的良好溶剂，起到增塑作用。而 E_{mix}：[A3]＜[TEGDN]≪[Bu-NENA]，表明 3 种增塑剂与 GAP 混溶时 A3 放出热量最多，TEGDN 次之，Bu-NENA 最少，理论上 A3 和 TEGDN 与 GAP 分子的混溶性比 Bu-NENA 好。

3. 径向分布函数——分子间相互作用的本质

对共混物盒子的平衡轨迹进行径向分布函数（radial distribution function，RDF）$g(r)$ 分析，可由 RDF 揭示出 GAP 与增塑剂分子间相互作用的本质。这里要说明 RDF 为系统的区域密度与平均密度的比。分子的附近（r 值小）区域密度不同于系统的平均密度，但当分子距离远时，区域密度应与平均密度相同，即当 r 值大时，RDF 接近 1。$g(r)$ 通常可理解为给定某个粒子的坐标，其他粒子在空间的几何分布（离给定粒子多远）。通常情况下，分子间作用力包括氢键和范德瓦尔斯力。氢键长度为 $1.1\sim3.1$Å，强范德瓦尔斯力相互作用键长范围为 $3.1\sim5.0$Å，弱范德瓦尔斯力相互作用键长大于 5.0Å。

GAP 高分子中的原子类型有饱和 C 原子、H 原子、O 原子、叠氮侧基 3 类 N 原子，其中，主链 C 原子由于有叠氮侧基和 H 原子环绕，难以与增塑剂分子产生相互作用，因此只考虑其余 5 类原子，依次视为 H_g、O_g、N_{g1}、N_{g2} 和 N_{g3}（由主链向外命名）。用类似的方法给 3 种增塑剂的原子种类命名，其中 H_{p1} 为增塑剂中 H 原子统称，N—NO$_2$ 为增塑剂中硝基上的 N 原子，O—NO$_2$ 为增塑剂中硝基上的 O 原子。分子间相互作用通常分为氢键（$r=2.6\sim3.1$Å）、强范德瓦尔斯力（$r=3.1\sim5.0$Å）以及远程弱范德瓦尔斯力（$r>5$Å）[32]。可知，GAP 分子中 N_{g3} 与增塑剂 H_{p1}

原子对间存在氢键相互作用，且 3 种增塑剂相当。但对于 $r>5$Å 的弱范德瓦尔斯力，显然有 A3 远高于两者，且有[TEGDN]>[Bu-NENA]>[A3]。GAP 分子中 N_{g3} 与 3 种增塑剂硝基中的 N、O 原子对间的相互作用分别处于强、弱范德瓦尔斯力作用范围，强范德瓦尔斯力均有[A3]<[Bu-NENA]<[TEGDN]，但 A3 的远程弱范德瓦尔斯力明显与 Bu-NENA 和 TEGDN 差别较大。综上所述可知，A3、Bu-NENA、TEGDN 与 GAP 的分子间相互作用均有氢键及强范德瓦尔斯力作用，A3 与 GAP 的分子间还存在较强的远程范德瓦尔斯力。

2.3.2　NC/TMETN 体系

改性双基推进剂(CMDB)具有烟雾特征信号低、燃烧性能稳定、结构完整性优良、勤务处理方便等优点，被广泛应用于各类武器系统的发动机。然而由于常规改性双基推进剂采用感度较高的 NG 作为增塑剂，导致该类推进剂有着较高的机械感度，这严重地制约了装配 CMDB 推进剂的弹药在机载、舰载等高价值武器平台上的应用，寻求新型含能低敏感增塑剂代替 CMDB 推进剂中的 NG 成了降低其敏感性的关键[33]。大量研究认为，TMETN 是最有可能替代 NG 作为低敏感推进剂的增塑剂。

本节使用 MD 和 DPD 等多尺度模拟方法，在微观尺度下研究了不同质量比 NC/TMETN 黏结体系的密度、安全性、回转半径、径向分布函数和力学性能等，在介观尺度下研究了其混合过程，最终得出了 NC/TMETN 黏结体系的最佳质量比，以期为 NC/TMETN 基低敏感推进剂配方设计提供理论指导。

1. 引发键键长分析

推进剂配方体系中含能组分结构的变化(如引发键变化)与其安全性息息相关[34]，在 NC/TMETN 黏结体系中的引发键为硝酸酯键(O—NO$_2$ 键)，该键最易受到刺激发生断裂，最终导致体系起爆，不同质量比 NC/TMETN 黏结体系平均引发键键长(L_{ave})和最大引发键键长(L_{max})计算结果见表 2-7。

表 2-7　不同质量比 NC/TMETN 黏结体系的 ρ、L_{ave}、L_{max}

NC/TMETN	L_{ave}/Å		L_{max}/Å
	NC	TMETN	
1:1	1.406	1.406	1.530
1.1:1	1.411	1.415	1.510
1.2:1	1.411	1.413	1.530
1.3:1	1.409	1.325	1.505
1.4:1	1.400	1.412	1.530
1.5:1	1.411	1.286	1.560

分析表 2-7 中各体系的引发键键长可知，不同 NC/TMETN 质量比中 NC 的平均引发键键长相差不大，为 1.400～1.411Å，而 NC/TMETN 质量比为 1.3∶1 和 1.5∶1 体系中 TMETN 的平均引发键键长较小，分别为 1.325Å 和 1.286Å。进一步分析各体系最大引发键键长，可以看出，NC/TMETN 质量比为 1.5∶1 时，最大引发键键长(TMETN 的硝酸酯键)最大，为 1.560Å，质量比为 1.3∶1 时，最大引发键键长(NC 的硝酸酯键)键长最小，为 1.505Å，表明此时硝酸酯键键能相对较高，不易断裂引发分解和起爆。根据文献[35]中含能组分引发键最大键长(L_{max})判据可知，当质量比为 1.3∶1 时，NC/TMETN 黏结体系的安全性最好，相反，质量比为 1.5∶1 时安全性最差，配方设计时该比例应予以回避。

2. NC 回转半径

线性高分子化合物分子链中每个链节与分子链质心之间距离的统计平均值称为回转半径，是能够直接反映线性分子链构象的特征参数。若线性高分子化合物的回转半径增大，则表示其分子链内部的作用力弱化，刚性减弱，塑性增强。TMETN 与 NC 混合后二者分子间的相互作用必然会对 NC 分子链的构象造成影响，NC 的回转半径键会发生变化，因此，可以依此来判断 TMETN 对 NC 的增塑效果。不同质量比 NC/TMETN 黏结体系中 NC 回转半径见表 2-8。可以看出，NC 回转半径的变化与 NC/TMETN 质量比有关，NC/TMETN 质量比为 1.3∶1 时，该体系中 3 条 NC 分子链的回转半径与其他体系相比均较大，最终其回转半径平均值最大，表明该质量比下 TMETN 对 NC 增塑效果最佳。质量比为 1.1∶1 时，三条 NC 分子链回转半径均较小，最终其回转半径平均值最小，该质量比时 NC 的塑性最差。根据各体系 NC 回转半径平均值可知，TMETN 对 NC 的增塑效果由好及次的质量比为[1.3∶1]>[1∶1]>[1.2∶1]>[1.4∶1]>[1.5∶1]>[1.1∶1]。

表 2-8　不同质量比 NC/TMETN 黏结体系中 NC 回转半径

NC/TMETN	回转半径/Å			平均值/Å
	R_1	R_2	R_3	
1∶1	17.55	21.09	22.19	20.28
1.1∶1	14.08	15.17	18.66	15.97
1.2∶1	13.95	15.77	28.01	19.24
1.3∶1	17.05	20.01	24.17	20.41
1.4∶1	15.94	17.84	20.06	17.95
1.5∶1	16.47	16.96	18.43	17.29

3. 径向分布函数

径向分布函数是反映材料微观结构的特征物理量，它表示在一个分子周围距

离为 r 的地方出现另一个分子的概率密度相对于随机分布概率密度的比值。可以通过函数中峰分布位置和高低判断相互作用力类型和强弱。从不同质量比 NC/TMETN 黏结体系中 NC 羟基中 H 原子与 TMETN 硝基中氧原子的径向分布函数可以看出，在 0.13～0.25nm 区间内所有体系均出现氢键作用峰，其中，质量比为 1.3∶1 体系具有最大的峰值以及峰面积，表明此时 NC 和 TMETN 间氢键作用强度最大，这也是该比例下 NC 分子链的回转半径最大的原因。

4. 力学性能分析

对各体系平衡构型进行力学性能模拟，不同质量比 NC/TMETN 黏结体系的拉梅系数(λ 和 μ)和力学性能参数见表 2-9。可以看出，所有体系的 K/G 值均为正，呈现为韧性；质量比为 1.3∶1 和 1.2∶1 的 NC/TMETN 黏结体系弹性模量和剪切模量均明显小于其他质量比体系，表明质量比为 1.3∶1 和 1.2∶1 的 NC/TMETN 黏结体系塑性最好，易于加工；所有体系 NC 塑性排序为：[1.3∶1]>[1.2∶1]>[1∶1]>[1.1∶1]>[1.4∶1]>[1.5∶1]，该结果与回转半径和径向分布函数分析结果基本一致。

表 2-9　不同质量比 NC/TMETN 黏结体系的拉梅系数和力学性能参数

质量比	C_{11}/GPa	C_{22}/GPa	C_{33}/GPa	C_{44}/GPa	C_{55}/GPa	C_{66}/GPa	C_{12}/GPa	C_{13}/GPa	C_{23}/GPa	λ	μ	E/GPa	K/GPa	G/GPa	ν	K/G
1∶1	8.776	9.875	10.908	3.996	2.128	3.665	3.683	3.674	3.667	3.327	3.263	8.173	5.502	3.263	0.248	1.686
1.1∶1	7.560	12.175	7.794	3.621	3.162	3.629	3.768	2.801	3.349	2.235	3.471	8.302	4.549	3.471	0.196	1.311
1.2∶1	10.231	11.009	10.357	2.882	2.747	2.363	3.805	3.606	3.615	5.205	2.664	7.090	6.981	2.664	0.331	2.620
1.3∶1	8.384	10.223	7.612	2.563	2.691	2.614	3.057	3.150	3.022	3.494	2.623	6.744	5.243	2.623	0.286	1.999
1.4∶1	11.274	9.965	13.688	3.071	3.395	3.395	3.870	4.480	3.847	4.766	3.438	8.873	7.058	3.438	0.290	2.052
1.5∶1	11.440	13.439	11.089	4.467	3.857	3.973	4.256	4.041	4.255	3.791	4.099	10.167	6.524	4.099	0.240	1.592

2.3.3　NC/DIANP 体系

CMDB 是战略和战术导弹发动机装药常用的推进剂品种，其黏结剂组分 NC 是一种含能高分子材料。由于 NC 分子链为刚性结构，且其增塑剂组分 NG 的凝固点较高，使 CMDB 推进剂存在低温易脆变的缺点。因此，改善 CMDB 推进剂的力学性能是研究的重点之一，主要途径是使用高效增塑剂替代 NG，从而提高其塑性。DIANP 具有感度低、能量高、热稳定性好、凝固点低且燃烧气体分子量小等优点，能够改善发射药的力学性能[36,37]。

本节从 CMDB 推进剂的黏结剂基体 NC 出发，建立了 NC 纯物质及其与 NG、DIANP 的共混体系模型，由分子动力学模拟计算出它们的力学性能，通过结合能和径向分布函数揭示两种增塑剂作用机理的差异，从而在分子水平上认识不同共混体系力学性能存在差异的实质，以期为研究人员应用 DIANP 改善 CMDB 推进剂的力学性能提供参考。

1. 静态力学性能分析

表 2-10 列出了模拟计算出的 NC 纯物质和 NC/NG、NC/DIANP 两种共混体系的弹性系数和模量值，未列入表中的弹性系数的数值都等于或接近于零。

表 2-10　不同共混体系的弹性系数及力学性能

参数	C_{11} /GPa	C_{22} /GPa	C_{33} /GPa	C_{44} /GPa	C_{55} /GPa	C_{66} /GPa	C_{12} /GPa	C_{13} /GPa	C_{23} /GPa	E /GPa	K /GPa	G /GPa	ν	$(C_{12}-C_{44})$ /GPa
2NC	13.94	11.65	12.64	3.09	2.79	3.03	5.15	5.32	5.20	9.71	7.73	3.76	0.29	2.06
NC/NG	6.44	8.46	10.19	1.61	1.95	2.47	5.07	4.34	3.86	5.42	5.67	2.02	0.34	3.46
NC/DIANP	6.17	6.64	5.62	1.66	1.50	1.61	2.57	2.67	2.64	4.57	3.80	1.76	0.30	0.91

由表 2-10 可知，与 NC 纯物质和 NC/NG 共混体系相比，NC/DIANP 共混体系的弹性系数的 C_{11}、C_{22}、C_{33} 组，C_{44}、C_{55}、C_{66} 组和 C_{12}、C_{13}、C_{23} 组内数值一致性较好，表明其力学性能更加接近各向同性。两种共混体系的弹性系数及各模量与 NC 纯物质相比均有所下降，且 NC/DIANP 共混体系的下降幅度较大，表明增塑剂的加入均能够减弱 NC 的刚性，而使其塑性增强，在不同受力情况下更易发生弹性形变，且 DIANP 的效果与 NG 相比更加显著。此外，NC 纯物质与两种共混体系的泊松比 ν 为 0.29～0.34，均属于塑料的范围。

在弹性系数中，C_{12} 只与张应力有关，C_{44} 只与切应力有关。当 C_{12} 大于 C_{44} 时，材料易发生剪切形变，此时材料的延展性较好；当 C_{12} 小于 C_{44} 时，材料易发生拉伸形变，此时材料的脆性较强。因此可用 $C_{12}-C_{44}$（柯西压）评估材料的延展性和脆性。由表 2-10 可知，NC/DIANP 共混体系与 NC 纯物质的柯西压均为正值，表明 DIANP 的加入并未明显改变 NC 的断裂特性，其延展性较好。由于模型只考虑了较理想情况下的形变情况，其模拟计算值难免与实测值之间存在差异，但从评价 DIANP 和 NG 改善推进剂力学性能效果差异性的角度来讲，模拟计算结果能够反映 DIANP 替代 NG 可以有效改善推进剂的力学性能，这与文献[38]中的实验结果相吻合。

2. 结合能分析

结合能是表征共混体系组分间相互作用力强度的特征参数，对共混体系的力学性能有着重要影响。结合能 $E_{bind}=(E_{NC}+E_{plasticizer})-E_{NC/plasticizer}$，其中 E_{NC}、$E_{plasticizer}$ 和 $E_{NC/plasticizer}$ 分别为共混体系中 NC、增塑剂以及共混体系的平均单点能。两种共混体系中，NC 与增塑剂分子间结合能的模拟计算结果见表 2-11，NC 与增塑剂分子间的相互作用见表 2-12。

表 2-11　NC 与增塑剂分子间的结合能

共混体系	$E_{NC/plasticizer}/(kJ \cdot mol^{-1})$	$E_{NC}/(kJ \cdot mol^{-1})$	$E_{plasticizer}/(kJ \cdot mol^{-1})$	$E_{bind}/(kJ \cdot mol^{-1})$
NC/NG	−26050.4	369.7	−17588.3	8831.8
NC/DIANP	−13131.8	185.8	−5643.1	7674.5

表 2-12　NC 与增塑剂分子间的相互作用

共混体系	$E_{nonbond}/(kJ \cdot mol^{-1})$	$E_{vdW}/(kJ \cdot mol^{-1})$	$E_{coulomb}/(kJ \cdot mol^{-1})$	$E_{bond}/(kJ \cdot mol^{-1})$
NC/NG	8831.7	4270.9	4560.8	0
NC/DIANP	7674.5	4295.7	3378.8	0

注：$E_{nonbond}$ 为非键能，E_{vdW} 为范德瓦尔斯能，$E_{coulomb}$ 为静电能，E_{bond} 为键能。

由表 2-11 可知，NC/NG 共混体系的结合能大于 NC/DIANP 共混体系，表明 NC 与 NG 分子间的相互作用力较强，而 NC 与 DIANP 分子间的相互作用力相对较弱。由表 2-12 可知，两种共混体系组分间的非键能与其结合能数值基本一致，表明 NC 与增塑剂之间主要通过非键能结合，为范德瓦尔斯能与静电能之和。其中 NC/NG 共混体系中静电能的贡献为 4560.8kJ · mol⁻¹，占总能量的 51.6%；NC/DIANP 共混体系中静电能的贡献为 3378.8kJ · mol⁻¹，占总能量的 44.0%；可见 NG 的极性大于 DIANP。通过比较结合能数据与力学性能分析结果，可发现二者之间存在简单的对应关系，即共混体系的模量越高，其结合能越大。因此推断，NG 较强的极性及其与 NC 较大的结合能，可能是 NC/NG 共混体系弹性系数和模量大于 NC/DIANP 共混体系的内在原因，但这一推论仍需进一步的研究加以证实。

3. 径向分布函数分析

对于共混前后体系内的氢键重新排列情况，可通过计算 NC 纯物质和 NC/增塑剂共混体系内能够形成氢键各原子对的径向分布函数予以分析。径向分布函数 $g(r)$ 是反映材料微观结构的特征物理量，它表示在距离某一设定中心粒子 A 的 r 处，另一设定粒子 B 的数目密度与 B 的平均数目密度的比值，即

$$g(r) = N_{AB} / (\rho 4\pi r^2) \tag{2-6}$$

式中，N_{AB} 为与中心粒子 A 距离为 r 与 $r+dr$ 处粒子 B 的数量；ρ 为粒子 B 的平均数量密度。因此，可通过分析径向分布函数中峰的位置来判断原子间相互作用力的类型，并根据峰的高低推断作用力的强弱。分子间存在的非键合力主要可分为氢键和范德瓦尔斯力，二者作用范围分别为 0.26～0.31nm 和 0.31～0.51nm。由于氢键的强度远大于范德瓦尔斯力，因此只对共混体系中能够形成氢键的原子对的径向分布函数进行了模拟计算，从氢键作用力的角度分析两种共混体系力学性能存在差异的原因。

4. DIANP 与 NC 分子间径向分布函数分析

DIANP 分子中,能与 NC 中—OH 基团中氧原子 O1 形成氢键的有—NO$_2$ 基团中的氧原子 O2 和氮原子 N1、与—NO$_2$ 基团相连的氧原子 O3,三种原子对其径向分布函数如图 2-13 所示。可以看出,O1—O2 原子对在 0.26nm 附近出现峰,$g(r)$ 值为 1.30;O1—O3 原子对在 0.28nm 附近出现峰,$g(r)$ 值为 0.65,表明 O1—O2 和 O1—O3 原子对之间均形成了 O—H···O 型氢键,且前者的作用力更强。而 O1—N1 原子对在 0.37nm 附近出现峰,$g(r)$ 值为 1.47,表明 NC 氧原子 O1 与 DIANP 氮原子 N1 之间只存在范德瓦尔斯力作用。上述模拟结果不仅证明了 DIANP 与 NC 分子间确实存在相互作用力,而且根据相互作用力的种类及其强弱,还可以推断 DIANP 分子的—ONO$_2$ 基团与 NC 分子的—OH 基团相互作用时,顶端氧原子 O2 距离—OH 基团最近,氧原子 O3 次之,氮原子 N1 最远,即—ONO$_2$ 基团倾向存在于—OH 基团的侧方。

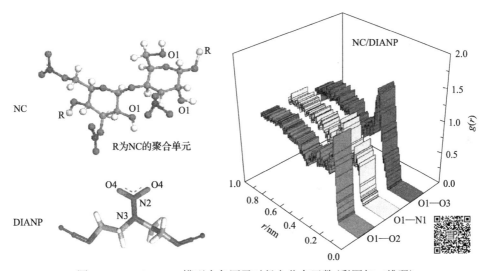

图 2-13　NC/DIANP 模型中各原子对径向分布函数(彩图扫二维码)

DIANP 分子中可能与 NC 分子形成氢键的极性基团为—NNO$_2$ 基团和—N$_3$ 基团,NC 分子中氧原子 O1 与—NNO$_2$ 基团、—N$_3$ 基团中各原子之间的径向分布函数见图 2-14。可知,O1—O4 原子对在 0.25nm 附近出现峰,$g(r)$ 值为 0.97;O1—N2 和 O1—N3 原子对分别在 0.36nm 和 0.46nm 附近出现峰,$g(r)$ 值分别为 1.20 和 1.06。表明在—NNO$_2$ 基团的三种原子中,只有顶端氧原子 O4 能与 NC 分子—OH 基团形成氢键,而其余两种原子对间只存在范德瓦尔斯力作用。对于—N$_3$ 基团,O1—N4 和 O1—N5 原子对在 0.29nm 和 0.26nm 附近出现氢键峰,$g(r)$ 值分别为 0.95 和 1.09,而 O1—N6 原子对在 0.35nm 附近出现范德瓦尔斯力峰。

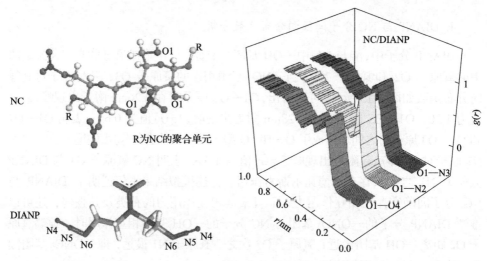

图 2-14　NC/DIANP 模型中各原子对径向分布函数

　　上述研究表明,对于等质量的 NG 和 DIANP,虽然前者的分子数量比后者稍少,但由于 NG 分子上的极性基团数量较多且极性相对较强,NG 与 NC 的分子间作用力强于 DIANP 与 NC 间,这与表 2-11 结合能的计算结果吻合。

　　自由体积理论认为,增塑剂加入黏结剂体系后能够增大高聚物链段间距和自由体积,减弱高聚物分子链间的相互作用,从而增强链段的移动性,使黏结剂体系的塑性增加。事实上,高分子链的移动并不是整个分子的简单迁移,而是通过链段的相继跃迁来实现的,而链段的协同跃迁,取决于链段跃迁的能力和在链段周围是否有可以接纳它跃入的空位这两个因素[39]。NG 和 DIANP 加入 NC 纯物质体系后,体系内部的自由体积增大,容纳链段跃入的空位大幅增加,因此实现 NC分子链链段的协同跃迁就仅取决于链段的跃迁能力。由于 NG 与 NC 的分子间作用力强于 DIANP 与 NC 间,NG 对 NC 分子链链段跃迁的阻碍作用相对较强,在一定程度上降低了 NC 分子链链段跃迁的自由度,使 NC/NG 共混体系中 NC 分子链的移动性弱于 NC/DIANP 共混体系,这可能是 DIANP 增强 NC 塑性效果较好的原因之一。

2.3.4　NC/NG 体系

1. NC 分子的回转半径分析

　　回转半径指线性聚合物分子链中每个链节与分子链质心之间距离的统计平均值,是能够直接反映线性分子链构象的特征参数。由于 NG 与 NC 分子间的相互作用必然会影响 NC 分子链的构象,同时考虑到温度也是决定 NC 分子链构象的一个重要因素,因此通过回转半径来研究 NC 分子链构象受 NG 分子数量和温度影响的变化，进而得到 NG 与 NC 分子间相互作用的直观映像。NC 纯物质及不同质量比的 NC/NG 共混体系模型中，两条 NC 分子链（NC-A 和 NC-B）在不同温度下的回转半径见表 2-13。

表 2-13 各模型中 NC 分子链在不同温度下的回转半径

分子链	模型	回转半径/nm			
		293K	303K	313K	323K
NC-A	2NC	1.860	1.859	1.862	1.863
	2NC/30NG	1.895	1.897	1.898	1.898
	2NC/60NG	1.943	1.945	1.945	1.946
	2NC/90NG	2.611	2.614	2.614	2.618
NC-B	2NC	1.456	1.454	1.456	1.457
	2NC/30NG	1.521	1.524	1.524	1.526
	2NC/60NG	1.703	1.706	1.705	1.706
	2NC/90NG	2.295	2.298	2.299	2.304

CMDB 推进剂在制备过程中的温度控制范围一般为 293～323K，由表 2-13 中数据可知，在此温度区间内随着温度的升高，各模型中 NC 分子链的回转半径逐渐增加，但增加的趋势并不明显，即无论是否加入 NG 分子，以及 NG 分子数量的多寡，升高温度对 NC 分子链构象的影响并不显著。一般认为，升高温度会使高分子链段运动加剧，导致高分子链尺寸增大，回转半径增加；且分子量越大，回转半径增加得越显著，相反，分子量越小，回转半径增加得越平缓。

而对于本节中各模型，由于考虑到机时等模拟效率问题，NC 分子链的链节数量只有 40，相对实际 NC 分子量较小，使 NC 分子链的回转半径随温度升高而增加的趋势并不明显，但这也表明了本节的模型能够准确反映 NC 分子链构象受温度影响的变化。由表 2-13 中数据还可知，相对于温度因素，NG 分子数量对 NC 分子链回转半径的影响较大，且 NG 分子数量越多，回转半径增加得越显著。如 NG 分子由 60 个增加至 90 个时，NC-A 的回转半径由 1.9nm 左右跃升至 2.6nm 左右，增大了 36.8%；NC-B 由 1.7nm 左右跃升至 2.3nm 左右，增大了 35.3%，二者回转半径的增幅均非常显著。

NC 是由葡萄糖酐环状残基组成的线性聚合物，具有一定的刚性，但其环间的醚链又使链节的内旋转比较容易，所以 NC 分子链具有一定的内旋自由度，但这种内旋自由度会受到 NC 分子链中各原子间作用力的抑制。因此，推断上述 NC 分子链回转半径增加的原因是升高温度以及 NG 分子的加入对 NC 分子链内部的作用力均有弱化作用，使其内旋自由度增大，NC 分子链尺寸增大。

2. 径向分布函数分析

1）NC 分子内径向分布函数分析

氢键的形成需要氢原子的参与，即氢原子在与负电性很大的原子 X 以共价键结合的同时，还同另一个负电性大的原子 Y 形成一个弱键，形式为 X—H…Y。因此，NC 纯物质模型中，NC 分子内能够与—OH 基团中氧原子 O1 形成氢键的原子有主链氧原子 O2、—NO$_2$ 基团中氧原子 O3 和氮原子 N1 以及与—NO$_2$ 基团相连的氧原子 O4，4 种原子对及其径向分布函数如图 2-15 所示。可以看出，O1—O2、O1—O3 和 O1—O4 原子对在 0.29nm 附近出现峰，其中 O1—O2 原子对的峰值最大，$g(r)$ 值为 4.42，表明在这 3 种原子对之间均形成了 O—H…O 型氢键，且—OH 基团与主链上氧原子 O2 之间的氢键作用最强。同时，4 种原子对在 0.31～0.50nm 范围内均出现了高低不同的峰，其中 O1—O4 原子对的峰值最大，$g(r)$ 值为 2.65，表明各原子对间存在强弱不一的范德瓦尔斯力，且—OH 基团与—ONO$_2$ 基团上氧原子 O4 之间的范德瓦尔斯力最强。上述模拟结果不仅证明了 NC 分子链内部确实存在相互作用力，而且根据相互作用力的种类及其强弱，推断—OH 基团与主链上氧原子之间形成的氢键可能是抑制 NC 分子链内旋自由度的主要因素之一。

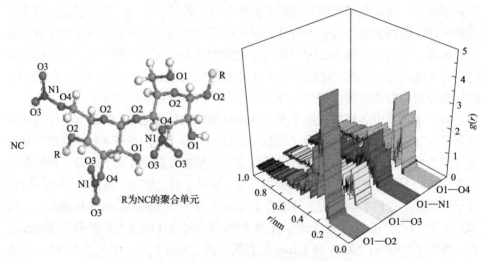

图 2-15　2NC 模型中各原子对径向分布函数

为了解 NG 分子对 NC 分子链内部相互作用力的影响，以氢键作用力最强的 O1—O2 原子对为例，对它们之间径向分布函数随 NG 分子增加而变化的趋势进行了分析，其结果如图 2-16 所示。由图 2-16 可知，随着 NG 分子的增多，4 种模型中 O1—O2 原子对径向分布函数曲线中的氢键峰值依次降低，分别为 4.42、3.08、2.43 和 2.11；此外，范德瓦尔斯力峰值也由 2.34 依次降低至 2.18、2.03 和 1.56，表明无论是—OH 基团与主链氧原子之间的氢键作用力还是范德瓦尔斯力，均随NG 分子的加入而减弱，即 NG 分子对 NC 分子链内部的作用力有弱化作用，且随着 NG 分子数量的增加，弱化作用增强。

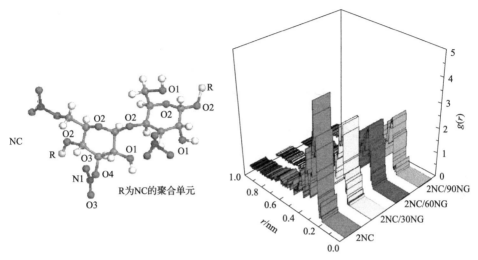

图 2-16　不同模型中 O1—O2 原子对径向分布函数

2）NG 与 NC 分子间径向分布函数分析

在 NG 分子中，能与 NC 中—OH 基团中氧原子 O1 形成氢键的有—NO$_2$ 基团中的氧原子 O5 和氮原子 N2、与—NO$_2$ 基团相连的氧原子 O6。为找出 NG 分子使NC 分子链内部作用力弱化的原因，对以上 3 种原子对 O1—O5、O1—N2 和 O1—O6 在 2NC/90NG 模型中的径向分布函数进行了分析，其结果如图 2-17 所示。

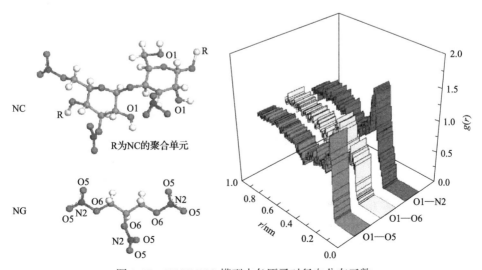

图 2-17　2NC/90NG 模型中各原子对径向分布函数

可以看出，O1—O5 原子对与 O1—O6 原子对可形成氢键，且前者的作用力更强，但后者的范德瓦尔斯力更强；而氧原子 O1 与氮原子 N2 之间只存在范德瓦尔斯力作用。这说明在 NG 分子的—ONO₂ 基团与 NC 分子的—OH 基团相互作用时，顶端氧原子 O5 距离—OH 基团最近，氧原子 O6 次之，氮原子 N2 最远，即—ONO₂ 基团倾向存在于—OH 基团的侧方。

图 2-18 为 3 种 NC/NG 共混物模型中 O1—O5 原子对的径向分布函数图，从图中可看出，随着 NG 分子数的增加，O1—O5 原子对间的氢键作用力有所减弱，$g(r)$ 值由 1.42 依次降至 1.34 和 1.30。这是由于氢键具有饱和性，NG 分子数量增加后，单体 NG 分子与 NC 分子间形成的氢键数量减少；但由于 NG 分子总数增加，总体上 NG 与 NC 分子之间的氢键数量增多，其相互作用力增强。可见，在 NG/NC 的共混体系中，NG 分子中—ONO₂ 基团可与 NC 分子—OH 基团形成氢键，从而替代 NC 分子链之间的氢键，使其氢键作用力减弱，这可能是 NG 分子加入后 NC 分子链回转半径增大的原因。

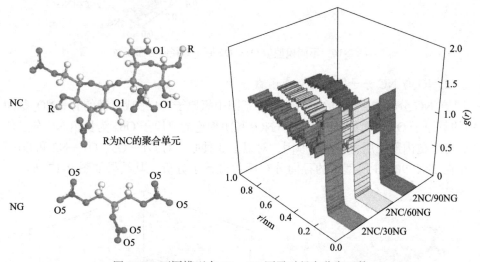

图 2-18　不同模型中 O1—O5 原子对径向分布函数

由红外光谱实验结果及 NC、NG 分子结构可知，参与氢键重排的可能是 NC 和 NG 分子中的—ONO₂ 基团以及 NC 分子主链上的氧原子。由于相关原子种类较多，考虑到篇幅因素，仅选取了 NC 分子和 NG 分子—ONO₂ 基团各自的顶端氧原子 O2 和 O3，对它们与—OH 基团中氧原子 O1 的径向分布函数进行了计算，其结果如图 2-19 所示。可以看出，在 NC 纯物质模型中，O1—O2 原子对在 0.26nm 和 0.46nm 附近出现两个强弱不一的峰，其 $g(r)$ 值分别为 0.73 和 0.57。由于氢键作用力的作用范围为 0.26~0.31nm，而范德瓦尔斯力的作用范围为 0.31~0.50nm，因此，根据峰的位置和高低可判断 NC 分子内部 O1—O2 原子对间存在氢键作用力和范德瓦尔斯力，且前者的作用更为强烈。加入 NG 后，NC 与 NG 分子间的 O1—O3 原子对在 0.27nm 和 0.47nm 附近分别出现氢键作用力峰和范德瓦尔斯力峰；而 NC 分子自身 O1—O2 原子对的氢键作用力和范德瓦尔斯力峰值 $g(r)$ 则分别降至 0.35 和 0.31。其原因可能是氢键具有的两个特点，一是饱和性，即氢原子与氧原子 O1 和 O3 形成 O1—H…O3 型氢键时，由于负离子之间存在排斥作用，氧原子 O2 很难接近氢原子而形成氢键，这就使得 NG 与 NC 分子形成氢键的同时，NC 分子内的氢键必然减少，其作用力相应减弱；二是方向性，即电偶极矩 O1—H 与原子 O3 相互作用时，只有当 O1—H…O3 在同一条直线上时才最稳定，因而当 NG 分子中—NO₂ 基团与 NC 分子中—OH 基团形成氢键时，—OH 基团倾向于接近—NO₂ 基团而远离 NC 主链，由于范德瓦尔斯力与距离的六次方成反比，NC 分子内部的范德瓦尔斯力也会有所减弱。

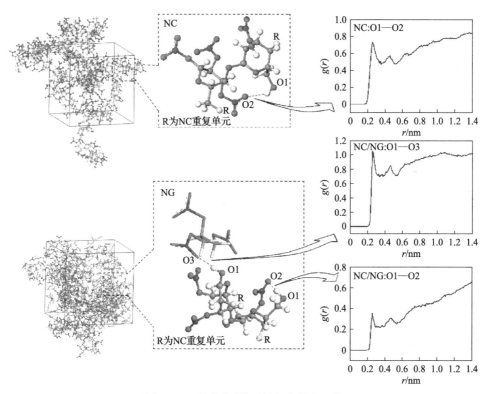

图 2-19　不同原子模型的径向分布函数

3. NC/NG 塑化行为

作为 CMDB 的基体，NC/NG 的塑化行为直接影响推进剂的综合性能。如在捏合和浇铸阶段，NC/NG 的塑化行为在宏观上表现为对推进剂药浆流变性能的影响，直接关系推进剂的工艺性能；在恒温固化阶段，NC/NG 的塑化行为直接影响推进剂的固化速率及其内部应力变化，关系推进剂药柱的结构完整性；在固化完毕至使用阶段，NC/NG 的塑化行为则与推进剂的宏观力学性能密切相关，进而影响发动机的工作可靠性。因此，研究 NC/NG 的塑化行为可以深入了解推进剂结构与性能的关系，为其综合性能的调节提供指导。目前已有研究者通过扫描电镜观测、拉伸实验、动态扭辫分析以及动态热机械分析(dynamic mechanical analysis, DMA)[40-43]等方法得到了 NC/NG 塑化行为的一些表观映像和定性分析结论，但上述方法难以实时监测 NC/NG 塑化行为的完整历程，且受实验尺度限制，对于 NC 的微观结构变化等塑化细节方面，缺乏更为深入的了解。因此，寻求并应用先进的实验和分析方法成为研究 NC/NG 塑化行为的关键。

本节以 NC/NG 共混体系为研究对象，采用动态流变学方法和红外光谱法对其塑化行为的宏观性质表现进行测量，并在此基础上通过分子动力学模拟揭示共混体系塑化过程中的微观结构变化，从而在分子水平上认识 NC/NG 共混体系塑化行为的实质，以期为研究人员科学评价和高效调节 CMDB 推进剂的综合性能提供理论依据和参考，同时也为探索结构更复杂的 CMDB 推进剂的固化机理奠定基础。

1) 动态流变学特征量分析

动态流变学方法以小幅震荡剪切方式进行实时动态流变测量，可在不破坏样品结构的情况下测得材料的应力-应变松弛行为。由于测得的储能模量(G')和损耗模量(G'')可反映体系的松弛特征，对材料结构特性的变化非常敏感，因此，可用 G' 和 G'' 表征 NC/NG 共混体系塑化过程中的结构特性变化，二者的动态时间谱见图 2-20。可以看出，G' 和 G'' 的动态时间谱的变化规律相似，均呈倒 S 型，但二者的数值及变化速率存在差异。在塑化初始阶段(阶段 I)，NC/NG 共混体系动态力学响应的变化较小，且 G' 小于 G''。这是由于此阶段塑化程度较低，NG 尚未扩散进入 NC 球形药内部，NC 的聚集状态并未改变，因而体系的力学响应变化不大；同时，由于整个体系宏观上仍处于黏流态，受 NC 球形药的黏滞作用的影响，其表现出的黏性特征更强。在塑化中期(阶段 II)，共混体系的 G' 和 G'' 急剧增大，且 G' 逐渐接近并超过 G''，表明共混体系的结构特性发生了明显的变化，此阶段 NG 已扩散至 NC 球形药内部，在 NC 分子链链段间距和自由体积增加的同时，NC 分子链自身也发生了链段运动，使同一及不同球形药中的 NC 分子链相互缠结，微观上形成了物理交联网络，体系形变时消耗的能量增多，G' 和 G'' 相应增大；同时，随着塑化时间的持续，体系的物理交联网络逐步完善，其弹性结构增强的幅度与黏性结构相比更加显著，力学响应表现为 G' 大于 G''。在塑化后期(阶段 III)，G' 和 G'' 增大的趋势较为平缓，最终趋于稳定，表明此阶段共混体系的物理交联网络

已基本完善，其结构特性不再变化。由上述分析不难得出，NC/NG 共混体系的塑
化过程实质上是 NC 微观结构转变的过程。

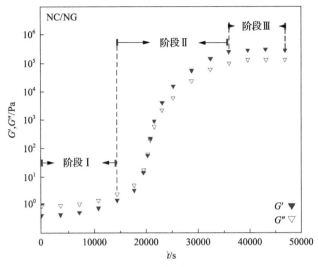

图 2-20　70℃下 NC/NG 共混储能模量(G')和损耗模量(G'')的演化

2) 自由体积及回转半径分析

在 70℃条件下，对 NC 纯物质和 NC/NG 共混体系模型进行分子动力学模
拟，得到了两种模型的体积分布及其中 NC 分子链的回转半径(图 2-21)，结果
见表 2-14。图 2-21(a)中白色部分为 NC 分子链的占有体积($V_{occupied}$)，灰色部分
为 NC 分子链之间的空隙(灰色为剖面处)，定义为自由体积(V_{free})。由图 2-21
和表 2-14 可以看出，NG 的加入对 V_{free} 有着明显的影响，其值由 4.031nm^3 跃升
至 24.885nm^3，增加了 5 倍多，表明 NG 与 NC 共混后，NC 分子链链段间距增
大，体系的自由体积增加。由表 2-14 还可知，共混后 NC 分子链的构象也发生
了明显的变化，NC-A 和 NC-B 的回转半径 R_g 由 1.865nm 和 1.457nm 分别跃升
至 2.620nm 和 2.306nm，分别增大了 40.5%和 58.3%；同时两条分子链自身的表
面积($A_{surface}$)增大了将近一倍，$V_{occupied}$ 也略有增加。由于 NC 分子链的回转半径
是其分子链中每个链节与分子链质心之间距离的统计平均值，能够直接反映 NC
分子链的构象[图 2-21(b)]；因此根据回转半径计算结果可知，在与 NG 共混的
过程中，NC 分子链实现了链段运动，其构象由蜷曲状态变为伸展，一方面使回
转半径增大，另一方面也使探针(半径为 0.1nm)在计算 $A_{surface}$ 时，因 NC 分子链
蜷曲而不能触及的部分重叠表面暴露出来，所计算的 $A_{surface}$ 增大，$V_{occupied}$ 也略
有增加。

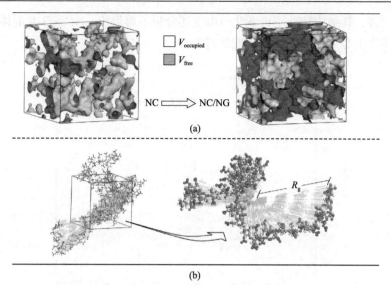

图 2-21　NC 分子模型的体积分布和回转半径

表 2-14　NC 分子模型的体积分布和回转半径结果

参数	NC		NC/NG	
	NC-A	NC-B	NC-A	NC-B
$V_{occupied}$ /nm³	16.152		16.671	
V_{free} /nm³	4.031		24.885	
$A_{surface}$ /nm²	54.35		98.320	
R_g /nm	1.865	1.457	2.620	2.306

　　上述模拟结果表明，在共混体系塑化过程中，NC 微观结构的转变取决于两个因素，一是 NC 分子链实现链段运动；二是 NC 分子链周围的自由体积增加，即要有容纳 NC 分子链链段运动的空间。显然，第二个条件主要是依靠 NG 分子的空间位阻作用而实现；而对于第一个条件实现的原因，可能是 NG 的加入降低了 NC 分子内部的作用力，其链段内旋活化能降低所致，但这一推论仍需进一步的研究加以证实。

　　3) 红外谱图分析

　　为了解塑化前后共混体系分子间作用力的变化情况，对 NC、NG 纯物质及 NC/NG 共混体系的塑化产物进行了红外光谱分析，三者的红外谱图见图 2-22。对于不发生化学反应的共混体系而言，若其红外谱图的特征频率发生了位移，则有两个原因，一是各组分分子间存在相互作用，体系内的氢键重新排列分布，某些特征频率随之发生变化；二是各组分频率相近的特征峰叠合时，因吸收强度相对

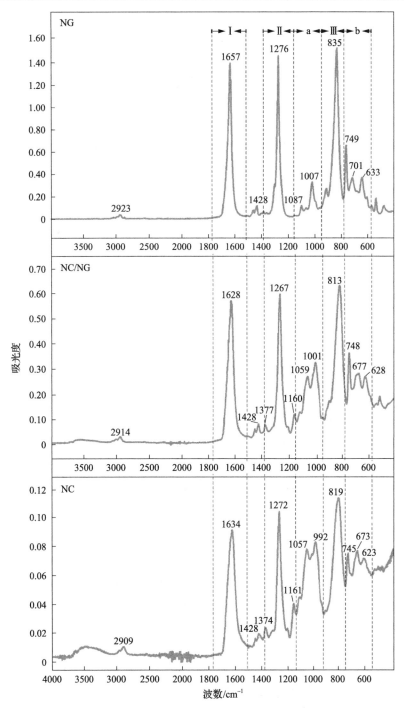

图 2-22　NC、NG 和 NC/NG 共混红外光谱图

贡献的变化而导致的频率位移。由于 NC 与 NG 的分子结构相似,二者的红外谱图中的特征谱带基本相同,因此,在分析共混体系特征峰频率发生位移的原因时,应综合考虑分子间的相互作用和同类特征峰的叠合这两个因素。

图 2-22 中 600～780cm^{-1} 区域的—NO$_2$ 基团弯曲振动谱带 b,NC/NG 共混体系的三个特征频率(748cm^{-1}、677cm^{-1} 和 628cm^{-1})介于 NC(745cm^{-1}、673cm^{-1} 和 623cm^{-1})和 NG(749cm^{-1}、701cm^{-1} 和 633cm^{-1})之间,这种频率位移就归因于同类特征峰的叠合,但不能判断 NC 和 NG 分子间是否发生了相互作用。同种情况的还有 950～1200cm^{-1} 区域的 C—O 键伸缩振动谱带 a,其中 NC/NG 共混体系的特征频率也介于 NC 和 NG 之间,分别为 1001cm^{-1}、992cm^{-1} 和 1007cm^{-1}。

与上述规律不同,对于 1650～1700cm^{-1} 区域的—NO$_2$ 基团反对称伸缩振动谱带(Ⅰ)、1200～1300cm^{-1} 区域的—NO$_2$ 基团对称伸缩振动谱带(Ⅱ)和 780～900cm^{-1} 区域的 C—O 键伸缩振动谱带(Ⅲ),NC/NG 共混体系的三个特征频率(1628cm^{-1}、1267cm^{-1} 和 813cm^{-1})并没有移向 NC(1634cm^{-1}、1272cm^{-1} 和 819cm^{-1})和 NG(1657cm^{-1}、1276cm^{-1} 和 835cm^{-1})之间,而是向低波数移动。这种频率位移就排除了同类特征峰叠合的因素,可判断 NC 和 NG 分子间发生了相互作用,共混后体系内的氢键重新进行了排列分布。

4. NC/NG 共混体系力学状态的温度依赖特性

固体推进剂作为高聚物黏弹体系,温度对其力学状态有着举足轻重的影响,关系到推进剂的实际应用效能。以 NG 增塑 NC 所形成的双基推进剂,以及在它基础上发展出来的改性双基推进剂和复合改性双基推进剂,均存在低温变脆、高温变软的问题,使发动机装药在经受点火和发射过程中的冲击负荷或过载负荷时,其结构有可能发生改变,而出现工作异常,甚至发动机解体、爆炸等严重后果,最终影响战略和战术导弹的生存能力和作战效能[44]。有关温度对高聚物力学状态影响方面的研究开展较早,该方面的理论和机理已经较为成熟,但由于 NC 独特的分子链结构和聚集状态,双基系推进剂的力学状态具有与其他高聚物不太相同的温度依赖特性。在 20℃和 50℃条件下,王晗等[45]采用实验方法研究了 NC 种类和固体组分含量对复合改性双基推进剂力学性能的影响规律;李吉祯等[46]采用单轴拉伸实验和扫描电镜观测研究了 NC 含量、固体组分粒度级配和固化剂对复合改性双基推进剂力学性能的影响,并提出适度交联固化的方法,以提高推进剂的拉伸强度和伸长率。在-40℃、20℃和 50℃条件下,王瑛等[47]采用单轴拉伸实验研究了粒铸和浇铸工艺制备的改性双基推进剂药柱及其组合药柱的拉伸强度和伸长率,并通过扫描电镜-能谱分析仪分析了断裂面的形貌和元素分布。陈弨等[48]研究了不同温度下(-50℃、-40℃、-30℃、-20℃、0℃、20℃和 50℃)复合改性双基推进剂应力-应变曲线的变化规律,并拟合得到拉伸速率与推进剂拉伸强度和伸长率的幂函数关系。范夕萍等[49]采用动态热机械分析研究了热塑性弹性体对复合改性双基推进剂在−120~100℃内的力学性能影响,发现热塑性弹性体的加入可降低推进剂的玻璃化转变温度,进而改善其低温力学性能。姚楠[50]采用动态热机械分析研究了不同 RDX 含量的改性双基推进剂在−110~120℃内的动态力学性能,并根据"时间-温度"等效原理的 WLF 方程获得推进剂的主曲线和黏弹系数。贾展宁和周起槐[51]采用动态扭辫分析研究了较宽温度范围(−110~200℃)NC、双基黏合剂及改性双基推进剂的动态黏弹性,并测定了改性双基推进剂的玻璃化转变温度和脆化温度。虽然上述研究者通过不同的实验方法得到了温度对双基系推进剂力学性能影响的表观映像和定性分析结论,但由于受实验尺度限制,对于温度依赖特性的微观机理方面,缺乏更为深入的了解。

　　鉴于双基系推进剂结构的复杂性,本节遵循由简单到复杂的原则,以双基系推进剂的 NC/NG 共混体系为切入点,采用动态热机械分析研究温度对其力学状态的影响,并在此基础上通过分子动力学模拟揭示体系高分子运动状态的变化,从而在分子水平上认识 NC/NG 共混体系宏观力学状态温度依赖特性表现的实质,为研究人员科学评价和有效调节双基系推进剂的高、低温力学性能提供一定的参考。

　　1)动态力学性能及分子运动状态的变化

　　从结构上看,NC/NG 共混体系属于高聚物,其不同温度下的力学状态与内部分子的运动状态变化密切相关,而这种变化又能灵敏地反映在动态力学性能上。因此,本节通过 DMA 得到 NC/NG 共混体系储能模量(E')、损耗模量(E'')和损耗角正切($\tan\delta$)随温度的变化曲线,同时通过 MD 模拟得到 NC/NG 共混体系微观模型中 NC 分子链在不同温度下的 MSD,结果如图 2-23 所示。可以看出,−50℃以下时,DMA 曲线[图 2-23(a)]的 E'较大,其值在 1500MPa 以上,所对应温度区间的 MSD 曲线[图 2-23(b)]斜率较小,可见此温度区间 NC 分子链的运动能力很弱,受温度变化的影响也较小,微观上处于被"冻结"状态,使 NC/NG 共混体系在宏观上表现出刚硬的玻璃态。升温至−50℃以上时,E'逐渐减小,E''和 $\tan\delta$ 曲线出现了一个低温力学损耗峰(β 松弛);同时,所对应温度区间(−50~−40℃)的 MSD 曲线有一个明显的跃迁,其斜率突然增大,表明此时 NC 分子链的运动能力突然增强,这可能与共混体系出现低温力学松弛过程有关。

　　随着温度的升高,MSD 曲线斜率增大,即 NC 分子链的运动能力逐渐增强,所对应温度区间的 E'值也由 1200MPa 左右逐渐减小至 500MPa 左右,共混体系明显变软,具有一定的高弹态特性。升温至 40℃以上时,E''和 $\tan\delta$ 曲线出现了一个高温力学损耗峰(α 松弛),MSD 曲线也相应出现了一个明显的跃迁,表明此时 NC 分子链的运动能力再次突然增强,与共混体系的高温力学松弛过程表现出明显的关联性。在 50℃之上,NC 分子链的运动能力继续增强,E'和 E''继续减小,其数值接近于 0;同时 MSD 曲线的斜率也较大,表明此温度区间 NC 分子链的运动能力很强，分子链可以整体运动，共混体系宏观上逐步进入黏流态。

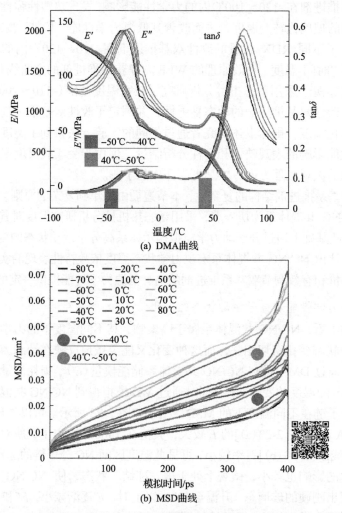

图 2-23　NC/NG 共混的 DMA 曲线和 NC 分子链随温度变化的 MSD 曲线（彩图扫二维码）

　　DMA 实验是在施加一定频率力场条件下进行的，由于 NC/NG 共混体系具有黏弹性，在样品的力学松弛过程中，NC 分子链的链段运动并不能及时跟上外力的变化，样品形变落后应力一个 δ 角相位，出现一定的能量损耗，损耗达到峰值时的温度比 NC 分子链运动能力突变的温度滞后；而 MSD 曲线只是 NC 分子链在不同温度下运动能力的表现，并不存在时间上的滞后问题。因此，MSD 曲线的跃迁温度比 tanδ 峰温低 20～30℃，即共混体系中 NC 分子链运动能力的突变分别产生在-50～-40℃和 40～50℃范围内。

2) 共混体系的体积分布变化

按照自由体积理论,高分子的微观体积可分为两部分,一是分子的占有体积,二是分子间的间隙,即自由体积。自由体积较大时,分子可以运动的空间较大,运动能力较强,自由体积较小时,分子可以运动的空间较小,运动能力较弱。因此,可通过自由体积的变化推断 NC 分子链运动能力突变的原因,其在不同温度下的体积分布如图 2-24 所示。图 2-24(a)中,不同温度下 NC/NG 共混体系的体积分布用 Connolly 表面法测量(探针半径为 0.1nm),其中浅灰色区域为自由体积(V_{free}),深灰色区域为 V_{free} 的剖面,白色区域为 NC 和 NG 分子占据的空间体积(V_{NC+NG})。为便于比较,将 V_{free}、V_{NC} 和 V_{NG} 数据对温度作图,结果如图 2-24(b)所示。可以看出,随着温度的升高,V_{free} 由 5.1nm^3 左右增加至 5.7nm^3 以上,且 V_{free} 随温度增加的趋势在 $-50℃$ 时存在拐点。将 $-50℃$ 前后的数据采用最小二乘法线性拟合,得到两条直线,可发现 $-50℃$ 以下 V_{free} 增加得相对较慢,而 $-50℃$ 以上 V_{free} 增加得相对较快。以上分析表明,$-50℃$ 左右时,NC 分子链运动能力的突变,即 NC/NG 共混体系的 β 松弛过程,与 V_{free} 的不连续变化有关,这也与膨胀计和热机械分析法测定双基推进剂比热容和热膨胀系数的实验结果吻合。温度低于 $-50℃$ 时,NC/NG 共混体系的 V_{free} 较小,没有足够的空间进行 NC 分子链的链段运动,其运动能力很弱;温度高于 $-50℃$ 时,V_{free} 突破某一临界值,已有足够的空间容纳 NC 分子链的链段运动,其运动能力突然增强,体系的力学损耗随之增大,出现一个低温力学松弛过程。

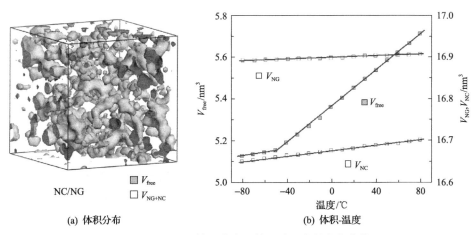

(a) 体积分布　　　　　(b) 体积-温度

图 2-24　NC/NG 体积分布及体积随温度的变化曲线

由图 2-24(b)还可看出,随着温度的升高,V_{NC} 和 V_{NG} 均增加,且前者增加的趋势相对较快,其原因可能是温度升高后,分子间的间隙增大,导致探针所计算 NC 和 NG 分子的部分重叠体积,尤其是 NC 分子链上的大量侧基暴露出来,使测量的体积增加,且 NC 分子的增加量更加明显。

3) NC 分子链内势能变化

从分子运动的角度看，NC 分子链的链段运动除了与运动需要的空间有关外，还与 NC 分子链运动的难易程度，即其自身所具备的热运动能量有关，而分子自身的热运动能量可以通过分子内势能的变化来反映[52]。因此，将 NC/NG 共混体系中 NC 分子链的键能(bond energy)、键角能(angle energy)和二面角扭转能(torsion energy)对温度作图，从能量变化的角度分析 NC 分子链运动能力突变的原因，其结果如图 2-25 所示。可以看出，随温度的升高，NC 分子链的热运动能量增加，其键长、键角变化和链段内旋转的自由度增加，键能、键角能和二面角扭转能增大，但三者的变化规律存在明显的差异。键能和键角能整体上呈线性增大趋势，且二者增大的幅度相差不大，均为 $1.6 \mathrm{kJ \cdot mol^{-1}}$ 左右。相比之下，二面角扭转能随温度增大的幅度要小得多，只有 $0.26 \mathrm{kJ \cdot mol^{-1}}$ 左右；同时二面角扭转能的变化曲线在 40℃附近存在拐点，拐点温度以下线性增大的速率相对较小，而拐点温度以上线性增大的速率变大。从三者的变化曲线看，键长和键角变化的自由度受温度影响较大，链段内旋转自由度受温度的影响相对小得多，但存在一个临界温度明显改变其变化趋势。

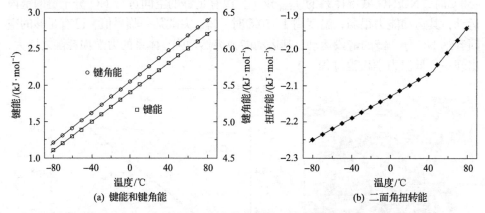

(a) 键能和键角能　　　　　　　　　　　(b) 二面角扭转能

图 2-25　NC 分子链随温度变化的键能、键角能和二面角扭转能

从上述结果分析，温度低于 40℃时，NC 分子链链段热运动能量相对较低，其内旋转受到限制；温度高于 40℃时，NC 分子链的热运动能量已足以克服内旋转的位垒，其链段内旋转运动被激发，运动能力再次突然增强，宏观上表现为 NC/NG 共混体系的力学损耗增大，出现一个高温力学松弛过程。

4) NC 与 NG 分子间作用力变化

在 NC/NG 共混体系中，NG 分子必然与 NC 分子链产生相互作用，进而影响后者的运动状态。因此，计算了共混体系中 NG 分子与 NC 分子链中原子对之间的径向分布函数 $g(r)$，对二者分子间作用力随温度的变化情况予以分析，其结果如图 2-26 所示。可以看出,不同温度下的 $g(r)$ 曲线均在 0.26nm 和 0.45nm 附近出现两个峰,且随温度升高,峰值分别由 1.49 和 0.94 降低至 1.03 和 0.85,表明 NC 和 NG 分子间存在氢键作用力和范德瓦尔斯力,且前者受温度的影响相对较为显著。其原因可能是随着温度的升高,分子的热运动能力增加,但同时由于共混体系的自由体积增大,分子运动的空间增大,因而整体上—NO_2 基团和—OH 基团相互接近乃至形成 O—H⋯O 型氢键的概率减小,其作用力相应减弱;同时由于范德瓦尔斯力(0.31~0.50nm)的作用范围大于氢键作用力(0.26~0.31nm),后者更易受到自由体积增大的影响,因此受温度的影响更为显著。

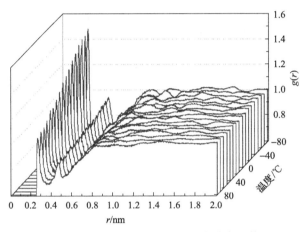

图 2-26　原子随温度变化的径向分布函数

上述模拟结果表明,随着温度的升高,NG 分子与 NC 分子链的分子间作用力逐渐减小,即前者对后者运动状态的影响逐渐减弱,这也可能是 NC 分子链运动能力增强的原因之一。

2.3.5　NC/DNTF 体系

DNTF 是一种呋咱类新型高能量密度化合物,其能量接近 CL-20。DNTF 可溶于 NG,它在提高 CMDB 推进剂能量特性的同时可显著改善其力学性能。目前,关于 DNTF 对 CMDB 推进剂力学性能的影响研究还处于初始阶段。王江宁等[53]采用拉伸实验和动态热机械法研究了 DNTF 对 CMDB 推进剂力学性能的影响,由于受实验尺度的限制,对 CMDB 推进剂塑化的微观结构变化等方面缺乏更深入的了解。分子动力学模拟方法作为近年来发展较为迅速的微尺度数值计算方法,因其能够准确预测材料的特性且从微观角度揭示材料结构与性能之间的关系,已成为研究火炸药宏观性质的一种方法[44,54-56]。CMDB 推进剂的力学性能与黏结剂基体 NC 在不同作用力下的分子运动状态密切相关。因此,本节通过建立分子动力学模型模拟了 NC 塑化过程中微观结构的变化,从而在分子水平上了解 DNTF 对

CMDB 推进剂力学性能的影响,并通过拉伸实验测试 DNTF-CMDB 推进剂的力学性能,以期为 DNTF 在 CMDB 推进剂中的应用提供理论依据。

1. 静态力学性能的计算

用柯西压评估样品的塑性和脆性。当柯西压大于零时,表明样品易发生剪切形变,延展性较好;当柯西压小于零时,表明样品易发生拉伸形变,脆性较强。NC 纯物质和 NC/DNTF 共混体系的静态力学性能见表 2-15,未列入表中的弹性系数的数值均等于或接近于零。

表 2-15　NC 纯物质和 NC/DNTF 共混物的弹性系数及力学性能

样品	C_{11}/GPa	C_{22}/GPa	C_{33}/GPa	C_{44}/GPa	C_{55}/GPa	C_{66}/GPa	C_{12}/GPa
NC	13.94	11.65	12.64	3.09	2.79	3.03	5.15
NC/DNTF	13.46	10.44	12.79	2.46	2.48	2.28	4.21

样品	C_{13}/GPa	C_{33}/GPa	E/GPa	K/GPa	G/GPa	$(C_{12}-C_{44})$/GPa
NC	5.32	5.20	9.71	7.73	3.76	2.06
NC/DNTF	5.24	5.19	9.48	7.06	2.47	1.75

注:E 为样品的拉伸模量;G 为样品的剪切模量;K 为样品的体积模量。

由表 2-15 可知,相比于 NC 纯物质,NC/DNTF 共混体系的拉伸模量(E)、剪切模量(G)和体积模量(K)有所降低,柯西压值由 2.06 降为 1.75,表明 DNTF 的加入能够降低 NC 的脆性,增加体系的塑性,即体系延展性变好,宏观上表现为延伸率增加,强度降低。

2. 径向分布函数

为了解 DNTF 降低 NC 刚性的原因,通过径向分布函数 $g(r)$ 分析了 DNTF 对 NC 分子间作用力的影响。通过分子动力学方法计算的 $g(r)$ 曲线如图 2-27 所示。可以看出,在 NC 纯物质模型中,—OH 基团中氧原子 O1 与—NO$_2$ 基团中氧原子 O2 的 $g(r)$ 曲线在 0.26nm 和 0.46nm 附近出现两个强弱不同的峰,其 $g(r)$ 值分别为 0.73 和 0.57。根据 $g(r)$ 曲线峰的位置可判断 O1—O2 原子对形成了 O—H⋯O 形式的氢键,同时这两种原子间还存在范德瓦尔斯力,且氢键作用力的强度相对较大[57]。加入 DNTF 后,DNTF 分子中—NO$_2$ 基团中氧原子 O3 与 NC 分子—OH 基团中氧原子 O1 同样也形成了 O—H⋯O 形式的氢键,其 $g(r)$ 值为 1.77,而 NC 分子自身 O1—O2 原子对的氢键作用力 $g(r)$ 值降至 0.58,同时范德瓦尔斯力 $g(r)$ 值也降至 0.32,表明 DNTF 分子中—NO$_2$ 基团可与 NC 分子中—OH 基团形成氢键,从而替代 NC 分子链之间的氢键,使其氢键作用力减弱。

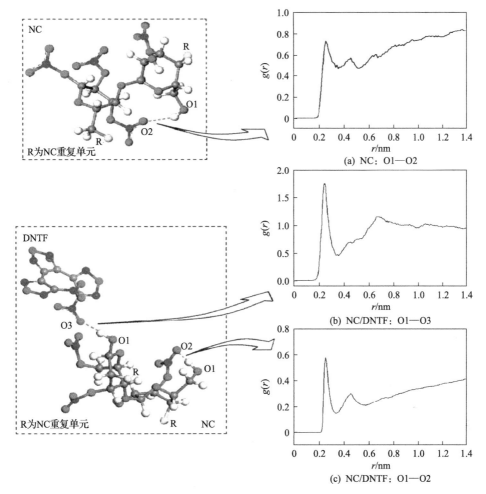

图 2-27　NC 纯物质及 NC/DNTF 共混体系模型中各原子对的径向分布函数

由图 2-27 可知，DNTF 能够降低 NC 分子内的作用力，从而增强 NC 链段的移动性，增加 NC 分子的自由体积，DNTF 起到了增塑剂的作用，这与静态力学性能分析结果一致。

3. DNTF-CMDB 推进剂的抗拉强度及延伸率

采用拉伸实验测试 DNTF-CMDB 推进剂的力学性能，其在–40℃、20℃、50℃下的抗拉强度（σ_m）和延伸率（ε_m）见表 2-16。可以看出，随着温度的增加，两个样品的延伸率逐渐增加，抗拉强度逐渐减小，这是由于 NC 分子的链段运动能力对温度存在依赖性。低温时，两个样品的抗拉强度和延伸率变化不大，这可能是由于低温时 NC 分子链处于冻结状态，此时力学性能主要与 NC 与 NG 侧基的协同运动相关，因此 DNTF 替代 RDX 对推进剂抗拉强度和延伸率的影响较小。在常温与高温状态下，用 DNTF 替代 RDX 后推进剂的抗拉强度降低，延伸率则大幅提高。在 20℃时，样品 2 的延伸率是样品 1 延伸率的 3.87 倍；在 50℃时，样品 2 的延伸率是样品 1 延伸率的 3.07 倍;样品 2 在常温和高温下的延伸率增加幅度明显低于样品 1 在常温和高温下的延伸率增加幅度。CMDB 推进剂可以看作黏弹性材料，在一定温度范围内其力学性能符合高聚物的黏弹性以及相关理论，延伸率反映推进剂的塑性，与增塑剂相关；抗拉强度则反映推进剂的刚性，与黏合剂相关[58]。

表 2-16　DNTF-CMDB 推进剂的抗拉强度和延伸率

样品	σ_m/MPa			ε_m/%		
	-40℃	20℃	50℃	-40℃	20℃	50℃
1	18.5	3.65	1.01	1.91	8.69	14.86
2	17.8	2.65	0.46	1.72	33.60	45.60

因此，推进剂的力学性能与增塑剂含量密切相关。在 NC 与 NG 含量保持不变的情况下，用 DNTF 替代部分 RDX 后对 NC 起到了增塑作用，增强了 NC 分子的链段运动能力，宏观上表现为抗拉强度和延伸率均降低，这与分子模拟计算结果一致。

2.3.6　NC/Bu-NENA 体系

近年来，随着人们对武器平台生存能力的关注和需求越来越高，低易损性火炸药的概念应运而生。其中，低易损性推进剂技术正是低易损性火炸药技术发展的内容之一。在这种背景下，寻求并应用高能钝感增塑剂替代复合 CMDB 的敏感增塑剂组分 NG，已成为该类推进剂满足低易损性要求的关键。在众多的含能增塑剂之中，Bu-NENA 因具有能量高、感度低、化学安定性好、凝固点低且燃烧气体分子量小等优点[59-61]，已成功应用于发射药和 NEPE 推进剂，并降低其感度[62]，这为研制低易损性 CMDB 推进剂提供了一定的借鉴。基于此，本节采用动态流变学方法和单轴拉伸实验测试，对比研究了 Bu-NENA 和 NG 溶塑 NC 的完整历程及其溶塑产物的力学性能，并在此基础上通过分子动力学模拟，在分子水平上认识两种增塑剂对 NC 的溶塑作用存在差异的原因，为 Bu-NENA 推广应用于 CMDB 推进剂提供参考。

1. 溶塑过程速率

1)流变特性分析

动态流变学方法可在不破坏样品结构的情况下，以小幅震荡剪切方式测得材料的应力-应变松弛行为。由于测得的 G' 对材料结构特性的变化非常敏感，因此可用 G' 随时间的变化表征 NC/Bu-NENA 和 NC/NG 共混体系的溶塑过程，二者的动态时间谱见图 2-28。可以看出，两种共混体系 G' 的初始值较小，原因是此时 NC 尚未开始溶塑，共混体系宏观上仍处于黏流态，其力学响应较小。随着时间的持续，增塑剂逐渐扩散进入 NC 球形药内部，使 NC 分子链溶胀、迁移乃至互相缠结，微观上形成物理交联网络，体系的弹性结构不断完善，形变时消耗的能量增多，从而使 G' 值逐渐增大，并最终趋于一稳定数值；但由于增塑剂种类的不同，两种共混体系 G' 的变化规律和速率存在很大差异。

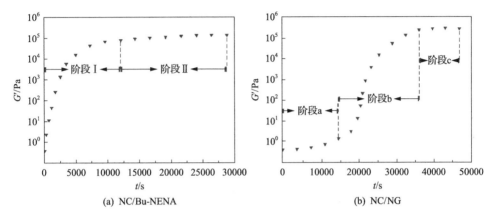

图 2-28 NC/Bu-NENA 和 NC/NG 共混体系 G' 在 70℃下的动态时间谱

对于 NC/Bu-NENA 共混体系而言，溶塑初始阶段（阶段Ⅰ）Bu-NENA 分子扩散进入 NC 分子链间的速率较快，NC 分子链迅速溶胀，并随之发生迁移，因而 G' 急剧增大。相比之下，在 NC/NG 共混体系溶塑的初始阶段（阶段 a），NG 分子扩散进入 NC 分子链间的速率相对较慢，NC 分子链的溶胀程度较低，容纳 NC 分子链迁移运动的空间较小，此时 G' 变化速率较慢；之后（阶段 b），随着 NC 分子链溶胀程度的增加，NC 分子链链段迁移的速率加快，G' 变化速率相应加快。在两种共混体系的溶塑后期（阶段Ⅱ和阶段 c），随着体系三维物理交联网络的逐步完善，NC 分子链相互碰撞的机会增加，其溶胀和迁移运动均受到抑制，体系的结构特性基本不再变化。因此，G' 增大的趋势逐渐平缓，并最终趋于稳定。

2) 均方位移分析

在 70℃条件下，对 NC/Bu-NENA 和 NC/NG 共混体系模型进行 MD 模拟，得到了两种共混体系中增塑剂分子的均方位移，结果如图 2-29 所示。

MSD 反映了模拟体系中分子的空间位置对初始位置的偏离程度，即

$$\text{MSD} = <\left| r_t - r_0 \right|^2> \tag{2-7}$$

式中，r_t 为 t 时刻分子的坐标；r_0 为分子的初始坐标。

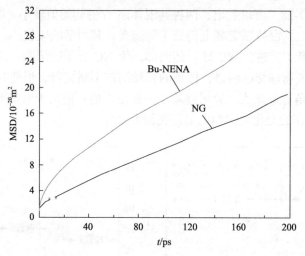

图 2-29　共混体系中 Bu-NENA 和 NG 分子在 70℃下的 MSD

由图 2-29 可知，在 200ps 的模拟时间段内，共混体系中增塑剂分子的 MSD 曲线近似呈直线，其值随模拟时间延长而增大，且 Bu-NENA 分子的 MSD 曲线斜率明显大于 NG 分子。可见，前者的扩散运动能力强于后者。为定量比较 2 种增塑剂分子的扩散运动能力，将 2 条 MSD 曲线进行拟合，得到曲线对时间的斜率，将其代入计算分子扩散系数的 Einstein-Smoluchowski 方程[63]：

$$D = \lim_{t \to \infty} \frac{< \left| r_t - r_0 \right|^2 >}{6t} \qquad (2\text{-}8)$$

得到 Bu-NENA 和 NG 分子在 NC 中的扩散系数分别为 $2.12 \times 10^{-10} \mathrm{m^2 \cdot s^{-1}}$ 和 $1.39 \times 10^{-10} \mathrm{m^2 \cdot s^{-1}}$，前者约为后者的 1.5 倍。

综合实验和模拟结果可知，与 NG 相比，Bu-NENA 分子扩散进入 NC 分子链间的速率较快，进而加快了 NC 的溶塑过程。因此，将 Bu-NENA 应用于推进剂时，应适当调整工艺参数，缩短固化时间。

2. 溶塑产物的力学性能

1) 静态力学性能分析

推进剂依靠增塑剂溶塑 NC 而固化成型，可通过对比其力学性能，分析增塑剂对 NC 的溶塑效果。分别在 -40℃、20℃、50℃条件下，采用单轴拉伸实验得到了 NC/Bu-NENA 和 NC/NG 共混体系溶塑产物的最大拉伸强度 σ_m 和最大伸长率 ε_m，其结果见表 2-17。

表 2-17　共混体系的最大拉伸强度和最大伸长率

共混体系	−40℃		20℃		50℃	
	σ_m/MPa	ε_m/%	σ_m/MPa	ε_m/%	σ_m/MPa	ε_m/%
NC/Bu-NENA	18.41	2.35	14.17	10.76	6.63	54.39
NC/NG	15.31	1.78	12.11	8.08	5.13	36.01

由表 2-17 可知，随温度的升高，2 种溶塑产物的 σ_m 减小而 ε_m 增大，且变化幅度较大。这是由于 NC 为一种刚性高分子材料，其玻璃化转变温度较高，低温时高分子链处于"冻结"状态，外力作用下不易形变，因而，此时溶塑产物的 σ_m 大而 ε_m 小；同时，由于 NC 分子链间无键桥连接，高温时在外力作用下，分子链易发生相对滑移，因而此时溶塑产物的 σ_m 小而 ε_m 大。可见，Bu-NENA 取代 NG 后，温度对溶塑产物力学性能的影响规律并未发生变化。但比较同种温度条件下的数据可知，用 Bu-NENA 取代 NG 后，溶塑产物的低温 ε_m 由 1.78%增大至 2.35%；同时，其高温 σ_m 也由 5.13MPa 增大至 6.63MPa，表明与 NG 相比，Bu-NENA 对 NC 的溶塑效果更好，能在一定程度上改善推进剂的高低温力学性能。

从结构上看，上述 2 种溶塑产物均属于高聚物，其力学性能与 NC 分子链的运动能力密切相关。因此，这就从微观角度揭示了 Bu-NENA 对 NC 溶塑效果较好的原因。

2）自由体积分析

分别在−40℃、20℃、50℃条件下，对 NC/Bu-NENA 和 NC/NG 共混体系模型进行 MD 模拟，得到了 2 种模型的体积分布[图 2-30（a）]，其结果见表 2-18；同时，还计算了单个 Bu-NENA 和 NG 分子的体积[图 2-30（b）]，二者分别为 0.189nm³ 和 0.168nm³。

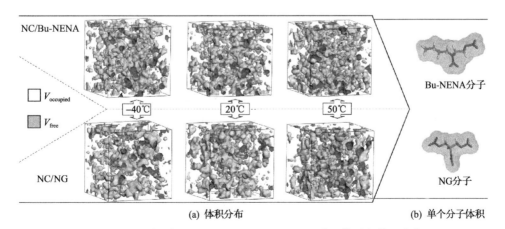

(a) 体积分布　　　　　　　　　　　　　(b) 单个分子体积

图 2-30　不同温度下 NC/Bu-NENA 和 NC/NG 共混体系的体积分布

表 2-18　不同温度下共混体系中分子的占有体积和自由体积

共混体系	−40℃		20℃		50℃	
	$V_{occupied}/nm^3$	V_{free}/nm^3	$V_{occupied}/nm^3$	V_{free}/nm^3	$V_{occupied}/nm^3$	V_{free}/nm^3
NC/Bu-NENA	41.434	6.045	41.773	6.318	41.901	6.853
NC/NG	36.314	4.952	36.409	5.193	36.551	5.853

图 2-30(a)中，浅色部分为 NC 和增塑剂分子的占有体积($V_{occupied}$)，深色部分为分子之间的自由体积(V_{free})。由图 2-30 和表 2-18 可知，在同种温度条件下，由于相对较大的分子体积，Bu-NENA 取代 NG 后，一方面使体系的 $V_{occupied}$ 由 $36nm^3$ 左右增加至 $41nm^3$ 左右；另一方面，也使体系分子间的间隙增大，V_{free} 由 $5nm^3$ 左右增加至 $6nm^3$ 以上。同时，由表 2-18 可知，随温度的升高，体系的 V_{free} 相应增加；且由于分子间的间隙增大，导致部分重叠体积暴露出来，使探针(半径为 0.1nm)所计算的 $V_{occupied}$ 也略有增加。可见，Bu-NENA 取代 NG 后，起到了部分与升高温度相类似的作用，增加了体系的自由体积，使其在受到外力作用时，容纳 NC 分子链链段内旋转、跃迁甚至整链滑移的空间增大，形变量相应增加，这可能是 Bu-NENA 取代 NG 后，溶塑产物 ε_m 增大的原因之一。

3) 径向分布函数分析

除了改变体系的自由体积外，Bu-NENA 取代 NG 后，还必然影响体系内部的分子间作用力，进而影响溶塑产物的力学性能。对于溶塑产物的分子间作用力情况，可通过计算体系内各原子对的径向分布函数[$g(r)$]予以分析。

由于体系的原子种类较多，考虑到篇幅因素，仅选取了 NC、Bu-NENA 和 NG 分子—NO_2 基团的顶端氧原子 O2、O3 和 O4，对它们在 20℃ 条件下与 NC 分子—OH 基团中氧原子 O1 的径向分布函数进行了计算，其结果如图 2-31 所示。

氢键作用力和范德瓦尔斯力的作用范围分别为 0.26～0.31nm 和 0.31～0.50nm。因此，可根据 $g(r)$ 峰的位置和高低判断原子间的作用力类型和强弱。由图 2-31 可知，Bu-NENA 与 NC 分子间的 O1—O3 原子对分别在 0.27nm 和 0.41nm 附近出现氢键作用力和范德瓦尔斯力峰，$g(r)$ 值分别为 0.84 和 0.77；而 NG 与 NC 分子间 O1—O4 原子对的 2 种作用力 $g(r)$ 值分别为 1.05 和 0.85；可见，对于增塑剂与 NC 分子间的作用力而言，NC/NG 共混体系强于 NC/Bu-NENA 共混体系。但对于 NC 分子自身的作用力(O1—O2 原子对)，NC/NG 共混体系则弱于 NC/Bu-NENA 共混体系，氢键作用力和范德瓦尔斯力的 $g(r)$ 值分别为 0.35、0.31 和 0.42、0.38。

文献[64]研究表明，NG 可与 NC 分子形成氢键而替代 NC 分子内的氢键，使 NC 分子内的作用力减弱，进而增强其链段移动性。因此，根据上述径向分布函数模拟结果可知，相对于 NG，Bu-NENA 与 NC 分子间的作用力较弱，一定程度上增强了 NC 分子自身的作用力，而降低了其链段移动性，因而使溶塑产物形变

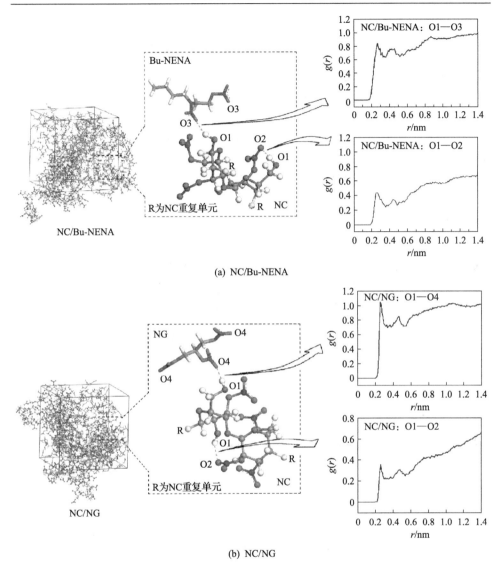

(a) NC/Bu-NENA

(b) NC/NG

图 2-31　共混体系中各原子对径向分布函数

时需要的外力增大，这可能是 NC/Bu-NENA 共混体系溶塑产物 ε_m 比 NC/NG 共混体系溶塑产物大的原因之一。

2.3.7　NC/PEG 体系

交联改性双基(XLDB，又称 EMCDB)推进剂是在复合改性双基推进剂的基础上，使用 PEG 等热固性黏结剂部分取代 NC，并与交联剂反应使大分子链间形成网络结构，由此所形成的一类力学性能优良的推进剂。XLDB 推进剂的黏结剂包括 PEG 和 NC，前者固化及后者塑化形成的化学和物理交联网络使推进剂具有良好的高、低温力学性能，因此关于 PEG 的固化反应、NC 的塑化及其对推进剂力学性能的影响是该领域的研究重点[65-67]。但这些工作仅局限于改善力学性能的实际应用研究，而对于影响推进剂力学性能的基础理论方面，尤其是黏结剂体系的微观结构和 NC 与 PEG 分子间的相互作用等微观机理方面，限于实验手段的不足，尚未进行深入研究。因此，本节以 NC/PEG 共混体系为切入点，采用实验和模拟相结合的方法研究 NC 与 PEG 的相互作用及其共混体系的微观结构，从而为提高 XLDB 推进剂的力学性能提供一定的理论依据和参考。

1. NC 与 PEG 分子间的相互作用

若共混体系各组分分子间存在相互作用，则红外谱图的某些特征频率会发生位移，且分子间的相互作用可通过计算体系内原子对的径向分布函数 $g(r)$ 予以反映[68]。因此，为了解共混体系中 NC 与 PEG 分子间的相互作用，对 NC、PEG 及其共混体系胶片进行了红外光谱分析，结果如图 2-32 所示；同时通过分子动力学模拟得到了共混体系模型中 NC 与 PEG 分子间的径向分布函数，结果如图 2-33 所示。

考虑到涉及的数据较多，图 2-32 仅给出了红外图谱中吸收强度较大的特征峰，图 2-33 仅给出了共混体系模型中 NC 分子—OH 基团中氧原子 O1 与 PEG 分子醚链氧原子 O2 之间的径向分布函数。由图 2-33 可知，O1—O2 原子对的径向分布函数曲线分别在 0.28nm 和 0.45nm 附近出现两个强弱不一的峰，表明 NC 与 PEG 共混后，二者之间形成了 O1—H…O2 形式的氢键，同时还存在范德瓦尔斯力。这两种作用力均能减弱 NC 分子内部—NO_2 基团与—OH 基团之间的作用力，导致—NO_2 基团中原子产生共轭效应或诱导效应，其电子分布或电子云密度发生变化，化学键的力常数改变，使共混体系—NO_2 基团在 1500～1700cm^{-1} 区域的反对称伸缩振动谱带（Ⅱ）、1200～1300cm^{-1} 区域的对称伸缩振动谱带（Ⅲ）的特征频率与 NC 纯物质相比分别向低、高波数移动。

由图 2-32 可知，PEG 与 NC 共有的某些特征频率也同样发生了位移，但分析这些特征频率发生位移的原因时，除了考虑分子间的相互作用因素外，还应考虑当同类特征峰叠合时，因吸收强度相对贡献的变化而引起的频率位移。如 2800～3000cm^{-1} 区域的 C—H 键伸缩振动谱带（Ⅰ），共混体系的特征频率 2885cm^{-1} 介于 NC（2920cm^{-1}）和 PEG（2859cm^{-1}）之间，这种频率位移就归因于同类特征峰的叠合。但对于 1000～1100cm^{-1} 区域的 C—O—C 键不对称伸缩振动谱带（Ⅳ）和 800～900cm^{-1} 区域的 C—O 键伸缩振动谱带（Ⅴ），共混体系的两个特征频率（1098cm^{-1}

和 841cm^{-1}) 并没有介于 NC (1059cm^{-1} 和 822cm^{-1}) 和 PEG (1094cm^{-1} 和 838cm^{-1}) 之间, 而是向高波数移动。这就排除了同类特征峰叠合的因素, 表明共混后各组分的相应基团产生了共轭效应或诱导效应, 其原因同样是 NC 与 PEG 分子间产生的相互作用。

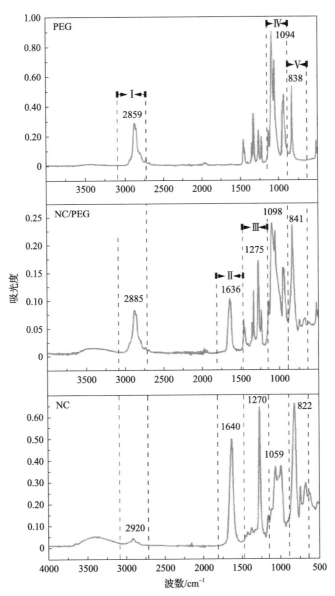

图 2-32　NC、PEG 和 NC/PEG 共混体系的红外谱图

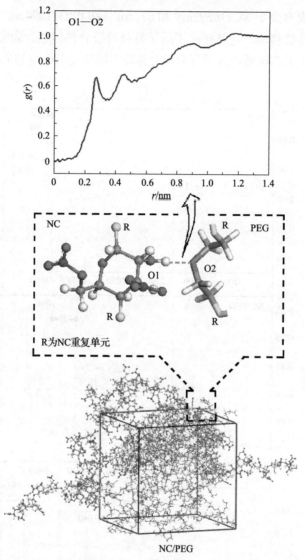

图 2-33　NC/PEG 共混体系模型中原子对的径向分布函数

2. NC/PEG 共混体系的微观结构

为得到介观动力学模拟所需的两个参数 N_{Mes} 和 χ，分别由分子动力学模拟和定量结构性质关系方法(quantitative structure property relationship, QSFR)，计算了纯物质的高分子链重复单元个数(N)、极限特征比(C_∞)、单体摩尔体积(V_{mon})和溶度参数(δ)，结果如表 2-19 所示。

表 2-19　模拟所得 NC 和 PEG 的性质

参数	NC	PEG
N	40	10
C_∞	5.15	4.98
$V_{mon}/(nm^3 \cdot mol^{-1})$	167.28	41.25
$\delta/(J \cdot cm^{-3})^{1/2}$	19.71	21.13

将表 2-19 中数据分别代入式(2-9)和式(2-10)，计算 N_{Mes} 和 χ：

$$N_{Mes} = N / C_\infty \qquad (2-9)$$

$$\chi = V_{mon}(\delta_{NC} - \delta_{PEG})^2 \qquad (2-10)$$

式中，V_{mon} 取 NC 和 PEG 单体摩尔体积的平均值。计算得到 NC 和 PEG 的 N_{Mes} 分别为 8 和 2，χ 为 210.24J·mol^{-1}。

将 NC 和 PEG 分子链分别用 8 个和 2 个珠子表示，两种珠子间的相互作用参数设为 210.24J·mol^{-1}，进行 1000μs 的介观动力学模拟，得到 NC/PEG 共混体系的介观形貌和等密度图，如图 2-34 所示，其还列出了 NC、PEG 及其共混体系胶片形貌结构的偏光显微镜及共混体系的介观形貌。

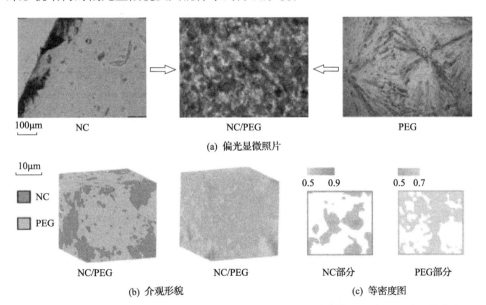

图 2-34　NC、PEG 和 NC/PEG 共混体系的偏光显微照片及共混体系的介观形貌和等密度图

由图 2-34(a)可知，由于 NC 和 PEG 结晶的能力不同，两种纯物质的形貌结构存在很大的差异。NC 为天然高分子纤维酯化反应的产物，结构上同时存在微

观和宏观不均匀分布的问题，而且其分子链为刚性结构，柔顺性差，链段难以排列规整，因此 NC 胶片中观察不到晶体的存在。PEG 分子柔顺性好，结构规整、高度对称且没有支链，因此极易结晶，在纯物质胶片中形成几乎完整的球晶；而且与 NC 共混后，虽然 PEG 的晶核生长受到抑制，但仍形成大量形状不规则的碎晶，相对均匀地分散在共混体系胶片中，呈现"海—岛"式结构。由图 2-34(b)可知，共混体系中两相各自团聚、融合，发生了一定程度的同相归并，使其形貌特征同样呈现"海—岛"式结构。由此可见，虽然介观动力学模拟的尺度(nm 级)与偏光显微实验(μm 级)相差较大，但相同比例下二者的形貌特征基本相同，模拟结果与实验结果间具有很高的相似度。此外，NC 与 PEG 间的相界面较为模糊，且两相互相贯穿、缠绕，表明两种物质间的相容性良好，存在较强的相互作用。图 2-34(c)为共混体系的介观等密度图，为便于比较，用深色和浅色分别表示 NC 相和 PEG 相的密度分布；同时从内部取出了两种单相的等密度切片(xy 切面)。可以看出，与 PEG 相比，NC 相的密度分布范围相对较大(分别为 0.5～0.7 和 0.5～0.9)，其原因可能是 NC 的链结构较长，局部出现折叠。相比之下，PEG 相的密度分布范围较小，表明其分布较为均匀，规整度较好，这有利于 PEG 的结晶。

上述研究结果表明，模拟结果与实验结果具有较高的一致性，可见本节采用的模拟方法对于研究此类体系的分子间相互作用和微观结构具有较好的有效性和准确度，可为实验结果的机理分析，甚至体系结构性能的先期预测提供支持。

2.3.8　HTPE/不同增塑剂体系

钝感弹药是目前弹药技术发展的一个重要方向，其具有低易损性的特点，能提高武器系统在使用和储存过程中的安全性。目前，国际上研制的低易损性推进剂主要有钝感聚醚推进剂和钝感端羟基聚丁二烯推进剂，但是它们都不能完全满足 MIL STD 2105C 钝感技术要求[69]。HTPE 是为了改善弹药的钝感特性而研制的一种新型的端羟基嵌段聚醚黏结剂，具有密度大、含氧量高、低温力学性能好等特点。以 HTPE 为黏结剂的推进剂能通过所有低易损性实验的检验，能满足战术导弹各项性能要求[70]。因此，发展 HTPE 为黏结剂的弹药配方设计具有重要意义。对于 HTPE 与 DEP、DBP 和 DOS 三种增塑剂的共混物，由于HTPE 分子中含有大量的醚键，其能与增塑剂分子上的氢形成较多的氢键，因此探讨 HTPE 与增塑剂相容性的分子动力学评价方法以及两组分间的相互作用具有理论意义和实用价值。

本节采用 MD 方法对 HTPE 和增塑剂体系的结合能、径向分布函数、溶度参数及玻璃化转变温度进行了模拟计算，通过关联相容性与径向分布函数及结合能预测了 DEP、DBP 和 DOS 三种增塑剂与 HTPE 的相容性的优劣，研究了 HTPE与增塑剂相容性的分子动力学评价方法。其结果可以为预测含强氢键的聚合物/

增塑剂体系的相容性提供参考，也可以为固体推进剂和高聚物黏结炸药的配方设计提供理论指导。

1. HTPE 与增塑剂相容性的理论

从热力学角度来看，相容性就是黏结剂和增塑剂分子之间的相互溶解性，是指两种组分形成均相体系的能力。若两种高分子聚合物可以任意比例形成分子水平均匀的均相体系，则是完全相容。若两种高分子聚合物仅在一定的组成范围内才能形成稳定的均相体系，则是部分相容。研究共混物相容性的理论判据有溶度参数、径向分布函数、稀溶液黏度法和玻璃化转变温度等，相容性优劣也通常用分子间的结合能来表征。

2. 相容性的结合能

相容性的本质是各组分的分子间相互作用，因此共混物的相容性优劣可以用各组分间的结合能进行度量。结合能是表征共混体系组分间相互作用强度的特征参数，对共混体系的力学性能有着重要影响。混合体系的结合能越大，组分之间相互作用就越大，混合体系越稳定，相容性越好[71]。以 298K、101kPa 下各体系稳定构型的总能量进行分子间相互作用能计算，结合能 (E_{bind}) 为相互作用能的负值，即 $E_{bind}=-E_{inter}$，则 HTPE 与增塑剂的平均结合能 (E_{bind}) 为

$$E_{bind}=-E_{inter}=-[E_{HTPE/plasticizer}-(E_{HTPE}+E_{plasticizer})] \tag{2-11}$$

式中，$E_{HTPE/plasticizer}$ 为 HTPE 与增塑剂在平衡结构下的总能量；E_{HTPE} 为平衡结构下去掉增塑剂求得的单点能；$E_{plasticizer}$ 为平衡结构下去掉 HTPE 求得的单点能。

表 2-20 给出了 HTPE 与增塑剂的相互作用能，同时给出了单位物质的量的结合能 (E_{bind}) 和单位质量的结合能 (E'_{bind})。其中，$E'_{bind}=E_{bind}/(m_1m_2)$，$m_1$ 和 m_2 分别是子体系 1 和 2 的质量，结合能是容量性质，要比较其大小，必须换算成单位质量才有意义。根据 E'_{bind} 大小可以预测 HTPE 与增塑剂相容性优劣顺序依次为：[HTPE/DBP]＞[HTPE/DOS]＞[HTPE/DEP]。

表 2-20 HTPE 分子与增塑剂分子的结合能

体系	$E_{HTPE/plasticizer}/(kJ \cdot mol^{-1})$	$E_{HTPE}/(kJ \cdot mol^{-1})$	$E_{plasticizer}/(kJ \cdot mol^{-1})$	$E_{bind}/(kJ \cdot mol^{-1})$	$E'_{bind}/(kJ \cdot g^{-1})$
HTPE/DBP	162.67	97.22	290.61	225.16	0.33
HTPE/DOS	−268.48	−7.46	38.30	299.32	0.31
HTPE/DEP	116.82	42.27	256.18	181.63	0.28

虽然结合能并不能作为共混物能否相容的充分判据，但是通过比较共混体系之间的结合能可以预测相容性的优劣。在含能材料配方设计中可以采用分子动力

学模拟预测材料的性能，减少冗余实验，提高效率，从而降低成本。

3. 相容性的径向分布函数及溶度参数分析

径向分布函数 $g(r)$ 表示在一个分子周围距离为 r 的地方出现另一个分子的概率密度相对于随机分布概率密度的比值。为了揭示 HTPE 和增塑剂分子之间相互作用的方式，对共混体系轨迹文件进行了径向分布函数 $g(r)$ 分析。图 2-35 分别给出了平衡结构下共混物中 HTPE 与增塑剂的分子间径向分布函数，通常氢键作用范围为 2.6~3.1Å，范德瓦尔斯作用范围为 3.1~5.0Å，大于 5.0Å 后范德瓦尔斯作用很微弱。根据 $g(r)$ 图中的 r 值和峰高，可辨别原子间是否存在相互作用及其方式和强弱，若共混物的径向分布函数值比纯物质的径向分布函数值高，说明共混物中的一个分子周围出现不同分子的概率大于出现同一种分子的概率，即两种不同的分子是相容的。

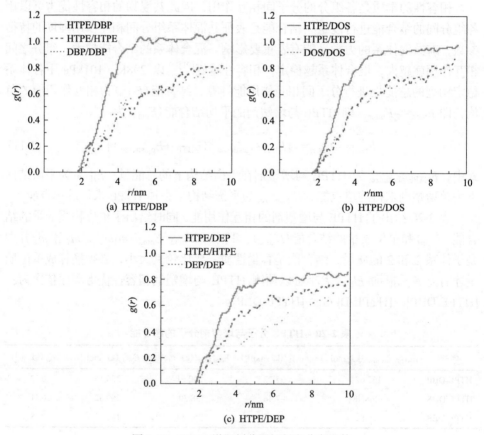

图 2-35　HTPE/增塑剂分子间径向分布函数

由图 2-35 可见，三种共混物的径向分布函数（HTPE/DBP、HTPE/DOS、

HTPE/DEP）均高于纯物质自身的径向分布函数（HTPE/HTPE、DBP/DBP、DOS/DOS、DEP/DEP），表明 HTPE 和 DBP、DOS、DEP 都相容。共混物的径向分布函数值越大，说明"在一个分子周围距离为 r 的地方出现另一个分子的概率密度相对于随机分布概率密度的比值"越高，意味着二者的混溶性（即相容性）越好。由图 2-35 所示，根据共混物的径向分布函数大小可以预测相容性优劣依次为：[HTPE/DBP]＞[HTPE/DOS]＞[HTPE/DEP]，这与结合能的预测结果一致。

溶度参数（δ）是预测高分子混合物之间相容性的较为简单的一种方法，对于一般的高分子体系，两种材料的 $\Delta\delta$ 只要满足 $|\Delta\delta|<1.3(\text{J}\cdot\text{cm}^{-3})^{1/2}$，两者就相容[72]，表 2-21 给出了纯物质的分子动力学计算结果和实验结果，说明通过采用本分子动力学方法的计算值和实验值吻合较好。$|\Delta\delta|_{\text{HTPE/DBP}}=1.55$，$|\Delta\delta|_{\text{HTPE/DOS}}=3.75$，$|\Delta\delta|_{\text{HTPE/DEP}}=1.77$，若根据溶度参数相近相容的原则判断，则 HTPE/DBP、HTPE/DEP 共混物为相容体系，而 HTPE/DOS 共混物属于不相容体系，这一结果与实验结果和分子动力学计算结果均不一致。

表 2-21　HTPE 及增塑剂的溶度参数　　　　　　[单位：$(\text{J}\cdot\text{mol}^{-3})^{1/2}$]

溶度参数	HTPE	DBP	DOS	DEP
δ/MD	20.48	18.93	16.73	18.71
$\delta/_{\text{exp}}$[30]	—	19.03	17.63	—

图 2-36 给出了无定形模型在平衡结构下共混物中存在的氢键，图 2-37 给出了 HTPE 中的 O 原子与增塑剂的 H 原子之间的径向分布函数（HTPE/DOS），可以看出，HTPE 中 O 与增塑剂中 H 同时出现在 2.75Å 附近的概率较大，表明该两类原子间存在较强的氢键作用。氢键的存在也说明两种聚合物有较好的相容性。溶度参数理论只考虑到分子间色散力的影响，而忽略了偶极力和氢键作用，可见溶度参数判定规律不适用于混合物间具有较强氢键的体系。

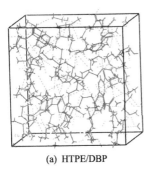 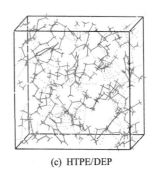

(a) HTPE/DBP　　　　　　(b) HTPE/DOS　　　　　　(c) HTPE/DEP

图 2-36　HTPE/DBP、HTPE/DOS 和 HTPE/DEP 的无定形分子模型

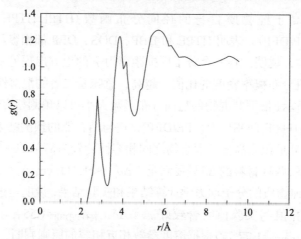

图 2-37　HTPE(O)/DOS(H) 的径向分布函数

4. HTPE/增塑剂的玻璃化转变温度预测

高分子共混物的玻璃化转变温度(T_g)与两组分的混合程度有直接关系，如果共混物完全相容，体系只有 1 个 T_g，如果体系完全不相容，则表现出多个与纯组分对应的 T_g，如果体系部分相容，则不同组分的 T_g 相互靠近，相容性越好，靠近的程度越大[73]。

根据自由体积理论，在 T_g 之前，高分子的自由体积随温度的改变是非常小的，但在玻璃化转变处却有一个突变，可以通过测量自由体积随温度变化曲线上的拐点获得 T_g。本节通过 NPT 分子动力学模拟计算了一定温度范围的比容，然后对在低温度范围和高温度范围的数据点进行线性拟合分别得到两条直线，两条直线交点的横坐标即为 T_g。如图 2-38 所示，HTPE/DBP、HTPE/DOS、HTPE/DEP 的 T_g 为分别为 176.30K、168.82K、178.33K，在玻璃化转变区域只有一个拐点，表明 HTPE 与三种增塑剂具有良好的相容性，这一结论与采用结合能分析、径向分布函数判别以及实验结果均一致，进一步证明了采用分子动力学模拟含氢键体系的相容性的可行性。并且共混物的 T_g 比纯 HTPE 都有所下降，表明在 HTPE 中添加小分子增塑剂后能减弱 HTPE 分子间的相互作用，使链段内旋转势垒降低，活动性增加，从而导致 T_g 下降。

2.3.9　CL-20/含能黏结剂体系

为实现武器系统的高效毁伤，可以采用先进的战斗部设计和新型特种材料，但是更为直接有效的技术途径是采用更高能量的装药，因此高能量密度化合物的合成与应用研究受到世界各国的高度重视[74]。CL-20 的能量输出比 HMX 高 10%～15%，以其为基(主体炸药)添加少量高聚物黏结剂，形成的高聚物黏结炸药是最

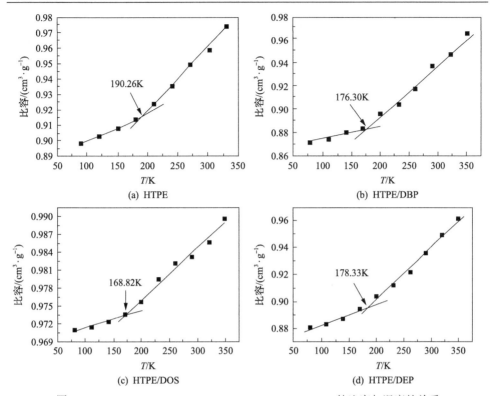

图 2-38　HTPE、HTPE/DBP、HTPE/DOS、HTPE/DEP 的比容与温度的关系

有应用前景的高能量密度材料之一。含能黏结剂已经广泛应用于炸药、推进剂及发射药中，其在提高能量水平的同时可以降低危险等级，提高使用的安全性。目前，炸药配方的设计及确定还主要依赖于实验，主要有以下缺点：实验周期长、实验费用高、难以预测配方性能、存在安全问题。运用分子动力学模拟高聚物黏结炸药及其组分的结构和性能有助于指导其配方设计[75]。

本节构建了不同软硬段比例（AMMO：BAMO）的含能高聚物及其与 ε-CL-20/含能黏结剂的 PBX 体系，对含能黏结剂以及 ε-CL-20/含能黏结剂复合体系进行分子动力学模拟，对其性能进行分析和比较，以期为含能黏结剂黏结 ε-CL-20 混合炸药的配方设计提供理论指导和设计思路。

1. 含能黏结剂与 ε-CL-20 的相互作用及相容性

PAMMO 及 PBAMO 是两种较为常见的含能黏结剂，PAMMO-g-PBAMO 的含能黏结剂由 PBAMO 的硬段及 PAMMO 的软段通过与扩链剂反应得到，由于其良好的能量性质及力学性能，在发射药和推进剂中得到了广泛的应用。

表 2-22 列出了 ε-CL-20 与不同软硬段比例黏结剂分子之间的结合能，可以发现四个体系的结合能排序为：[ε-CL-20/PBAMO(9)-g-PAMMO(2)]＞[ε-CL-20/

PBAMO(5)-g-PAMMO(7)]＞[ε-CL-20/PAMMO(17)]＞[ε-CL-20/PBAMO(12)]，除了 ε-CL-20/PBAMO(12)外，其余三个体系的结合能均为正值。结合能的大小决定了高聚物与 ε-CL-20 晶体作用的强度，结合能越大，作用强度越大。吸附能为正值表明吸附稳定；吸附能为负表明聚合物与晶体的吸附不稳定、可逆，存在着吸附与解吸附现象。PBAMO 与 ε-CL-20 的结合能之所以为负值，可能是因为 PBAMO 的分子链中的 BAMO 结构单元具有两个强极性、大体积的叠氮甲基，空间位阻较大，使分子链的柔顺性受到影响，不易在 ε-CL-20 晶体中较好地铺展以发生分子间相互作用。四个体系中 PBAMO(9)-g-PAMMO(2)与 ε-CL-20 晶体的结合能最大，这是因为在 PBAMO 分子链上引入少量的 PAMMO 分子，可改善分子链的柔顺性，使得整个分子链可以变形和运动，易于与 ε-CL-20 晶体接触并发生相互作用。

表 2-22　ε-CL-20 与黏结剂分子之间的结合能　　　（单位：kJ·mol^{-1}）

样品		E_{total}	$E_{polymer}$	E_{CL-20}	E_{inter}	E_{bind}
ε-CL-20/PBAMO(12)	E	−21201.00	−474.22	−22133.10	1406.32	−1406.32
	范德瓦尔斯力	−2675.20	−11.66	−4193.92	1530.38	−1530.38
	静电相互作用力	−19404.19	−1102.56	−18262.30	−39.38	39.38
ε-CL-20/PBAMO(9)-g-PAMMO(2)	E	−25070.09	−764.90	−23704.40	−600.79	600.79
	范德瓦尔斯力	−4328.47	89.54	−3950.35	−467.66	467.66
	静电相互作用力	−19588.40	−1304.37	−18239.30	44.73	−44.73
ε-CL-20/PBAMO(5)-g-PAMMO(7)	E	−24904.27	−517.90	−23904.50	−481.87	481.87
	范德瓦尔斯力	−4405.64	125.78	−4201.23	−330.19	330.18
	静电相互作用力	−19248.90	−993.80	−18193.50	−61.60	61.60
ε-CL-20/PAMMO(17)	E	−24026.85	224.68	−23872.90	−378.63	378.63
	范德瓦尔斯力	−4011.92	32.02	−3791.09	−252.85	252.85
	静电相互作用力	−18573.50	−240.77	−18298.40	−34.33	34.33

对于 PBXs 而言，高聚物黏结剂是惰性成分，一般不会使主体炸药发生化学变化，故它们之间只有物理相容性，物理相容性的好坏与主体炸药和黏结剂之间的相互作用有关。结合能(E_{bind})越大，表明形成的 PBX 越稳定，主体炸药和黏结剂之间的彼此相容性越好。因此，从模拟结果可以看出四种含能黏结剂与 ε-CL-20 的相容性排序为：[ε-CL-20/PBAMO(9)-g-PAMMO(2)]＞[ε-CL-20/PBAMO(5)-g-PAMMO(7)]＞[ε-CL-20/PAMMO(17)]＞[ε-CL-20/PBAMO(12)]。

表 2-22 中列出了范德瓦尔斯力及静电相互作用对各部分能量的贡献，图 2-39 为范德瓦尔斯力对体系结合能的贡献与黏结剂链中 BAMO 摩尔分数的关系图。可以看出，随着黏结剂链中 BAMO 摩尔分数的增加，范德瓦尔斯力对 ε-CL-20 与黏结

之间的结合能贡献越大。PAMMO 分子的范德瓦尔斯力对结合能的贡献为 64.6%，PBAMO 分子的范德瓦尔斯力对结合能的贡献接近 100%，表明四个体系的结合能主要是由黏结剂与 ε-CL-20 晶体之间的范德瓦尔斯力作用引起的，BAMO 结构单元基本全靠范德瓦尔斯力与 ε-CL-20 晶体发生相互作用，AMMO 结构单元与 ε-CL-20 晶体之间的相互作用则以范德瓦尔斯力为主，还有少量的静电相互作用力等其他力。

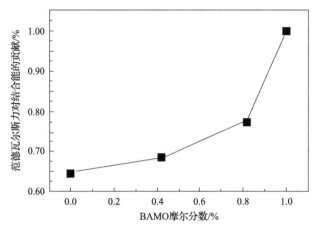

图 2-39　范德瓦尔斯力对结合能的贡献与黏结剂链中 BAMO 摩尔分数的关系

2. ε-CL-20/含能黏结剂复合体系的力学性能

表 2-23 为密度接近体系理论密度的 ε-CL-20/含能黏结剂复合体系的平衡结构经过力学性能模拟得到的弹性系数，表中未列入的弹性系数的数值等于或者接近于 0。材料的应力是应变的线性组合，其线性组合系数为应变各方向应力分量——弹性系数 $C_{ij}(i,j=1\sim 6)$ 的矩阵，原则上材料的所有力学性能均可从它的弹性系数矩阵中得到。通过对弹性系数 $C_{ij}(i,j=1\sim 6)$ 进行计算，得到拉梅系数 λ 和 μ[计算方法为：$\lambda=1/3(C_{11}+C_{22}+C_{33})-2/3(C_{44}+C_{55}+C_{66})$，$\mu=1/3(C_{44}+C_{55}+C_{66})$]，材料在拉伸、剪切和压缩情况下应力与应变的比值，即拉伸模量 E、剪切模量 G 和体积模量 K，以及泊松比 ν。由于应变能的存在，有 $C_{ij}=C_{ji}$，即矩阵对称，因此对于极端各向异性体，只有 21 个独立的弹性系数。随着物体对称性的提高，独立的弹性系数减少，对于各向同性体，只有两个独立的弹性系数 C_{11} 和 C_{12}。

从表 2-23 可以看出，ε-CL-20 的三组弹性系数 C_{11}、C_{33}、C_{44}、C_{66}，C_{12}、C_{13}；ε-CL-20/含能黏结剂体系的三组弹性系数 C_{22}、C_{33}，C_{44}、C_{55}、C_{66}，C_{12}、C_{13} 的组内弹性系数都很接近。与 ε-CL-20 相比，三组 ε-CL-20/含能黏结剂复合体系的弹性系数及模量都发生了不同程度的下降，表明含能黏结剂的加入均能够减弱 ε-CL-20 的刚性，而使其塑性增强，在不同的受力情况下更易发生弹性形变。五个体系拉伸模量及剪切模量的排序为：[ε-CL-20] > [ε-CL-20/PBAMO(5)-g-PAMMO(7)] >

[ε-CL-20/PBAMO(12)]>[ε-CL-20/PBAMO(9)-g-PAMMO(2)]>[ε-CL-20/PAMMO(17)]。相对于其他三个 ε-CL-20/含能黏结剂复合体系，ε-CL-20/PAMMO 体系的弹性系数、模量值最小，这是由于相对于 PBAMO，PAMMO 分子链较为柔顺、刚性小，加入 ε-CL-20 中可以使得整个体系的塑性增强。

表 2-23　ε-CL-20/含能黏结剂的弹性系数和模量

参数	ε-CL-20	ε-CL-20/PBAMO (12)	ε-CL-20/PBAMO(9)-g -PAMMO(2)	ε-CL-20/PBAMO(5)-g -PAMMO(7)	ε-CL-20/PAMMO (17)
C_{11}/GPa	71.88	1.03	−1.62	1.07	0.22
C_{22}/GPa	54.93	46.26	49.85	47.40	43.85
C_{33}/GPa	70.30	42.64	36.15	43.43	46.20
C_{44}/GPa	12.62	5.86	4.20	3.97	5.19
C_{55}/GPa	−4.85	5.06	4.59	5.84	0.056
C_{66}/GPa	11.90	5.84	7.12	8.16	6.93
C_{12}/GPa	23.66	15.09	15.98	16.89	15.64
C_{13}/GPa	30.07	17.19	16.52	16.50	16.90
C_{23}/GPa	43.69	31.56	31.62	31.33	33.65
E/GPa	18.95	15.51	14.59	18.65	11.55
K/GPa	56.96	29.20	21.05	16.51	24.68
G/GPa	6.56	5.60	5.30	5.99	4.06
ν	0.44	0.39	0.38	0.38	0.42
$(C_{12}-C_{44})$/GPa	11.03	9.23	11.78	12.92	10.44

从表 2-23 中还可知，ε-CL-20 及 ε-CL-20/含能黏结剂复合体系的 $C_{12}-C_{44}$ 值都大于零，表现为韧性，其中 PBAMO 及 PAMMO 两种均聚物的加入并不能有效地改善 ε-CL-20 的延展性，相比而言，ε-CL-20/PBAMO(9)-g-PAMMO(2)、ε-CL-20/PBAMO(5)-g-PAMMO(7)两个体系的 $C_{12}-C_{44}$ 值比其他几个体系较大。因此，含能热塑性弹性体的加入改善了 ε-CL-20 的力学性能，使其延展性增强。

从力学性能的分析可以看出，相比于 BAMO、AMMO 的两种均聚物，具有一定软硬段比例的含能热塑性聚氨酯弹性体(ETPE)并不等同于相同分子量 PBAMO 和 PAMMO 的物理混合，含能热塑性弹性体具有均聚物所不具有的一些力学性能。

3. 含能黏结剂的能量性能

由基团加和法计算 ETPE 的生成焓与实际符合较好，能较好地预测热塑性弹性体的生成焓。因此，决定采用 Van Krevelen 和 Chemin 基团估算法对含能黏结剂的生成焓进行评估[76]，不同基团对聚合物分子生成焓的贡献见表 2-24。

表 2-24   不同基团对聚合物分子的生成焓的贡献

基团	$\triangle H_f^{\ominus}/(kJ \cdot mol^{-1})$	基团	$\triangle H_f^{\ominus}/(kJ \cdot mol^{-1})$
—CH$_3$	−46	⬡	−3
—CH$_2$—	−22	—N$_3$	+356
$-\overset{\vert}{\underset{\vert}{C}}-$	+20	$-\overset{\parallel}{C}-$	−132
$-\overset{O}{\overset{\parallel}{C}}-O-$	−337	⬡	100
—O—	+58	—ONO$_2$	−88
$-\overset{H_2}{\underset{\vert}{C}}$	−132	$-\overset{H}{\underset{\vert}{C}}$	+58

因为不同的实验方法合成的聚合物分子量可能有差别，所以这里用单位质量物质的生成焓来描述和比较物质生成焓的大小。图 2-40 为不同软硬段比例含能黏结剂的生成焓，可以看出，生成焓的排序为：[PBAMO(12)]＞[PBAMO(9)-g-PAMMO(2)]＞[PBAMO(5)-g-PAMMO(7)]＞[PAMMO(17)]。随着高分子链中BAMO 含量的增加，单位质量含能黏结剂的生成焓逐渐增加。这是因为 BAMO中含有两个叠氮基团，AMMO 只有一个叠氮基团，叠氮基团对生成焓的贡献很大（为+356kJ·mol^{-1}），多出的一个叠氮基团能显著提升体系的能量。

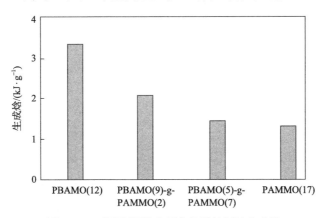

图 2-40   不同软硬段比例含能黏结剂的生成焓

硝基类化合物由于硝基的生成焓为负值，最终导致以其为软段的 ETPE 的生成焓为负值。单从能量角度考虑，在设计含能热塑性弹性体时，最好选用叠氮类化合物为软段。BAMMO、AMMO 的嵌段共聚物在能量方面还是相当有优势的，软硬段都含有对生成焓的贡献很大的叠氮基团。

另外，可以发现 PBAMO 的分子链中的 BAMO 结构单元具有两个强极性、大体积的叠氮甲基与 ε-CL-20 的物理相容性不好；力学性能的模拟中 PAMMO 分子链较为柔顺、刚性小，加入 ε-CL-20 中可以使得整个体系的塑性增强。但是，BAMO 含有两个叠氮基团能显著提升体系的能量。因此，含能黏结剂存在着能量性能和力学性能及其他性能无法综合平衡的困难，具体应用时可根据应用对象的要求进行选择。

2.3.10　PPESK/ε-CL-20 复合体系

含氮杂环的高分子聚合物大多具有优异的综合性能，如突出的力学性能、优异的热稳定性和化学稳定性、高强度和高模量，其通常用于耐高温材料和纤维中。PPESK 具有二氮杂萘酮(DHPZ)的氮杂环结构，继承了 DHPZ 的全芳环、扭曲、非共面结构，从而具有耐高温、可溶解的特点。因此，可以利用 PPESK 良好的溶解性、优异的耐热性能，再通过在 PPESK 上引入官能团对其进行改性以改善其与炸药分子的相容性，提高两组分界面相互作用，使 PPESK 可很好地适用于炸药体系。但是，目前 PPESK 的配方设计主要依赖于实验，这在很大程度上制约了其研发进程。计算机模拟可大幅度缩短产品的研发周期，使用分子动力学方法模拟 PBX 组分结构和性能将有助于指导其配方设计。并且 CL-20 是一种具有高能量密度及特殊笼型结构的新型多环硝胺类化合物，是目前公认的能量最高的单质炸药。已知其 4 种晶型中 ε-CL-20 最稳定，且密度和爆轰性能好，但感度和成本等限制了其应用范围。通过添加少量高聚物黏结剂来制备以 CL-20 为基的高聚物黏结炸药(PBX)可显著改善 CL-20 的工艺性能和安全性能，已引起研究者的广泛关注[77-79]。

因此，本节在 DHPZ 结构中引入叠氮基和氨基，设计了一种新型的 PPESK，构建了改性 PPESK 的无定形晶胞并对其性能进行了 MD 模拟，构建了 PPESK/ε-CL-20 的 PBX 体系并进行 MD 模拟，研究并分析了该复合体系的力学性能、结合能和热相容性，为 ε-CL-20 混合炸药的配方设计提供了新的设计思路和理论参考。

1. 新型 PPESK 聚合物晶体的密度和玻璃化转变温度

在 PPESK 中引入氨基和叠氮基来改善其能量密度以及其与炸药分子间的作用力，从而使其能更好地适用于混合炸药体系。对改性 PPESK 进行模拟计算，得到其密度，并通过绘制不同温度下体积(V)、自由体积(FV)和均方位移(MSD)变化曲线，获得其玻璃化转变温度，如图 2-41 所示。可以看出，体积-温度曲线的线性最好，有明显玻璃态转折点；自由体积-温度曲线次之，但在玻璃化转变温度之后其变化基本没有线性关系。因此，可以认为通过体积所得的玻璃化转变温度较为准确。

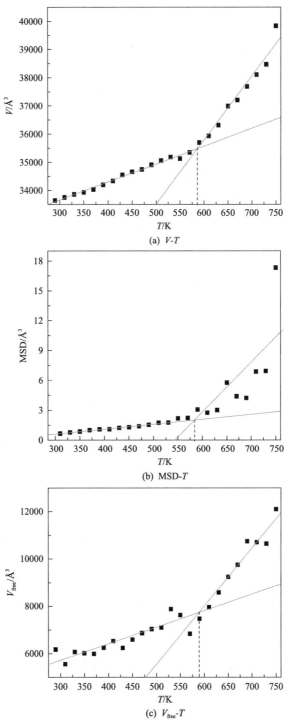

(a) V-T

(b) MSD-T

(c) V_{free}-T

图 2-41　PPESK 性能与温度关系图

通过 3 种方法得到的 PPESK 的玻璃化转变温度见表 2-25。

表 2-25　　新型 PPESK 的密度与玻璃化转变温度

结果	$\rho/(\text{g}\cdot\text{cm}^{-3})$	T_g/K		
		V	MSD	V_{free}
计算值	1.318	586.3	583.1	589.4
文献值[80-82]	1.350	557.0	557.0	557.0

从表 2-25 可以看出，所得 PPESK 的玻璃化转变温度为 583.1～589.4K，较文献中未引入官能团的 PPESK 值略大 26～32K，这主要是由于氨基的引入，PPESK 中氢键增多，因此其玻璃化转变温度升高。因此，该方法计算的玻璃化转变温度结果较为可信。引入官能团应会导致密度升高，但模拟所得 PPESK 的密度略低于文献值，这可能是由于官能团的引入，导致高分子链空间位阻增大。

2. PPESK 相容性及结合能

内聚能密度和溶度参数是判断两组分之间相容性的一个重要指标，根据相似相溶原则，溶度参数值越接近，表明两组分之间相容性越好。计算可得 ε-CL-20 与 PPESK 的内聚能密度分别为 817.2J·cm^{-3}、402.8J·cm^{-3}，溶度参数分别为 28.583$(\text{J}\cdot\text{cm}^{-3})^{1/2}$、20.071$(\text{J}\cdot\text{cm}^{-3})^{1/2}$，溶度参数差值 $\Delta\delta$ 为 8.512$(\text{J}\cdot\text{cm}^{-3})^{1/2}$，根据相似相溶原理[83,84]，两者在熔融 ε-CL-20 中具有一定的可混合性。4 种 PPESK/ε-CL-20 复合体系沿不同晶面的结合能及其分量见表 2-26。

表 2-26　　PPESK/ε-CL-20 复合体系沿不同晶面的结合能及其分量

$(h\,k\,l)$	能量类型	$E_{\text{CL-20}}/(\text{kJ}\cdot\text{mol}^{-1})$	$E_{\text{modifier}}/(\text{kJ}\cdot\text{mol}^{-1})$	$E_{\text{PBX}}/(\text{kJ}\cdot\text{mol}^{-1})$	$E_{\text{inter}}/(\text{kJ}\cdot\text{mol}^{-1})$	$E_{\text{bind}}/(\text{kJ}\cdot\text{mol}^{-1})$
(0 1 1)	总能量	−177329.43	2721.71	−196065.17	−21457.46	21457.46
(0 1 1)	范德瓦尔斯力	−1403.27	627.30	−3379.37	−2604.39	2604.39
(0 1 1)	静电相互作用力	−197031.64	2299.39	−197862.88	−3130.63	3130.63
(1 1 0)	总能量	−197276.58	2799.63	−195890.25	−1413.30	1413.30
(1 1 0)	范德瓦尔斯力	−2816.34	2633.95	−3280.19	−1094.08	1094.08
(1 1 0)	静电相互作用力	−199468.47	2318.41	−198076.85	−926.80	926.80
(1 0 $\bar{1}$)	总能量	−197578.77	2773.48	−196334.82	−1529.52	1529.52
(1 0 $\bar{1}$)	范德瓦尔斯力	−2740.16	622.20	−3530.40	−1413.24	1413.24
(1 0 $\bar{1}$)	静电相互作用力	−199801.07	2332.21	−198106.22	−638.19	638.19
(0 0 2)	总能量	−178831.66	2268.99	−186869.90	−10298.61	10298.61
(0 0 2)	范德瓦尔斯力	−2000.45	572.75	309.89	1117.81	−1117.81
(0 0 2)	静电相互作用力	−19777.86	1976.60	−198364.00	−2572.64	2572.64

注：$E_{\text{CL-20}}$、E_{modifier} 和 E_{PBX} 分别为 CL-20、PPESK 和混合体系平衡构型的单点能；E_{inter} 为聚合物与 ε-CL-20 的分子间作用力；E_{bind} 为聚合物与 ε-CL-20 的结合能。

由表 2-26 可以看出,PPESK 在 ε-CL-20 的 4 个主要生长面上结合能的大小依次为:$[(0\,1\,1)]>[(0\,0\,2)]>[(1\,0\,\overline{1})]>[(1\,1\,0)]$,而且在生长面 $(0\,1\,1)$ 和 $(0\,0\,2)$ 上结合能明显高于生长面 $(1\,0\,\overline{1})$ 和 $(1\,1\,0)$ 上的结合能一个数量级,所以 PPESK 与 ε-CL-20$(0\,1\,1)$ 和 $(0\,0\,2)$ 生长面构成的界面模型最为稳定,另外,前两者占 ε-CL-20 生长面的 49.2%,表明 PPESK 与 ε-CL-20 的相容性较好。

3. PPESK/ε-CL-20 复合体系的力学性能

PPESK/ε-CL-20 复合体系的弹性常数和力学性能相关参数见表 2-27。可以看出,与 ε-CL-20 相比,4 种 PBX 的弹性系数均出现大幅度减小,弹性模量(E)、体积模量(K)、剪切模量(G)也较 ε-CL-20 明显下降,表明体系的塑性增强,刚性减弱,在不同外力作用下更易发生形变。4 组体系的 3 种模量[除$(1\,0\,\overline{1})$生长面 PBX 的弹性模量外]大小依次为:$[(0\,0\,2)]>[(0\,1\,1)]>[(1\,0\,\overline{1})]>[(1\,1\,0)]$,体系的力学性能得到明显改善。另外,4 组 PBX 的 K/G 值和柯西压值都为正,表明其都呈现为韧性。其中,$(1\,1\,0)$ 和 $(1\,0\,\overline{1})$ 生长面的界面晶体模型的 K/G 值和柯西压值较 ε-CL-20 有较大幅度增加,即延展性增加,表明 PPESK 的加入在一定程度上改善了 ε-CL-20 晶体的延展性。

表 2-27　PPESK/ε-CL-20 复合体系沿不同晶面的弹性常数和力学性能参数

参数	ε-CL-20	PPESK/ε-CL-20 复合体系			
		$(0\,1\,1)$	$(1\,1\,0)$	$(1\,0\,\overline{1})$	$(0\,0\,2)$
C_{11}/GPa	18.956	9.285	2.159	3.599	10.811
C_{22}/GPa	17.612	4.644	3.602	2.578	12.547
C_{33}/GPa	26.664	3.731	0.909	4.540	3.062
C_{44}/GPa	4.261	−0.012	−0.593	−0.870	2.087
C_{55}/GPa	5.074	1.187	2.171	−0.486	0.806
C_{66}/GPa	7.449	2.104	−0.460	2.586	5.542
C_{12}/GPa	6.994	1.188	3.602	9.821	5.049
C_{13}/GPa	5.222	1.152	10.194	2.489	1.096
C_{15}/GPa	0.119	−0.105	2.271	0.712	−0.728
C_{23}/GPa	0.190	4.321	1.443	4.864	−0.439
C_{25}/GPa	−0.236	0.234	−0.318	2.903	−0.389
C_{35}/GPa	4.668	1.002	1.063	−1.326	−0.822
C_{46}/GPa	−1.816	0.177	−1.078	0.689	−0.891
E/GPa	13.657	3.030	1.222	1.177	7.115
K/GPa	12.830	4.430	2.503	3.025	5.058
G/GPa	5.481	1.093	0.373	0.410	2.811
ν	0.314	0.386	0.429	0.435	0.266
K/G	2.341	4.053	6.710	7.378	1.799
$(C_{12}-C_{44})$/GPa	2.302	1.200	4.195	10.691	2.962

2.3.11　含氟聚合物包覆铝粉体系

铝粉作为高能燃料广泛用于火炸药配方，其氧化还原反应所释放的大量热可显著提高火箭弹的毁伤威力和射程。普通铝粉反应活性低，将铝粉细化及纳米化，利用超细材料的表面效应可以提高炸药的做功能力，改善其燃烧性能。超细铝粉由于比表面积大和表面能高，极易在储存过程中老化，使其固有性能不能得到充分发挥，因此，必须对其进行表面保护，或进行包覆处理，防止纳米金属粉的氧化和团聚。采用高聚物对铝粉进行包覆，具有包覆均匀致密、易形成包覆膜、易表征等优点，聚合物可以有效包覆超细铝粉并阻止其氧化或减缓其氧化速率[85-88]。本节对含氟聚合物/Al_2O_3复合体系在 COMPASS 力场下进行分子动力学计算，并研究了 O_2 在不同含氟聚合物中的扩散，为超细铝粉的包覆研究提供借鉴。

1. 含氟聚合物在铝粉表面的吸附

根据不同聚合物/氧化铝复合体系的结合能(表 2-28)，发现 3 种含氟聚合物体系的结合能排序为：$[Al_2O_3\text{-}F_{2603}] > [Al_2O_3\text{-}F_{2311}] > [Al_2O_3\text{-}F_{2462}]$。结合能的大小决定了含氟聚合物与 Al_2O_3 (0 1 1)晶面作用的强度，结合能越大，作用强度越大。结合能为正值表明吸附稳定；结合能为负值表明聚合物与晶体的吸附不稳定，存在着吸附与解吸附现象。由表 2-28 可看出，3 种含氟聚合物的结合能均为正值，表明其在 Al_2O_3 (0 1 1)晶面均能被稳定地吸附，其中，F_{2603} 的吸附强度最大。

表 2-28　Al_2O_3 (0 1 1)晶面与聚合物分子之间的结合能

样品	能量	E_{total}/($10^5 kJ \cdot mol^{-1}$)	$E_{polymer}$/($10^5 kJ \cdot mol^{-1}$)	$E_{Al_2O_3}$/($kJ \cdot mol^{-1}$)	E_{bind}/($kJ \cdot mol^{-1}$)	C/%
	E	−11.140	−1.108	−4108.94	1798.24	—
Al_2O_3-F_{2311}	E_{vdW}	−9.567	−9.569	348.32	103.62	5.76
	$E_{electrostatic}$	−1.550	−1.512	−519.76	1635.01	90.92
	E	−10.160	−10.040	−7862.12	3817.38	—
Al_2O_3-F_{2603}	E_{vdW}	−8.523	−8.525	356.93	134.22	3.52
	$E_{electrostatic}$	−1.592	−1.510	−4621.28	3603.62	94.40
	E	−9.994	−9.910	−7354.00	1047.21	—
Al_2O_3-F_{2462}	E_{vdW}	−8.516	−8.518	230.39	68.14	6.52
	$E_{electrostatic}$	−1.442	−1.391	−4204.24	939.45	89.71
	E	−9.892	−9.888	2644.14	2976.95	—
Al_2O_3-PS	E_{vdW}	−8.451	−8.455	551.30	104.46	3.51
	$E_{electrostatic}$	−1.457	−1.430	47.99	2723.56	91.49

注：E_{total} 是平衡结构求得的单点能；$E_{Al_2O_3}$ 为去掉高分子链计算的 Al_2O_3 单点能；$E_{polymer}$ 为去掉 Al_2O_3 分子计算的高聚物单点能；E 为每个结构的总能量；E_{vdW} 为由范德瓦尔斯作用得到的能量；$E_{electrostatic}$ 为由静电相互作用得到的能量；C 为每种能量对结合能的贡献。

为了验证计算结果的可靠性,计算了 PS 在 Al_2O_3 表面的吸附,结果显示 PS 与 Al_2O_3(0 1 1)晶面的结合能为 $2976.95kJ \cdot mol^{-1}$,远大于 0,能较为稳定地吸附在 Al_2O_3(0 1 1)晶面,结果与实际符合较好[89,90]。

从表 2-28 还可以看出,静电作用力对 F_{2311}、F_{2603} 及 F_{2462} 与 Al_2O_3(0 1 1)晶面结合能的贡献远高于范德瓦尔斯力,表明在含氟聚合物与 Al_2O_3(0 1 1)晶面的作用过程中,静电作用占主导地位,除了静电相互作用外,还有少量的范德瓦尔斯力等其他作用力。

2. 表面活性剂对含氟聚合物包覆铝粉的影响

文献[91]指出,在聚合物对 Al 粉进行包覆前,采用表面活性剂对 Al 粉进行预处理,不仅能增加 Al 粉的稳定性,使其不发生凝聚,改善 Al 粉表面的亲油特性,而且还能影响聚合物在 Al 粉表面的吸附量。通过计算表面活性剂(SDBS)在 Al_2O_3(0 1 1)晶面的吸附以及不同含氟聚合物与 SDBS 的相互作用,并与含氟聚合物/Al_2O_3(0 1 1)晶面体系进行比较,研究了 SDBS 与 3 种含氟聚合物对 Al_2O_3(0 1 1)晶面吸附的影响。

表 2-29 为 Al_2O_3(0 1 1)晶面与 SDBS 分子之间的结合能,1 个、2 个、3 个 SDBS 分子与 Al_2O_3(0 1 1)晶面的结合能分别为 $3977.94kJ \cdot mol^{-1}$、$8032.41kJ \cdot mol^{-1}$ 及 $11443.88kJ \cdot mol^{-1}$,随着 Al_2O_3(0 1 1)晶面上 SDBS 分子个数的增加,二者之间的结合能呈正比例关系增加。因此,SDBS 与 Al_2O_3 之间相互作用的强弱与 SDBS 的浓度相关。SDBS 与 Al_2O_3(0 1 1)晶面的结合能要显著大于含氟聚合物与 Al_2O_3(0 1 1)晶面的结合能,表明 SDBS 与 Al_2O_3(0 1 1)晶面的作用强度大于含氟聚合物与 Al_2O_3(0 1 1)晶面的作用强度。SDBS 与 Al_2O_3(0 1 1)晶面主要依靠静电作用力发生作用,静电作用对结合能的贡献达 96% 以上,二者之间的作用力除了静电作用外,还有极少量的范德瓦尔斯力等其他作用力。

表 2-29　Al_2O_3(0 1 1)晶面与 SDBS 分子之间的结合能

样品	能量	$E_{total}/(10^5 kJ \cdot mol^{-1})$	$E_{Al2O3}/(10^5 kJ \cdot mol^{-1})$	$E_{SDBS}/(kJ \cdot mol^{-1})$	$E_{bind}/(kJ \cdot mol^{-1})$	$C/\%$
	E	−11.560	−11.520	244.57	3977.94	—
Al_2O_3/SDBS	E_{vdW}	−9.766	−9.765	6.94	67.42	1.69
	$E_{electrostatic}$	−1.789	−1.751	129.37	3892.54	97.85
	E	−10.450	−10.380	554.10	8032.41	—
Al_2O_3/SDBS(2)	E_{vdW}	−8.698	−8.696	67.09	232.78	2.90
	$E_{electrostatic}$	−1.753	−1.678	275.09	7764.06	96.66
	E	−10.200	−10.090	792.11	11443.88	—
Al_2O_3/SDBS(3)	E_{vdW}	−8.319	−8.316	64.29	286.00	2.50
	$E_{electrostatic}$	−1.878	−1.771	434.51	11102.92	97.0

注: E_{SDBS} 为去掉 Al_2O_3 分子计算的 SDBS 的单点能。

　　表 2-30 为含氟聚合物与 SDBS 分子之间的结合能，F_{2311}、F_{2603} 及 F_{2462} 与 SDBS 的结合能相当，分别为 1217.55kJ·mol^{-1}、1243.05kJ·mol^{-1}、1338.06kJ·mol^{-1}。F_{2311}-SDBS、F_{2603}-SDBS 及 F_{2462}-SDBS 体系静电相互作用力对结合能的贡献分别为 64.88%、73.02%、74.10%。与不同含氟聚合物 Al_2O_3 体系相比，含氟聚合物 SDBS 分子之间的结合能相对较小，且静电作用对结合能的贡献大大降低。

表 2-30　含氟聚合物与 SDBS 分子之间的结合能

样品	能量	E_{total}/(kJ·mol^{-1})	$E_{polymer}$/(kJ·mol^{-1})	E_{SDBS}/(kJ·mol^{-1})	E_{bind}/(kJ·mol^{-1})	C/%
	E	−9502.81	−8791.63	507.79	1217.55	
F_{2311}-SDBS	E_{vdW}	55.13	270.82	173.60	−42.09	
	$E_{electrostatic}$	−5290.92	−4527.48	26.50	789.94	64.88
	E	−17520.59	−16784.96	507.41	1243.05	
F_{2603}-SDBS	E_{vdW}	43.64	236.59	106.34	−86.61	
	$E_{electrostatic}$	−10537.28	−9693.80	64.20	907.69	73.02
	E	−16107.46	−15315.81	546.41	1338.06	
F_{2462}-SDBS	E_{vdW}	8.69	222.50	97.56	−116.25	
	$E_{electrostatic}$	−9444.63	−8546.01	92.88	991.50	74.10

　　虽然 SDBS 与 Al_2O_3 (0 1 1) 晶面的结合能显著大于含氟聚合物与 Al_2O_3 (0 1 1) 晶面的结合能，但是，SDBS 与含氟聚合物之间的结合能小于含氟聚合物与 Al_2O_3 (0 1 1) 晶面的结合能。因此，SDBS 的加入并不能有效增强含氟聚合物与 Al 粉的包覆强度，而只能降低超细 Al 粉颗粒的表面能。而且加入的 SDBS 要适量，量少不足以降低表面能，量多会降低最终包覆 Al 粉的有效活性。

　　3. O_2 在含氟聚合物中的扩散速率

　　图 2-42 为 O_2 在不同构型的三种含氟聚合物膜中的均方位移随时间(t)变化曲线，可以看出，O_2 分子在不同构型的同一含氟聚合物中的扩散速率存在差异，聚合物的构型对 O_2 在其膜中的扩散速率有一定的影响。另外，O_2 在不同种类的含氟聚合物膜中的扩散速率也有区别，但是，除 F_{2311}(A) 及 F_{2462}(C) 外，O_2 在其他聚合物膜中的扩散速率相差不大。

　　图 2-43 为 O_2 在不同数量 F_{2311} 分子链中的 MSD-t 曲线。可以看出，随着体系中 F_{2311} 子链个数的增加，O_2 在聚合物膜中的扩散速率下降，表明 Al 粉表面含氟聚合物膜包覆厚度的增加可以有效减缓 O_2 分子的扩散。

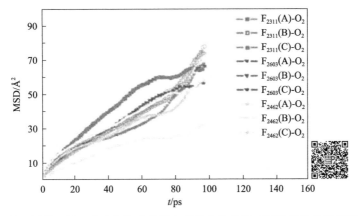

图 2-42　O_2 在不同构型的三种含氟聚合物膜中的均方位移随时间的变化曲线（彩图扫二维码）

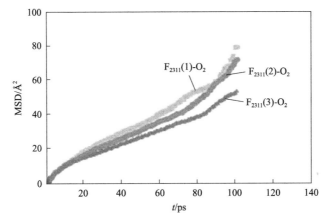

图 2-43　不同数量 F_{2311} 分子链中 O_2 的均方位移随时间的变化曲线

图 2-44 为不同聚合度和不同温度下 O_2 在 F_{2311} 中的均方位移随时间的变化曲线。

由图 2-44（a）可看出，随着聚合度的增加，O_2 在 F_{2311} 中的扩散速率下降。含氟聚合物在不同聚合度时，其内部结构不同，这势必会影响气体分子在其内部的扩散，随着聚合度的增加，氧气在 F_{2311} 内的扩散系数减小。F_{2311} 分子链长增加，链段运动相对较难，形成气体分子跳跃通道的时间增长，跳跃通道存在的时间减少，气体的跳跃运动频率随之降低，因此，O_2 分子的扩散系数减小，导致 O_2 在 F_{2311} 中的扩散系数降低，高聚合度的 F_{2311} 可以有效地抑制氧气在其内部的扩散。这与文献[92]模拟氧气在聚丙烯内吸附和扩散变化趋势基本一致，证明了模拟方法的可靠性。

由图 2-44（b）中可以看出，随着温度的升高，氧分子的均方位移总体趋势增大，同时也说明氧分子扩散变快。究其原因，一方面是因为 F_{2311} 分子链运动因温度的升高而加剧，链段活动频繁，气体扩散所需的空穴间的通道形成的时间变短，

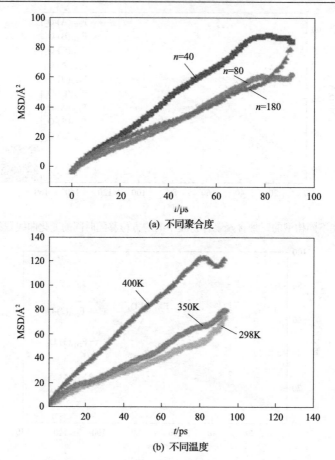

(a) 不同聚合度

(b) 不同温度

图 2-44　不同聚合度和不同温度下 O_2 在 F_{2311} 中的均方位移随时间的变化曲线

存在的时间变长，气体分子在空穴的跳跃频率增大；另一方面，气体的吸附量随着温度的升高而降低，自身碰撞的概率减少，有利于在空穴间的跳跃，两方面共同作用导致氧气的扩散随着温度的升高而加快。

值得注意的是，本模型只能比较包覆厚度均匀、Al 粉粒子被完全包覆的理想状态下 O_2 在含氟聚合物膜中的扩散速率情况，不能比较不同包覆率、包覆厚度不均匀情况下 O_2 在含氟聚合物膜中的扩散情况。

2.3.12　PEG 与铝颗粒体系

PEG 作为 NEPE 推进剂的黏合剂，其含量(质量分数 6%～8%)虽然很低，但却对推进剂的力学性能起着至关重要的作用，故其作为 NEPE 推进剂的黏合剂在国内外得到广泛应用[93-95]。在微观结构上 AP 和 Al 颗粒呈分散相分布，PEG 黏合剂为连续相，固体颗粒与黏合剂的黏结状况是影响固体推进剂力学性能的关键因

素。当推进剂受到一定载荷作用时，容易出现"脱湿"现象，这对推进剂的力学
性能、燃烧性能和储存性能十分不利，对黏合状况起决定作用的是黏合剂连续相
与固体颗粒填料之间的界面行为。本节以 PEG 为黏结剂，以铝粉为固体颗粒，通
过分子力学和分子动力学模拟计算了 PEG/Al 颗粒包覆体系的力学性能和结合能。

1. PEG/Al 体系的平衡

PEG/Al 体系的平衡一般有 2 种判断途径：一是温度平衡；二是能量平衡。程
序输出结果中，仅给出瞬时温度及瞬时能量变化曲线。事实上，体系在 MD 模拟
时可给出如平均温度、瞬时温度、平均总能量、平均势能、平均非键能、瞬时总
能量、瞬时势能和瞬时非键能等曲线，由任一温度和能量曲线的组合均可判断体
系平衡与否。图 2-45 给出了 PEG/Al 在 298K 下相应的平衡总能量和温度的控制
曲线，经 20 万步 MD 模拟后的体系已达到平衡。

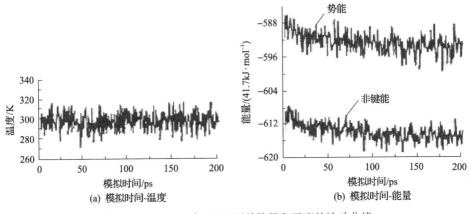

图 2-45　PEG/Al 在 298K 下总能量和温度的波动曲线

2. PEG/Al 球型包覆体系的力学性能

力学性能的分析是在 PEG/Al 球型包覆体系经过 200ps 的 MD 模拟后进行的。
广义胡克定律指出，材料的应力是应变的线性组合，线性组合系数是 6×6 的弹性
系数矩阵，其逆矩阵被称为柔量矩阵。原则上讲，材料的所有力学性能均可从它
的弹性系数矩阵得到。对于各向同性材料，仅用 2 个拉梅系数即可求出杨氏(即拉
伸)模量、泊松比、剪切模量和体积模量等力学性能。对于各向异性的材料，弹性
系数矩阵较为复杂。具有 1 个对称面的弹性材料，通常具有 13 个弹性系数；具有
2 个对称面的弹性材料，通常具有 9 个弹性系数；具有 1 个对称轴的弹性材料，
通常具有 5 个弹性系数。一般的各向异性体，弹性系数矩阵应包括 21 个对称的弹
性系数。

如下矩阵为 PEG/Al 球型包覆体系在温度为 298K 时的弹性系数(GPa)，可看出其有很多数据系数均趋于零，已无实际意义，只有主对角线上的 6 个数据和其他不趋于 0 的数据对分析静力学性能已经足够。

$$
\begin{bmatrix}
3.806 & 1.297 & 0.355 & 0.763 & 0.225 & 0.022 \\
1.297 & 4.524 & 0.240 & 0.955 & 0.0035 & 0.102 \\
0.353 & 0.241 & 1.902 & -0.127 & 0.384 & 0.154 \\
0.758 & 0.954 & -0.128 & 1.346 & -0.111 & 0.042 \\
0.223 & -0.002 & 0.385 & -0.114 & 0.408 & -0.045 \\
0.024 & 0.106 & 0.157 & 0.044 & -0.045 & 0.586
\end{bmatrix}
$$

矩阵中给出了 PEG/Al 球型包覆体系的弹性系数，弹性系数 C_{ij} 是表征晶体对外力的一种反映能力。作为判断物质的延展性、脆性的标准，可以采用柯西压(C_{12}–C_{44})。一般来讲，对于延展性的材料，其 C_{12}–C_{44} 为正值；与此相反，对于脆性材料，则其 C_{12}–C_{44} 为负值。由上面矩阵可以看出 C_{12}–C_{44}=1.408，为正值，可见延展性较好。

文献[96]中得出 PEG 的拉伸模量、泊松比、体积弹性模量和剪切模量分别为 3.9GPa、0.3、3.5GPa、1.5GPa，可见加入铝颗粒对 PEG 的拉伸模量和剪切模量影响不是很大，而泊松比和体积弹性模量则减小了很多，铝的不可压缩性导致了该结果的产生。表 2-31 中给出了 PEG/Al 球型包覆体系的力学性能，包括拉伸模量、泊松比、体积弹性模量、剪切模量及拉梅系数等。由于塑料的泊松比一般小于 0.2，可见 PEG/Al 球型包覆体系具备某些塑料的特性。

表 2-31　PEG/Al 球型包覆体系的力学性能

E/GPa	ν	K/GPa	G/GPa	拉梅系数/GPa
3.214	0.156	1.557	1.390	0.631

3. 结合能的计算

某温度下的结合能，等于该温度下平衡结构的总能量减去除掉高分子链后该结构的能量，再减去高分子链在相同构型下的能量所得结果的负值，模拟取所收集的平衡轨迹中的后十帧能量的平均值作为结果，可使用下面方程计算相互作用能。

$$E_1 = -[E_T - (E_S + E_P)] \tag{2-12}$$

式中，E_1 为 PEG 在 Al 晶体表面的平均相互作用能；E_T 为表面和聚合物的总能量；E_S 为除去聚合物后 Al 表面的平均单点能量；E_P 为除去表面后聚合物的能量。定义结合能(E_{bind})为相互作用能的负值，即

$$E_{bind} = -E_1 \qquad (2-13)$$

通过计算得出 PEG/Al 的总能量 $E_T = -23667.51 \text{kJ} \cdot \text{mol}^{-1}$，PEG 的能量 $E_P = -22\,118.81 \text{kJ} \cdot \text{mol}^{-1}$，Al 的能量 $E_S = -85.06 \text{kJ} \cdot \text{mol}^{-1}$，求得其结合能 $E_{bind} = -(E_T - E_S - E_P) = 1463.64 \text{kJ} \cdot \text{mol}^{-1}$。由上述数据可看出，对于 NEPE 推进剂中，聚合物 PEG 分子内部能量要远远小于 Al 粉能量和结合能，较容易出现内部分子链断裂，而黏结剂 PEG 与燃烧剂 Al 粉界面则不易出现脱湿情况，这对 NEPE 推进剂脱湿问题的进一步研究提供了一定的理论基础。

2.4　介观动力学模拟

近年来，随着计算机模拟技术的飞速发展，介观动力学模拟方法已成为研究者运用的重要方法，可从介观水平上获取黏合剂体系的介观形貌、组分间的相互作用和相分离等信息，从而揭示材料性能的本质[97,98]。从结构方面讲，含能增塑剂与 NC 组成的黏合剂体系可视作高分子溶液，其稳定存在需要一定条件，增塑剂种类、含量和温度等因素的变化会导致黏合剂体系相结构的改变，甚至发生影响材料性能的相分离现象。但目前很难通过实验方法准确把握黏合剂体系的相结构，以及阐明黏合剂体系各组分相演变的动态过程。另外，随着人们对武器平台生存能力的关注和需求越来越高，低易损性火炸药的概念应运而生，其中低易损性推进剂技术是低易损性火炸药技术发展的内容之一。因此，寻求并应用含能钝感增塑剂替代改性双基推进剂的敏感增塑剂组分 NG 已成为该类推进剂满足低易损性要求的关键。DIANP 和 Bu-NENA 感度低、能量高、热稳定性好、凝固点低且燃烧气体分子量小，对 NC 的塑化速率和效果比 NG 更好，BDNPF 和 BDNPA 以质量比为 1∶1 的混合物 BDNPF/A 能够克服单体熔点较高的缺点，同样对 NC 具有更好的增塑作用，可提高推进剂的力学性能并改善其燃烧性能[99-101]。

本节运用介观动力学模拟方法对比研究了 DIANP、Bu-NENA、BDNPF/A 和 NG 与 NC 共混体系的相结构、演变过程及影响因素，以期为 DIANP、Bu-NENA 和 BDNPF/A 在改性双基推进剂中的推广应用提供参考。

2.4.1　NC/增塑剂体系相互作用参数

在介观动力学模拟中，为表征体系的化学性质，首先需要确定体系组分之间的相互作用参数 ($v^{-1}\varepsilon_{IJ}$)。而为了得到 NC 与增塑剂之间的 $v^{-1}\varepsilon_{IJ}$，需有分子动力学模拟计算纯物质的溶度参数 (δ) 和单体摩尔体积 (V_{mon}) 等参数。经分子动力学模拟所得纯物质的密度 (ρ)、内聚能密度 (CED)、δ 和 V_{mon} 见表 2-32。

表 2-32　模拟所得 NC 和增塑剂的理化性质

单质	$\rho/(\mathrm{g\cdot cm^{-3}})$		$\delta_{\mathrm{MD}}/(\mathrm{J\cdot cm^{-3}})^{1/2}$		$CED/(\mathrm{J\cdot cm^{-3}})$	$V_{\mathrm{mon}}/(\mathrm{cm^3\cdot mol^{-1}})$
	模拟值	实验值	模拟值	实验值		
NC	1.59	1.67	19.71	20.56[102]	388.48	167.28
DIANP	1.27	1.33[101]	22.29	22.29[103]	496.84	157.87
Bu-NENA	1.17	1.22[104]	20.45	—	418.20	177.40
BDNPF/A	1.31	1.39[104]	23.58	—	363.28	249.88
NG	1.62	1.59[104]	24.83	—	616.53	140.37

注：NC 的 V_{mon} 为重复单元的摩尔体积。

由表 2-32 可知，分子动力学模拟所得密度和溶度参数与实验值吻合较好，表明分子动力学模拟准确性较好，模拟结果可用于后续计算分析。将表 2-32 中数据分别代入计算 Flory-Huggins 相互作用参数（χ）的公式[105]：

$$\chi = V_{\mathrm{mon}}(\delta_{\mathrm{NC}} - \delta_{\mathrm{plasticizer}})^2 / (RT) \tag{2-14}$$

式中，V_{mon} 取 NC 和增塑剂 V_{mon} 的平均值；R 为摩尔气体常量；T 为热力学温度。

求得 χ 后乘以 RT 即为介观动力学模拟输入的 $v^{-1}\varepsilon_{\mathrm{IJ}}$，计算得到 NC 与 DIANP、Bu-NENA、BDNPF/A 和 NG 之间的 $v^{-1}\varepsilon_{\mathrm{IJ}}$ 分别为：1082.94J·mol^{-1}、3124J·mol^{-1} 和 4032J·mol^{-1}。

2.4.2　分子的高斯链结构

除上述相互作用参数外，介观动力学模拟中另一个重要参数为表示各个重复单元的高斯链，即将 NC 分子链模型粗粒化为高斯链结构模型。在高斯链结构模型中，每个球状高斯链段（珠子）代表原有分子结构中的若干个基团，且具有相同的体积；而高斯链段的个数（即珠子个数，N_{Mes}）与高分子链重复单元个数（N）和高分子链极限特征比（C_∞）间存在以下关系：

$$N_{\mathrm{Mes}} = N / C_\infty \tag{2-15}$$

本节中 NC 分子链的重复单元为 40 个，采用定量结构性质关系（quantitative structure property relationship，QSPR）方法可计算得到 NC 分子链的 C_∞ 为 5.15。通过式(2-15)计算得出可用 8 个珠子代替 NC 分子链，如图 2-46 所示。

高斯链的长度（L_{Mes}）与高斯链段（珠子）长度（L_{mon}）和 C_∞ 间存在以下关系：

$$L_{\mathrm{Mes}} = L_{\mathrm{mon}} \times C_\infty \tag{2-16}$$

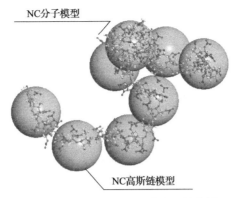

图 2-46　NC 分子链模型和高斯链结构模型

采用 QSPR 计算得到 L_{Mes} 为 18.59nm，通过式(2-16)可计算 NC 高斯链的珠子长度为 3.61nm。根据表 2-32 中 V_{mon} 可得到单个增塑剂分子的体积($V_{plasticizer}$)，V_{DIANP}、$V_{Bu-NENA}$、$V_{BDNPF/A}$ 和 V_{NG} 分别为 0.26nm^3、0.29nm^3、0.41nm^3 和 0.23nm^3。假定单个增塑剂分子为球体，通过球体积公式 $V=4\pi r^3/3$(r 为半径)可计算得到单个增塑剂分子的直径($d_{plasticizer}$)，d_{DIANP}、$d_{Bu-NENA}$、$d_{BDNPF/A}$ 和 d_{NG} 分别为 0.79nm、0.82nm、0.92nm 和 0.76nm，再除以 NC 高斯链的珠子长度值 3.61nm，可得到单个增塑剂分子球体相当于 NC 高斯链珠子的数量($N_{plasticizer}$)，N_{DIANP}、$N_{Bu-NENA}$、$N_{BDNPF/A}$ 和 N_{NG} 分别为 0.22、0.23、0.25 和 0.21，即 DIANP、Bu-NENA、BDNPF/A 和 NG 单个分子球体分别相当于 0.22、0.23、0.25 和 0.21 个 NC 高斯链的珠子。故可将 4 个 Bu-NENA 或 BDNPF/A 分子用 1 个珠子代替，51 个 DIANP 或 NG 分子用 1 个珠子代替。

2.4.3　增塑剂种类对体系相结构的影响

将上述 NC 与增塑剂的相互作用参数和高斯链结构数据输入 MesoDyn 模块，在 NC/增塑剂的质量配比为 50/50 和 20℃条件下，计算得到 NC/增塑剂共混体系的有序度参数(P)和介观形貌，如图 2-47(a)所示。

NC/增塑剂共混体系某组分的有序度参数 P 定义为某组分局部密度平方与体系密度平方差的体积平均值：

$$P=\frac{1}{v}\int_{V_S}[\theta_i^2(r)-\theta_{i,0}^2]\mathrm{d}r \tag{2-17}$$

式中，$\theta_{i,0}$ 为组分 i 处于均一状态时的无量纲密度；$\theta_i(r)$ 为组分 i 在距离为 r 处的无量纲密度；V_S 为体积；P 为体系中某组分偏离均相分布的差异程度，反映了体系的相分离程度，数值越大，表明体系相分离程度越大，混溶性越差。

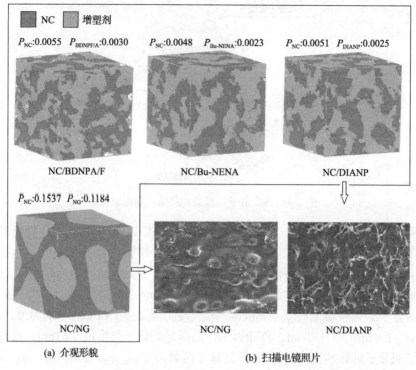

图 2-47　NC/增塑剂共混体系的有序度参数、介观形貌和扫描电镜照片

由图 2-47(a)可知，NC/NG 共混体系中 NC 和 NG 的 P 值分别为 0.1537 和 0.1184，而其他 3 种共混体系中 NC 和增塑剂的 P 值分别为 0.0051、0.0048、0.0055 和 0.0025、0.0023、0.0030，均接近于零，表明与 NG 相比，DIANP、Bu-NENA 和 BDNPF/A 与 NG 的混溶性较好，它们与 NC 共混后体系的熵较小，共混体系没有明显的相分离产生。4 种共混体系的介观形貌中，深灰色表示 NC 相，浅灰色表示增塑剂相，NC/NG 共混体系中两相界面清晰，NC 和 NG 相存在各自团聚、融合的现象，发生了同相归并(相分离)；而另外 3 种共混体系中增塑剂均匀分散在 NC 相中，且两相没有发生明显的相分离，而是互相贯穿、缠绕，界面模糊，形成典型的"海-岛"式分布结构。

图 2-47(b)为 4 种共混体系混溶产物微观形貌的扫描电镜照片，其中 NC/Bu-NENA 和 NC/BDNPF/A 共混体系与 NC/DIANP 共混体系混溶产物微观形貌类似，故图中略去 NC/Bu-NENA 和 NC/BDNPF/A 共混体系的照片。由图 2-47(b)可知，与 NG 相比，其他 3 种增塑剂与 NC 的混溶效果更好，因而混溶产物的微观形貌照片上基本观察不到 NC 球形药的轮廓。相比之下，NC/NG 共混体系的混溶产物存在明显的球形药轮廓，与周围界限分明，表明 NG 与 NC 的混溶效果相对较差。因此，根据 4 种共混体系介观形貌和微观结构照片的差异情况，也可以

直观地得到在 NC 与增塑剂的质量配比为 50/50,温度为 20℃下,DIANP、Bu-NENA
和 BDNPF/A 与 NC 的混溶性比 NG 更好。

2.4.4　增塑剂含量对体系相结构的影响

在实际工作中,需要根据工艺和配方性能调节增塑剂的含量。为研究增塑剂
含量变化对体系相结构的影响,在 20℃下,将 NC/增塑剂的质量配比调整为 70/30、
60/40、50/50、40/60 和 30/70,输入 MesoDyn 模块进行计算,得到 NC/增塑剂共
混体系的 P 值和介观形貌,如图 2-48 所示。

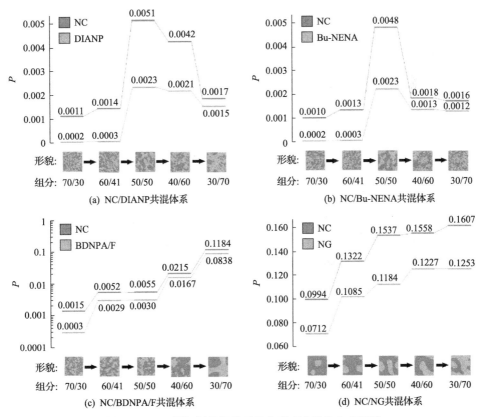

图 2-48　NC/增塑剂共混体系的有序度参数和介观形貌

由图 2-48 可知,DIANP 和 Bu-NENA 含量变化对体系相结构的影响规律较为
相似,均是随着增塑剂含量的增加,两种体系中 NC 和增塑剂的 P 值先增大,至
质量配比为 50/50 时达到最大值,之后 P 值减小。从 NC/DIANP 和 NC/Bu-NENA
共混体系的介观形貌也可看出,质量配比为 50/50 时,NC 和增塑剂相发生了一定
程度的团聚,而其他质量配比时增塑剂在 NC 中的分散效果相对更好,表明 DIANP
和 Bu-NENA 与 NC 的混溶性在质量配比为 50/50 时相对较差,而在质量配比为

70/30、60/40、40/60 和 30/70 时相对较好。对于 NC/BDNPF/A 和 NC/NG 共混体系而言，体系的混溶性随增塑剂含量的增大而变差，且增塑剂含量变化对 NC/BDNPF/A 共混体系混溶性的影响更为显著。如质量配比由 70/30 调整至 30/70 时，NC/BDNPF/A 共混体系中 NC 和 BDNPF/A 的 P 值分别由 0.0015 和 0.0003 增至 0.1184 和 0.0838，分别增加了约 78 倍和 278 倍；而 NC/NG 共混体系中 NC 和 NG 的 P 值分别由 0.0994 和 0.0712 增至 0.1607 和 0.1253，分别增加了约 0.6 倍和 0.8 倍，增幅相对较小。从介观形貌变化看，NC/BDNPF/A 共混体系在质量配比为 30/70 时，NC 和 BDNPF/A 相各自团聚、融合，两相间界面清晰，发生了明显的相分离现象，此时体系的混溶性较差；而在质量配比为 70/30、60/40、50/50 和 40/60 时未发生相分离现象，体系的混溶性相对较好。NC/NG 共混体系在不同质量配比时均发生了相分离现象，且增塑剂含量越大，相分离情况越明显，体系的混溶性越差。

综合 4 种共混体系不同质量配比时的 P 值和介观形貌，可发现当 P 值大于 0.07 时，体系会产生相分离现象，因此可将 P 值大于 0.07 作为判断共混体系混溶性好坏的一个依据。

2.4.5　温度对体系相结构的影响

温度是固体推进剂固化工艺和力学性能的重要参数，为此选取了 NC/Bu-NENA 和 NC/NG 共混体系，研究了 NC/增塑剂质量配比为 50/50 时，温度在 –40～60℃范围内变化（每隔 20℃）对体系相结构的影响，得到 NC/增塑剂共混体系的 P 值和介观形貌，如图 2-49 所示。可以看出，温度对 NC/Bu-NENA 和 NC/NG 共混体系相结构影响规律存在很大差异。随着温度的升高，NC/Bu-NENA 共混体系中 NC 和 Bu-NENA 的 P 值逐渐增大，但不同温度下的 P 值远小于 0.07，因此介观形貌中 NC 和 Bu-NENA 相界面模糊，仍为典型的"海-岛"式分布结构，体系的混溶性较好。对于 NC/NG 共混体系，NC 和 NG 的 P 值随着温度的升高而逐渐减

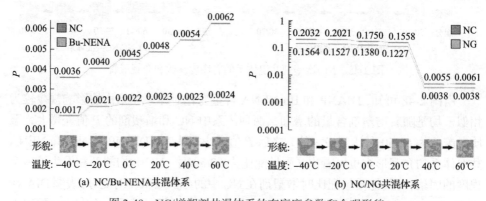

(a) NC/Bu-NENA共混体系　　　　　　　(b) NC/NG共混体系

图 2-49　NC/增塑剂共混体系的有序度参数和介观形貌

小，且温度由 20℃升至 40℃时，P 值减小的趋势突然增强，NC 和 NG 的 P 值分别由 0.1558 和 0.1227 陡减至 0.0055 和 0.0038，导致介观形貌发生显著变化，相分离现象消失，体系的混溶性明显改善。

2.4.6　NC/TMETN 介观分子动力学模拟

使用 DPD 对质量比为 1.3∶1 和 1.2∶1 两个力学性能较好的 NC/TMETN 黏结体系进行介观模拟：对 NC 和 TMETN 分子进行粗粒化处理。NC 和 TMETN 相关参数见表 2-33。

表 2-33　NC 和 TMETN 相关 DPD 参数

组分	$\delta/(\text{J}\cdot\text{cm}^{-3})^{1/2}$	$\rho/(\text{g}\cdot\text{cm}^{-3})$	M_n	V/cm^3	R
NC	19.71	1.65	10553	6395.76	36.62
TMETN	19.42	1.46	255	174.66	1

注：δ 为溶度参数；ρ 为密度；M_n 为分子量；V 为摩尔体积；R 为组分与 TMETN 摩尔体积比值。

体系中 NC 和 TMETN 珠子之间的相互作用参数的获取是建立 DPD 的关键。需要通过 Flory-Huggins 相混理论获取珠子间相互排斥力参数 a_{ij}。基于组分的溶度参数、摩尔体积，通过公式 (2-18) 可以获得组分间的 Flory-Huggins 相互作用参数 χ_{ij}：

$$\chi_{ij} = \frac{\left(\delta_i - \delta_j\right)^2 V_r}{RT} \tag{2-18}$$

式中，δ_i、δ_j 为组分 i、j 的溶度参数；V_r 为参比体积（取组分 i、j 摩尔体积平均值）；R 为摩尔气体常量；T 为热力学温度，298K。将表 2-33 中的相关参数代入公式 (2-18) 得 NC 和 TMETN 的 Flory-Huggins 相互作用参数，见表 2-34。

表 2-34　NC 和 TMETN 的 Flory-Huggins 相互作用参数 (298K)

组分	NC	TMETN
NC	0	0.112
TMETN	0.112	0

最终，通过公式 (2-19) 获得介观模拟所需 NC 珠子和 TMETN 珠子间相互作用参数 a_{ij}，结果见表 2-35。

$$a_{ij} = 25 + 3.50\chi_{ij} \tag{2-19}$$

表 2-35　NC 和 TMETN 珠子间相互作用参数（298K）

组分	NC	TMETN
NC	25	25.392
TMETN	25.392	25

基于珠子间相互作用参数和两体系质量比，进行 DPD 计算，条件为：温度 298K，步长 100ns，总模拟时长 500μs，每 50μs 记录一次全轨迹文件，最终得到平衡体系。通过比较质量比为 1.3∶1 和 1.2∶1 的 NC/TMETN 黏结体系在不同时刻的介观动力学混合发现，50μs 时，1.3∶1 体系中 NC 和 TMETN 混合已呈现一定程度上的混匀，1.2∶1 体系中两者仍较大程度上各自聚集并呈分散状；100μs 时，1.3∶1 体系中 NC 和 TMETN 已基本混合均匀，而 1.2∶1 体系在 200μs 时 NC 和 TMETN 才基本混合均匀；之后两种质量比的共混体系的介观结构变化较小，并且其介观结构构型基本一致，但 1.3∶1 体系中 NC 和 TMETN 混匀程度要略好于 1.2∶1 体系，这与 MD 得到的前者力学性能优于后者的结论一致。

2.5　共晶含能材料分子动力学模拟

随着军事科学技术不断发展，现代战争和新型武器对含能材料提出了高能量、高安全性的要求，获得新一代高能钝感含能材料成了国内外含能材料领域研究的热点。共晶是一种新的改性技术，是将 2 种或 2 种以上不同种类的分子通过分子间作用力及空间效应来影响超分子网络的形成，微观结合在同一晶格中，形成具有特定结构和性能的多组分分子晶体，它是热力学、动力学、分子识别的平衡结果，从而直接影响晶体的构成。共晶虽然经过了较长时间的发展，但其在含能材料领域的应用却并不广泛，目前还处于起步阶段。随着共晶技术在含能材料领域的应用，共晶成为研究新型高能钝感含能材料的重要途径。共晶炸药将具有高能量特性炸药分子与具有钝感特性炸药分子通过共晶技术实现共晶，改变炸药物理化学性能、爆轰性能等，解决现有单质炸药能量和安全性矛盾，从而扩大其应用范围[106]。共晶炸药的制备工艺比共混工艺复杂，必须严格控制加料比、溶剂挥发温度等。若共混炸药能达到与共晶炸药一样的效果，则其制备可以简单很多，炸药成本也会大幅度降低[107]。因此，炸药共晶的必要性和优越性的研究很有必要也极为迫切。

2.5.1　CL-20/HMX 共晶

在现有的文献报道中，虽然已经对共晶炸药（CL-20/HMX 共晶及 ε-CL-20 与 RDX、TNT、DNB 等单质炸药的共晶）的制备方法以及共晶炸药与单质炸药的区别进行了较为充分的研究，但是，关于炸药共晶与共混差异的研究却很少涉及。

为了对 CL-20/HMX 共晶炸药和共混炸药性能进行比较，本节构建了 CL-20 与 HMX 摩尔比为 2∶1 的共晶结构及共混结构，对其在 COMPASS 力场下进行分子动力学模拟，研究结果可以体现 CL-20/HMX 共晶炸药与 ε-CL-20、β-HMX 单质炸药及 CL-20/HMX 共混炸药的差异，突显共晶炸药的优越性，为 CL-20/HMX 共晶炸药的应用奠定一定的理论基础。

1. CL-20/HMX 共晶及共混炸药的力学性能

表 2-36 为 CL-20/HMX 共晶、共混物及单一组分的弹性系数结果，表中未列入的弹性系数的数值等于或者接近于 0。可以看出，β-HMX 的三组弹性系数 C_{11}、C_{22}、C_{33}，C_{44}、C_{66}，C_{12}、C_{13}，ε-CL-20 的三组弹性系数 C_{11}、C_{33}，C_{44}、C_{66}，C_{12}、C_{13}；CL-20/HMX 共晶的三组弹性系数 C_{11}、C_{33}，C_{44}、C_{55} 和 CL-20/HMX 共混的三组弹性系数 C_{11}、C_{22}，C_{55}、C_{66}，C_{12}、C_{23} 的组内弹性系数都很接近，表明 β-HMX、ε-CL-20、CL-20/HMX 共晶及共混体系的平衡构型非但不是极端的各向异性体，其力学性能反而更加接近各向同性。

表 2-36　CL-20/HMX 共晶、共混物及单一组分的弹性系数

参数	ε-CL-20	β-HMX	CL-20/HMX 共晶	CL-20/HMX 共混
C_{11}/GPa	71.88	37.95	97.11	45.67
C_{22}/GPa	54.93	47.21	52.58	44.32
C_{33}/GPa	70.30	44.65	76.59	50.81
C_{44}/GPa	12.62	20.27	20.38	−0.34
C_{55}/GPa	−4.85	13.19	25.92	5.64
C_{66}/GPa	11.90	5.13	12.89	11.43
C_{12}/GPa	23.66	20.06	58.31	49.68
C_{13}/GPa	30.07	16.73	57.36	38.97
C_{23}/GPa	43.69	47.21	41.01	45.48
E/GPa	18.95	33.47	52.11	15.98
K/GPa	56.96	28.11	21.05	39.50
G/GPa	6.56	12.86	19.69	5.58
泊松比	0.44	0.30	0.30	0.43
$(G_{12}-G_{44})$/GPa	11.03	−0.21	37.93	50.02

注：E 是弹性模量；K 是体积模量；G 是剪切模量；$G_{12}-G_{44}$ 为柯西压。

从表 2-36 还可以看出，β-HMX 的弹性模量为 33.47GPa，ε-CL-20 的弹性模量为 18.95GPa，ε-CL-20 的弹性模量小于 β-HMX 的弹性模量；HMX/CL-20 共晶的弹性模量明显大于单一 ε-CL-20 及 β-HMX 组分的弹性模量，表明共晶能显著增强

材料的刚性，使得体系能在较大外力作用下不易发生形变；与 HMX/CL-20 共晶显著不同，CL-20/HMX 共混的弹性模量明显小于单一 ε-CL-20 及 β-HMX 组分的弹性模量。因此，材料的共混及共晶对弹性模量的影响差异较大，共晶与共混由于分子间相互作用，其弹性模量值并不等于两单一组分弹性模量的几何平均值。

从表 2-36 中还可知，ε-CL-20、CL-20/HMX 共晶及 CL-20/HMX 共混体系的 $C_{12}-C_{44}$ 值都大于零，表现为韧性；相比而言，β-HMX 单一组分的柯西压略小于 0，表现为脆性。共晶及共混工艺均能有效地改善 ε-CL-20 及 β-HMX 的延展性。

从力学性能的分析可以看出，CL-20/HMX 共晶工艺能显著提高单一 β-HMX 及 ε-CL-20 组分的弹性模量及柯西压，改善体系的抗形变能力及延展性，共晶结构的弹性模量要明显大于共混结构，两种工艺的力学性能存在着较大差异。

2. CL-20/HMX 共晶及共混炸药的结构稳定性

早先基于量子化学计算发现了"最小键级原理"（PSBO）：对于系列结构或热解机理相似的爆炸物，其引发键键级越小，则结构稳定性越差，在反应性力场建立中，人们也以键级为基础建立能量与键级的函数关系。如表 2-37 所示，以 N—NO$_2$ 引发键键长关联结构稳定性时，发现四种结构的最可几键长 (L_{prop}) 及平均键长 (L_{ave}) 随着温度的升高变化很小；而最大键长 (L_{max}) 随温度的升高却显著地单调增大，虽然这些分子在键长分布概率中所占比很小，但非常重要。可以设想，随温度升高，键长增大，极少数最大键长的分子被"活化"，易于引发分解和起爆，炸药的结构稳定性变差。

表 2-37　β-HMX、ε-CL-20、HMX/CL-20 共晶及共混结构不同温度下的键长 （单位：10^{-1}nm）

样品	参数	200K	250K	298K	350K	400K
β-HMX	L_{prop}	1.39	1.40	1.40	1.39	1.40
	L_{max}	1.50	1.52	1.52	1.53	1.54
	L_{ave}	1.39	1.40	1.39	1.40	1.39
ε-CL-20	L_{prop}	1.38	1.39	1.39	1.38	1.38
	L_{max}	1.49	1.53	1.54	1.55	1.56
	L_{ave}	1.38	1.39	1.39	1.38	1.39
CL-20/HMX 共晶	L_{prop}	1.40	1.40	1.39	1.39	1.40
	L_{max}	1.49	1.49	1.50	1.51	1.52
	L_{ave}	1.40	1.40	1.39	1.39	1.39
CL-20/HMX 共混	L_{prop}	1.39	1.39	1.40	1.41	1.42
	L_{max}	1.75	1.81	1.82	1.82	1.83
	L_{ave}	1.40	1.39	1.41	1.40	1.40

图 2-50 为由表 2-37 计算得到的四种结构的 L_{max} 随温度的变化曲线。可以看出，在 200～400K 范围内，随着温度的增加，四种结构的 L_{max} 单调增加。其中，四个结构的 L_{max} 的排序为：[CL-20/HMX 共混]>[ε-CL-20]>[β-HMX]>[CL-20/HMX 共晶]。ε-CL-20 的 L_{max} 值大于 β-HMX 的 L_{max} 值，表明 ε-CL-20 对于温升导致结构不稳定的程度大于 β-HMX，计算结果与实际一致。另外，可以发现 CL-20/HMX 共混和共晶结构的 L_{max} 值相差很大，298K 时 L_{max} 值分别为 1.50Å 及 1.82Å，在四种结构中分别处于最大和最小的位置。共晶能使得体系结构稳定性增强，起到"钝化"的作用；共混减弱了体系的稳定性，起到了"敏化"的作用。安全性为炸药的一个重要指标，虽然影响结构稳定性的因素较多，包括晶型、缺陷、隔热、吸热等，但单从温升对炸药结构稳定性影响的角度考虑，与共混工艺相比，共晶工艺有较大优势。

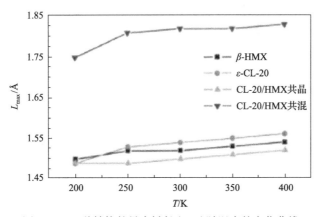

图 2-50　四种结构的最大键长 (L_{max}) 随温度的变化曲线

CL-20/HMX 共晶结构虽能降低体系的 L_{max} 值，但是与单一 ε-CL-20 及 β-HMX 结构的 L_{max} 值相差不大，而 CL-20/HMX 共混结构显著增大了体系的 L_{max} 值，原有的 L_{max} 值从 1.50Å 左右增加到 1.80Å 以上，共混工艺对体系结构稳定性影响较为显著。因此，本节计算了 CL-20/HMX 共混体系组分间结合能及作用方式。表 2-38 为 CL-20/HMX 共混体系组分间的结合能。可以看出，CL-20/HMX 共混体系中两组分结合能为 5718.20kJ·mol^{-1}，远大于 0，表明共混体系中两组分之间能稳定吸附，物理相容性好。其中，范德瓦尔斯力对结合能的贡献为 58.8%；静电相互作用力对结合能的贡献为 7.3%。因此，两组分的相互作用主要以范德瓦尔斯力为主，还有部分静电相互作用力等其他作用力，也正是这样的以范德瓦尔斯力为主的作用力显著增大了体系的 L_{max} 值，"敏化"了体系的结构。

表 2-38　CL-20/HMX 共混体系组分间结合能

界面	$E_{total}/(\text{kJ}\cdot\text{mol}^{-1})$	$E_{CL\text{-}20}/(\text{kJ}\cdot\text{mol}^{-1})$	$E_{HMX}/(\text{kJ}\cdot\text{mol}^{-1})$	$E_{inter}/(\text{kJ}\cdot\text{mol}^{-1})$	$E_{bind}/(\text{kJ}\cdot\text{mol}^{-1})$
E	−25926.37	−6256.29	−13951.88	−5718.20	5718.20
E_{vdW}	−1656.07	632.68	1187.37	−3363.27	3363.27
$E_{electrostatic}$	−23541.63	−7939.87	−15181.47	−420.30	420.30

注：E_{total} 是平衡结构的单点能；$E_{CL\text{-}20}$ 是 ε-CL-20 的单点能；E_{HMX} 是 HMX 的单点能；E 是每一种结构的总能；E_{vdW} 是通过范德瓦尔斯力获得的每一种结构的能量；$E_{electrostatic}$ 是通过静电作用获得的每一种结构的能量。

CED 是单位体积内 1mol 凝聚体为克服分子间作用力气化时所需要的能量，CED 是度量物质分子间相互作用力大小的物理量，如式(2-20)所示。

$$\text{CED} = (H_v - RT)/V_m \tag{2-20}$$

式中，H_v 为摩尔蒸发热，kJ；RT 为气化时所做的膨胀功，kJ；V_m 为摩尔体积，cm^3。

现阶段，经过大量研究[108,109]，已将内聚能密度也作为评价含能材料结构稳定性及感度的一个手段，内聚能密度越小，体系克服分子间作用由凝聚相变气相越容易，表明体系越易于分解，结构稳定性越差。从表 2-39 的计算结果可以看出，随着温度的升高，两种结构物质的内聚能密度逐渐减小，结构稳定性变差，这与表 2-37 的最大键长的计算结果一致。而且从表 2-39 的计算结果可以看出，CL-20/HMX 共晶结构的内聚能密度值要远远大于 CL-20/HMX 共混结构的内聚能密度值，表明与 CL-20/HMX 共晶相比，CL-20/HMX 共混结构在加热条件下更易发生分解，结构稳定性较差，计算结果与最大键长评判方法的计算结果一致。

表 2-39　不同温度下 CL-20/HMX 共晶及共混体系的内聚能密度

样品	参数	200K	250K	298K	350K	400K
CL-20/HMX 共晶	CED	1.167	1.162	1.166	1.151	1.145
	E_{vdW}	0.080	0.072	0.074	0.054	0.054
	$E_{electrostatic}$	1.087	1.090	1.092	1.097	1.091
CL-20/HMX 共混	CED	0.069	0.036	0.032		0.021
	E_{vdW}	0.034	—	—		
	$E_{electrostatic}$	0.035	0.038	0.036	0.034	0.036

3. 径向分布函数计算

氢键的键能在 4～120kJ·mol^{-1}，远大于其他几种作用，并且有方向性，所以氢键是共晶过程中最重要的作用力。多数共晶的形成依赖分子间的氢键作用，因此以氢键为基础的价键力来设计共晶化合物。文献[110]测得摩尔比为 2：1 的 CL-20/HMX 共晶炸药的共晶感度较 ε-CL-20 明显下降，分析认为这是共晶内部形成了 CH…O 氢键所致。由于共晶的氢键相对较短，而单组分 ε-CL-20 和 β-HMX 的氢键相对较长，所以 CL-20/HMX 共晶的感度较单一组分降低。

为了验证文献[111]所表述的共晶炸药的降感机理，分别计算了 β-HMX、ε-CL-20、CL-20/HMX 共晶及 CL-20/HMX 共混四个体系中 H 原子和 O 原子的径向分布函数，计算结果见图 2-51。可以看出，四个体系在 1.1～3.1Å 以及 3.1～5.0Å 之间都有明显的出峰，四个体系在 2.3～2.6Å 范围内的峰强明显大于 3.1～5.0Å 处的峰强，说明体系中的 H 原子和 O 原子的 H 键作用强度大于范德瓦尔斯力的作用强度。其中，氢键的强弱顺序为：[ε-CL-20]＞[CL-20/HMX 共晶]＞[CL-20/HMX 共混]＞[β-HMX]。CL-20/HMX 共晶及 CL-20/HMX 共混体系的 CH…O 氢键相互作用强度介于 ε-CL-20、β-HMX 之间，但是，CL-20/HMX 共晶体系的氢键作用强度要大于 CL-20/HMX 共混氢键作用强度，共混和共晶在结构上还是存在较大差异的。另外还可以发现，β-HMX、ε-CL-20、CL-20/HMX 共晶及 CL-20/HMX 共混四个体系氢键峰位分别为 2.48Å、2.41Å、2.30Å、2.43Å，四个体系的氢键长

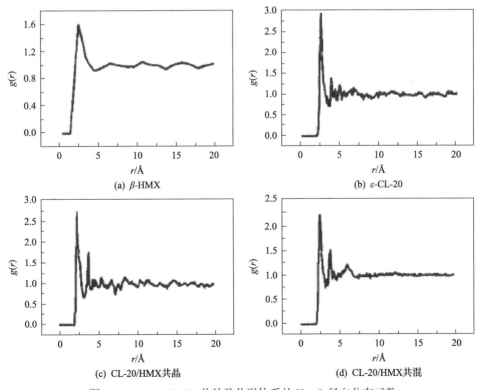

(a) β-HMX

(b) ε-CL-20

(c) CL-20/HMX共晶

(d) CL-20/HMX共混

图 2-51　CL-20/HMX 共晶及共混体系的 H—O 径向分布函数

度排序为：[β-HMX]＞[CL-20/HMX 共混]＞[ε-CL-20]＞[CL-20/HMX 共晶]，其中 CL-20/HMX 共晶结构中的氢键长度远小于其他三种结构，模拟结果与实际相符。因此，可以认为 CL-20/HMX 共晶感度较低是体系中存在着长度相对较短 CH··O 氢键所致。

4. 无规构型的几何结构及其静电势和能量分析

经优化得到了 4 种 CL-20/HMX 共晶的无规结构（Ⅰ、Ⅱ、Ⅲ、Ⅳ），如图 2-52 所示。可以看出，结构Ⅰ中，HMX 中 C—H 的 H60 原子和 CL-20 中 N—O 的 O10 原子存在相互作用力，其键长为 0.2936nm。结构Ⅱ中，CL-20 中 N—O 的 O51 原子和 HMX 中 C—H 的 H27 原子存在相互作用力，其键长为 0.2787nm；CL-20 中 N13 原子和 HMX 中 C—H 的 H36 存在相互作用力，其键长为 0.2937nm。结构Ⅲ中 HMX 中 C—H 的 H23 原子与 CL-20 中 N—O 的 O48 原子存在相互作用力，其键长为 0.2785nm；HMX 中 C—H 的 H25 源自与 CL-20 中 N—O 的 O49 原子存在相互作用力，其键长为 0.2829nm；结构Ⅳ中 CL-20 中 N—O 的 O50 原子和 HMX 中 C—H 的 H22 原子存在相互作用力，其键长为 0.2745nm；CL-20 中 N—O 的 O56 原子和 HMX 中 C—H 的 H21 和 H23 原子存在相互作用力，其键长分别为 0.2900nm 和 0.2742nm。由此可知，4 种无规构型的 H···O 或者 H···N 的分子间键长在 0.2742～0.2964nm 之间。综合以上分析，4 种 CL-20/HMX 的无规结构应该存在氢键相互作用。

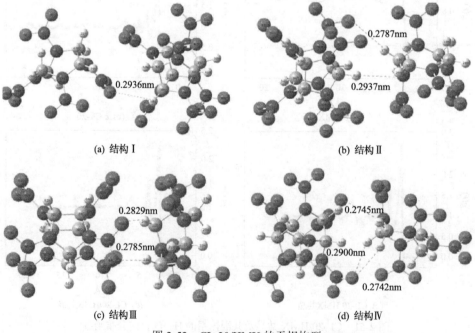

(a) 结构Ⅰ　　　　　　　　　　　　　　　(b) 结构Ⅱ

(c) 结构Ⅲ　　　　　　　　　　　　　　　(d) 结构Ⅳ

图 2-52　CL-20/HMX 的无规构型

　　静电势研究已广泛应用到氢键、卤键等分子识别作用中，其物理可视化为分析研究提供了便利。用 Gaussian view 程序对 4 种优化结构进行波函数分析，得到 CL-20、HMX 及其相互作用结构的分子静电势分布图，见图 2-53。其中不同颜色代表不同的静电势值，浅灰色代表负值，深灰色代表正值，其他颜色代表从负值区向正值区域过渡。可以看出，HMX 的负静电分布在 N—O 键的 O 原子附近，其八元环内是正静电；CL-20 分子呈轴对称分布，其表面静电势也呈轴对称分布，N—O 键的 O 原子附近为负静电区域，其他部分为正静电区域。以结构 I 为例进行分析，两分子交界处表面静电势分布颜色由浅灰色变为白色，表明两分子接触区域的电荷发生了改变，由负电荷变成电中性。分析原因，这主要是由于体系中 HMX 和 CL-20 分子的 N—O 的静电势与 C—H 或 N—H 静电势重合，正负电荷叠加，使得体系中两分子的静电势分布与两分子单独存在时不同，这也说明了体系中 HMX 和 CL-20 分子之间存在相互作用，与构型分析结果一致。

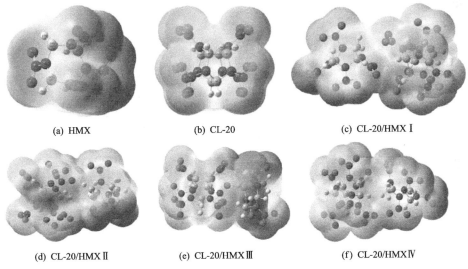

(a) HMX　　　　　　　(b) CL-20　　　　　　(c) CL-20/HMX I

(d) CL-20/HMX II　　　(e) CL-20/HMX III　　　(f) CL-20/HMX IV

图 2-53　CL-20、HMX 及 CL-20/HMX 的分子静电势分布图

　　表 2-40 列出了在 DFT-B3LYP/6-311++G(d,p) 全优化构型下的二聚体分子间相互作用能，在有限基组下，由于总体系的基组是由两个子体系的基组重叠所形成的，故体系的总能量不可避免地受到影响。这种由于总体系和子体系基组不等所引起的体系总能量的变化称为基组叠加误差。利用文献[112]提出的均衡校正(counterpoise procedure，CP)法对结构的能量进行校正。分子间作用能的计算方法为

$$\Delta E = -E_{\text{inter}} = -(E_{\text{AB}} - E_{\text{A}} - E_{\text{B}} + E_{\text{BSSE}}) \tag{2-21}$$

式中，E_{inter} 为相互作用能；E_{AB} 为复合构型总能量；E_{A} 为复合构型中去除 B 得到 A 的能量；E_{B} 为复合构型中去除 A 得到 B 的能量；E_{BSSE} 为复合构型校正能量。

表 2-40　CL-20、HMX 及 CL-20/HMX 的能量参数

结构	$E/(\text{kJ} \cdot \text{mol}^{-1})$			$E_{\text{BSSE}}/(\text{kJ} \cdot \text{mol}^{-1})$	$\Delta E/(\text{kJ} \cdot \text{mol}^{-1})$
	HMX/CL-20	HMX	CL-20		
I	−1874932.811	−750881.695	−1124031.788	4.938	14.390
II	−1874943.855	−750881.695	−1124031.788	5.245	25.127
III	−1874953.947	−750881.695	−1124031.788	4.531	35.933
IV	−1874980.25	−750881.695	−1124031.788	5.274	61.493

对于 4 种 CL-20/HMX 无规构型，其 CP 方法校正后的相互作用能 ΔE 分别为 14.390kJ·mol⁻¹、25.127kJ·mol⁻¹、35.933kJ·mol⁻¹ 以及 61.493kJ·mol⁻¹。因此，从 4 种无规构型的稳定性排序发现，构型的稳定性主要取决于氢键，包括氢键的数量和氢键的长短。结构IV中存在 3 个氢键，且键长最短，为 0.2742nm，稳定性最好；结构 I 仅存在 1 个氢键，键长较长，为 0.2936nm，稳定性最差；结构III和 II 介于中间。

5. 电子密度拓扑分析

AIM 作为一种研究弱相互作用的有效方法，已经被成功应用到各种类型、不同强度的氢键复合物的研究中，为了进一步从本质上对 CL-20/HMX 的无规作用方式进行研究，利用 Multiwfn 程序对 CL-20/HMX 4 种构型进行了电子密度拓扑分析，结构的电子密度拓扑键鞍点如图 2-54 所示，电子密度拓扑性质参数如表 2-41 所示。

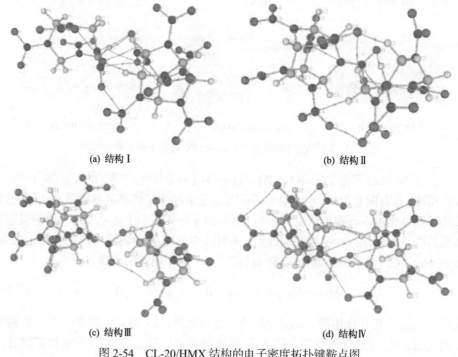

(a) 结构 I

(b) 结构 II

(c) 结构III

(d) 结构IV

图 2-54　CL-20/HMX 结构的电子密度拓扑键鞍点图

表 2-41 电子密度拓扑性质参数

结构	作用类型	$\rho(r)$/a.u.	$\nabla^2\rho(r)$/a.u.	$V(r)$/a.u.	$G(r)$/a.u.	$H(r)$/a.u.
I	H60···O10	0.00102	0.0159	−0.00193	0.00295	0.001020
II	O51···H27	0.00419	0.0168	−0.00223	0.00322	0.000983
II	H61···N13	0.00410	0.0168	−0.00232	0.00306	0.000746
III	O55···H24	0.00259	0.0118	−0.00149	0.00222	0.000736
III	H23···O48	0.00467	0.0191	−0.00301	0.00390	0.000886
III	H25···O49	0.00422	0.0161	−0.00230	0.00317	0.000866
IV	H21···O56	0.00304	0.0148	−0.00229	0.00299	0.000700
IV	H22···O50	0.00487	0.0203	−0.00293	0.00400	0.001070
IV	H23···O56	0.00414	0.0172	−0.00246	0.00338	0.000919

通过键鞍点处电子密度的拉普拉斯(Laplace)量 $\nabla^2\rho(r)$ 和能量密度值 $H(r)$ 可以说明化学键的类型。若键鞍点处 $\nabla^2\rho(r)$ 为负值，说明共价键占主要成分；若键鞍点处 $\nabla^2\rho(r)$ 为正值，说明弱相互作用为闭壳层相互作用。文献[113]认为，拉普拉斯量和能量密度值可以作为衡量氢键强度的标准。当 $\nabla^2\rho(r)>0$ 且 $H(r)>0$ 时，氢键强度较弱；当 $\nabla^2\rho(r)<0$ 且 $H(r)<0$ 时，氢键强度较强；当 $\nabla^2\rho(r)>0$ 且 $H(r)<0$ 时，氢键作用为中等强度。另外，电子的动能密度 $G(r)$ 为正值，势能密度 $H(r)$ 为负值，两者比值的负值 $-G(r)/H(r)$ 阐明了化学键的本质特征，即该区域是共价作用还是非共价作用。当 $-G(r)/H(r)>1$ 时，说明复合物间为非共价相互作用；当 $-G(r)/H(r)<0.5$ 时，复合物间为共价相互作用；当 $0.5<-G(r)/H(r)<1$ 时，说明复合物间呈现部分共价作用。

从表 2-41 可以看出，4 种构型的 $H(r)$ 和 $\nabla^2\rho(r)$ 均大于 0，且 $-G(r)/H(r)$ 值均大于 1，说明复合物间为非共价相互作用，且为闭壳层的弱相互作用，属于弱氢键范畴。在键临界点(BCP)处的电子密度 $\rho(r)$ 能够反映键的强度，$\rho(r)$ 值越大，则键强度越大。从表 2-41 还可看出，结构 IV 中 H22···O50 的电子密度 $\rho(r)$ 为 0.00487a.u.，结构 III 中 H23···O48 的电子密度为 0.00467a.u.，比其他作用类型键的电子密度都大，表明键的强度较大。整体而言，键临界点 BCP 处的电子密度 $\rho(r)$ 大小排序为：[IV]>[III]>[II]>[I]。电子密度拓扑分析结果与能量分析结果一致。另外，进一步分析图 2-54 中的 CL-20/HMX 结构电子密度拓扑键鞍点图，可以发现 CL-20 和 HMX 分子之间不仅存在 H···O 以及 H···N 这样的弱氢键相互作用，还存在 N···O 和 C···O 作用。

6. 共晶构型的作用机理

经计算，氢键的键能(4~120kJ·mol⁻¹)远大于其他几种作用，并且有方向性，多数共晶的形成依赖分子间的氢键作用，所以氢键是共晶形成中最重要的作用力。文献[114]制备了摩尔比为 2∶1 的 CL-20/HMX 共晶炸药，共晶感度较 CL-20 明显下降，分析认为是共晶内部形成了 CH···O 氢键所致。

　　共晶中 CL-20 分子中的 O 原子和 HMX 分子中的 H 原子以及 HMX 分子中的 O 原子和 CL-20 分子中的 H 原子的径向分布函数计算结果见图 2-55。可以看出，CL-20 分子中的 O 原子和 HMX 分子中的 H 原子径向分布函数在 0.22nm 处有强峰，原子间作用以氢键为主；HMX 分子中的 O 原子和 CL-20 分子中的 H 原子径向分布函数也在 0.22nm 处有强峰，在 0.32nm 处有相对较弱的峰，原子间的相互作用方式主要有氢键和强范德瓦尔斯力。与上述 4 种无规构型相比，CL-20/HMX 共晶体系中氢键长度较短，强度大。计算结果与义献一致。

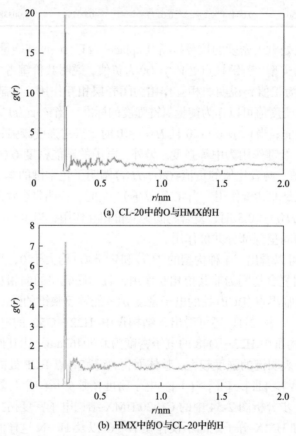

(a) CL-20中的O与HMX的H

(b) HMX中的O与CL-20中的H

图 2-55　CL-20/HMX 共晶体系的 H—O 径向分布函数 $g(r)$

7. 共晶的密度与爆速

　　密度和爆速(v_D)是共晶体系的两个重要参数，根据文献[113,114]方法，用

式 (2-22) 计算理论混合密度 (d_{mix})，并假设体系是由纯组分组成的。

$$d_{min} = \sum m_i / (\sum m_i / d_{298K,i}) \qquad (2\text{-}22)$$

式中，m_i 为组分 i 的质量分数。所有计算结果见表 2-42。

表 2-42 不同摩尔比 CL-20/HMX 体系的预测密度和爆速

$n(\text{CL-20}) : n(\text{HMX})$	$d_{mix}/(\text{g} \cdot \text{cm}^{-3})$	$v_D/(\text{m} \cdot \text{s}^{-1})$
1 : 0	2.044	9700
4 : 1	2.019	9647
2 : 1	2.003	9608
1 : 1	1.982	9553
1 : 2	1.958	9491
1 : 4	1.938	9434
0 : 1	1.903	9336

注：v_D 利用 Kamlet 近似计算方法获得。

从表 2-42 可以看出，摩尔比为 2 : 1 的 CL-20/HMX 共晶体系的密度为 2.003g·cm^{-3}，爆速为 9608m·s^{-1}，爆速比 HMX 提高了 2.9%。采用 CL-20 与 HMX 共晶的方式一方面能得到高能量密度材料，另一方面短的氢键能有效降低体系的感度。

2.5.2 CL-20/FOX-7 共晶

CL-20 是目前能量最高的单质炸药之一，但由于机械感度高，其应用受到限制；FOX-7 是一种新型高能钝感炸药，其撞击感度约为 CL-20 的 5 倍。根据共晶的形成原理，若能将 CL-20 与 FOX-7 实现共晶，形成同时具有高能和低感特性的独特结构，将大大拓展 CL-20 的应用范围[115]。近年来，有研究[116-119]模拟了 HMX/TATB 共晶体系、HMX/FOX-7 共晶体系、CL-20/TATB 共晶体系和 HMX/NQ (硝基胍) 共晶体系的结构与性能，获得了一定的研究成果。本节搭建了 7 种 CL-20 和 FOX-7 共晶模型，并运用 MS 中 Forcite 模块和 Discover 模块对其几何优化和能量最小化进行计算，通过 Reflex 模块进行 X 射线粉末衍射图谱计算，通过考察共晶模型的结合能、径向分布函数、X 射线粉末衍射图谱判断共晶是否生成，为 CL-20/FOX-7 共晶的形成提供理论依据。

1. 共晶体系平衡的判别

选择 CL-20/FOX-7 共晶含能材料 (1 1 0) 面为例，以同时满足能量平衡和温度平衡来判别分子动力学体系是否平衡。达到能量平衡，要求体系平衡后能量沿恒定值变化波动较小；达到温度平衡，要求温度上下波动差小于 20K。图 2-56 为

CL-20/FOX-7 共晶体系平衡后温度和能量随时间波动的曲线。从图 2-56(a) 可知,体系平衡后的温度上下波动不超过 10%,从图 2-56(b) 可知,体系平衡后的能量波动较小。CL-20/FOX-7 共晶模拟体系已达到平衡,其他几种共晶模型具有相同的模拟结果,且 CL-20/FOX-7 共晶模型存在较强的非键能,由此可推测 CL-20/FOX-7 共晶存在较强的分子间作用力,有利于 CL-20/FOX-7 共晶的形成。

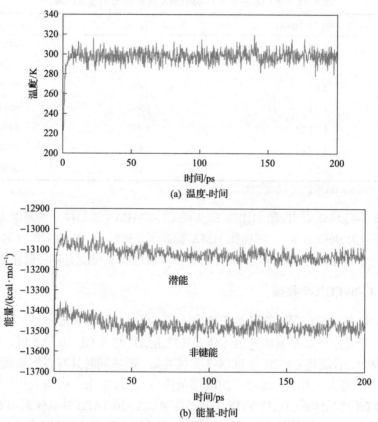

(a) 温度-时间

(b) 能量-时间

图 2-56　体系平衡后温度和能量随时间波动的曲线

2. CL-20 晶体主要生长面的预测

采用 Morpholog 模块中 Growth Morphology 方法,使用 COMPASS 力场和力场自带电荷,对 CL-20 晶体主要生长晶面进行预测,得出 CL-20 晶体有 6 个主要生长面,具体参数见表 2-43。可以看出,晶面附着能主要由范德瓦尔斯力和静电力构成,且总附着能 E_{total} 顺序为 $[E_{\text{total}}(0\,1\,1)] > [E_{\text{total}}(1\,0\,\overline{1})] > [E_{\text{total}}(1\,1\,0)] > [E_{\text{total}}(0\,0\,2)] > [E_{\text{total}}(1\,1\,\overline{1})] > [E_{\text{total}}(1\,0\,1)]$;晶面间距 d_{hkl} 相对顺序为:$[d_{dkl}(0\,1\,1)] > [d_{dkl}(1\,0\,\overline{1})] > [d_{dkl}(1\,1\,0)] > [d_{dkl}(1\,1\,\overline{1})] > [d_{dkl}(0\,0\,2)] > [d_{dkl}(1\,0\,1)]$;最大的显露面积晶

面为 (0 1 1) 面，其占总面积的比例为 38.24%，相应的附着能为 -151.71 kJ·mol^{-1}。

表 2-43　真空中 CL-20 重要晶面及参数

晶面	M	d_{hkl}/nm	S/nm^2	E_{total}/(kJ·mol^{-1})	E_{edW}/(kJ·mol^{-1})	E_{ele}/(kJ·mol^{-1})	D/nm	S_{total}/%
(0 1 1)	4	0.90	1.59	356.18	-151.71	-204.47	8.51	38.24
(1 0 $\bar{1}$)	2	0.82	1.73	-355.72	-157.19	-198.57	8.50	14.01
(1 1 0)	4	0.70	2.03	-375.93	-175.47	-200.46	8.99	26.11
(1 1 $\bar{1}$)	4	0.69	2.07	-394.88	-171.92	-223.01	9.44	8.66
(0 0 2)	2	0.64	1.11	-382.71	-168.19	-214.47	9.15	10.93
(1 0 1)	2	0.63	2.27	-460.24	-212.97	-247.27	11.00	2.04

注：M 为多重度；d_{hkl} 为晶面间距；S 为表面积；E_{total} 为总附着能；E_{edW} 为范德瓦尔斯附着能；E_{ele} 为静电附着能；D 为面心距离；S_{total} 为总显露面积占比。

3. CL-20/FOX-7 共晶结合能

通过 CL-20 的硝基和 FOX-7 的氨基在分子间形成氢键，可以实现 CL-20/FOX-7 共晶。二者之间的结合能为

$$\Delta E = E_c - (E_{CL\text{-}20} + E_{FOX\text{-}7}),\ E_b = -\Delta E \qquad (2\text{-}23)$$

式中，E_c 为 CL-20/FOX-7 共晶平衡后的单点能；$E_{CL\text{-}20}$ 为 CL-20/FOX-7 共晶平衡后去除 FOX-7 之后的单点能；$E_{FOX\text{-}7}$ 为 CL-20/FOX-7 共晶平衡后去除 CL-20 之后的单点能；结合能 E_b 定义为二者之间作用能 ΔE 的负值。

由 Curie-Wulff 原理可知，当晶体处于平衡状态时，其总表面能最小，且各晶面的比表面能与生长速率成正比。由于 (1 0 1) 晶面的生长速率最慢，因而具有最小的比表面能，所以 (1 0 1) 晶面最有利于共晶的形成，具体结果见表 2-44。

表 2-44　CL-20 各晶面与 FOX-7 的结合能

晶面	$E_{CL\text{-}20/FOX\text{-}7}$/(kJ·mol^{-1})	$E_{CL\text{-}20}$/(kJ·mol^{-1})	$E_{FOX\text{-}7}$/(kJ·mol^{-1})	ΔE/(kJ·mol^{-1})	E_b/(kJ·mol^{-1})
随机	-52405.3	-25754.0	-24560.5	-2099.780	2099.780
(0 1 1)	-51196.6	-25127.8	-24539.4	-1529.380	1529.380
(1 0 $\bar{1}$)	-50821.2	-25258.1	-24718.9	-844.206	844.206
(1 1 0)	-51005.1	-25229.9	-24562.6	-1212.520	1212.520
(1 1 $\bar{1}$)	-52392.3	-25006.9	-24621.5	-2763.950	2763.950
(0 0 2)	-25591.2	-12211.0	-12015.1	-1365.030	1365.030
(1 0 1)	-54465.1	-25077.9	-24606.5	-4780.640	4780.640

由表 2-44 可知，7 种共晶模型均有较强的结合能，结合能大小顺序为：

$[E_b(1\,0\,1)]>[E_b(1\,1\,\overline{1})]>[E_b(随机晶面)]>[E_b(0\,1\,1)]>[E_b(0\,0\,2)]>[E_b(1\,1\,0)]>$ $[E_b(1\,0\,\overline{1})]$,其中$(1\,0\,1)$晶面结合能最大。综合以上两点可以推断,CL-20/FOX-7 在$(1\ 0\ 1)$晶面上总表面能最小,结合能最大,体系能量最低,最稳定,有利于 CL-20/FOX-7 共晶的形成。

4. CL-20/FOX-7 共晶的径向分布函数

径向分布函数为系统区域密度与平均密度的比值。CL-20/FOX-7 共晶结构的 径向分布函数如图 2-57 所示。可以看出,CL-20/FOX-7 的 7 种共晶模型在 $r=0.18$nm 附近均有出峰,表明 CL-20 的氧原子和 FOX-7 的氢原子形成了分子间氢键,且 $(1\,0\,1)$晶面和$(1\,1\,\overline{1})$晶面模型的峰值较强,随机取代模型的峰值最弱,$(1\,1\,0)$、 $(0\,0\,2)$、$(0\,1\,1)$和$(1\,0\,\overline{1})$晶面模型的峰值处在两者之间,表明$(1\,0\,1)$、$(1\,1\,\overline{1})$ 面形成氢键的作用力最强;在 $r=0.32$nm 处,7 种共晶模型都有不同的峰,表明 7 种共晶模型同时存在着强范德瓦尔斯力作用,但峰值比形成氢键的峰值要小,说 明共晶模型分子间作用力主要以氢键为主;由于$(1\,0\,1)$、$(1\,1\,\overline{1})$面的氢键及范 德瓦尔斯力的峰面积比其他模型大,由此可以预测$(1\,0\,1)$、$(1\,1\,\overline{1})$晶面共晶模 型存在着较强的分子间作用力,较其他模型更容易形成共晶。

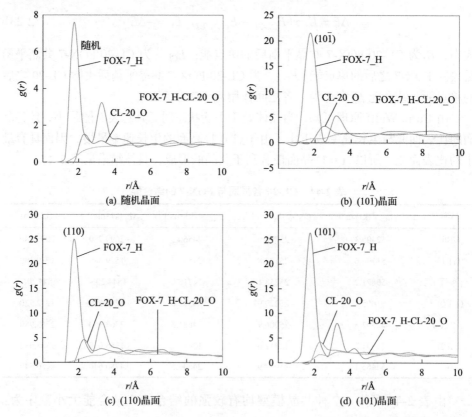

(a) 随机晶面　　　　　　　　　　　(b) $(1\,0\,\overline{1})$晶面

(c) $(1\,1\,0)$晶面　　　　　　　　　　　(d) $(1\,0\,1)$晶面

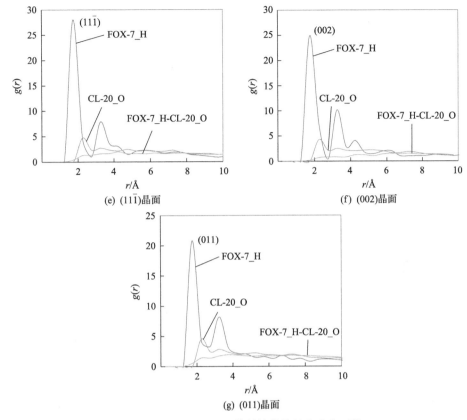

图 2-57　CL-20/FOX-7 共晶结构的径向分布函数

5. XRD 图谱

经分子动力学平衡后，7 种共晶模型用 Reflex 模块对其 XRD 图进行了模拟，如图 2-58 所示。可以看出，纯组分 CL-20 和 FOX-7 的特征峰强在 CL-20/FOX-7 共晶模型衍射图中有所下降或消失，且 7 种共晶模型在 2θ 为 5°附近均有新的衍射峰出现，这些特征衍射消失或新的衍射峰出现不是 CL-20 和 FOX-7 衍射峰简单的叠加。这些特征峰消失、衍射峰强度下降和新的衍射峰出现，证明了 CL-20/FOX-7 共晶模型是一种有别于纯组分 CL-20 和 FOX-7 的晶体，具有新的晶胞参数。这主要是由于 CL-20 和 FOX-7 形成共晶时，分子间氢键及范德瓦尔斯力对 FOX-7 和 CL-20 的结构造成破坏，形成了一种新的结构。

2.5.3　CL-20/TATB 共晶

虽然 CL-20 是目前能量最高的单质炸药之一，具有广阔的应用前景，但由于 CL-20 机械感度高，应用受到限制。TATB 具有机械感度低、耐热性能好等特点，

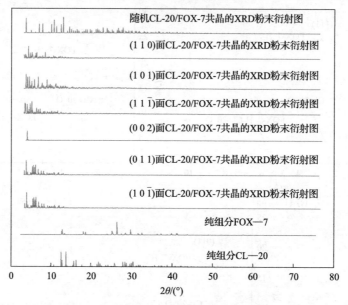

图 2-58　CL-20/FOX-7 共晶模型 XRD 粉末衍射图谱

但由于其能量输出较低，限制了其在未来战争中的广泛应用。根据共晶的形成原理，若能将 CL-20 与 TATB 实现共晶，形成同时具有高能和低感特性的独特结构，将大大拓展 CL-20 和 TATB 的应用范围[120,121]。本节根据共晶的设计原理，构建了 CL-20/TATB 的共晶模型，并运用 Materials Studio 6.0 软件中的 Forcite 模块和 Discover 模块对其进行几何优化和能量最小化计算，然后进行动力学模拟，通过 Reflex 模块进行 X 射线粉末衍射图谱计算。根据所得的能量结果、径向分布函数及 X 射线粉末衍射图谱判断共晶的形成及条件，为 CL-20/TATB 共晶的形成提供理论依据。

1. CL-20 晶体主要生长面的预测与分析

在消除超晶胞中不合理的能量和构象后，首先对初始结构进行能量最小化计算，然后进行 MD 模拟。判别 MD 模拟达到平衡的标准有 2 个，一是温度平衡，要求变化的标准偏差小于 20K；二是能量平衡，要求能量恒定或沿恒定值上下波动。

CL-20 晶体的主要生长面见表 2-45。由表 2-45 可知，CL-20 晶体有 5 个主要生长面，分别为 $(10\bar{1})$、(101)、(002)、(011) 和 (110)，其中，$(10\bar{1})$ 是显露面最大的晶面。晶面间距的相对顺序为：$[d\,(10\bar{1})]>[d\,(101)]>[d\,(002)]>[d\,(011)]>[d\,(110)]$。晶面总附着能主要由范德瓦尔斯力和静电相互作用组成，没有氢键作用。

表 2-45　CL-20 晶体主要生长面及参数

CL-20 晶面	晶面间距/nm	总附着能 /(kJ·mol^{-1})	范德瓦尔斯力 /(kJ·mol^{-1})	静电力 /(kJ·mol^{-1})	氢键能 /(kJ·mol^{-1})	面积比/%
(1 0 $\bar{1}$)	1.158	−245.58	−236.58	−9.00	0	35.35
(1 0 1)	0.829	−373.96	−344.37	−29.59	0	13.57
(0 0 2)	0.722	−351.61	−330.64	−20.97	0	13.98
(0 1 1)	0.71	−453.29	−434.37	−18.97	0	7.75
(1 1 0)	0.686	−398.95	−373.63	−25.32	0	25.84

2. CL-20/TATB 共晶结构能量计算

6 种共晶模型平衡结构的能量计算结果见表 2-46。从表 2-46 可见，相对能量顺序为$[E(1 0 \bar{1})]<[E(1 0 1)]<[E(0 0 2)]<[E_{随机}]<[E(0 1 1)]<[E(1 1 0)]$，表明当 CL-20 与 TATB 形成共晶时，TATB 分子在$(1 0 \bar{1})$面上取代形成的共晶结构相对于其他几种模型更为稳定。

表 2-46　CL-20/TATB 共晶结构总能量

晶面	(1 0 $\bar{1}$)	(1 0 1)	(0 0 2)	随机	(0 1 1)	(1 1 0)
E/(kJ·mol^{-1})	−2057.40	−1922.89	−1915.18	−1888.87	−1831.09	−1803.22

根据晶体平衡形态理论，晶面的法线方向生长速率 R 与晶面间距成反比，因此这 5 个晶面生长速率的相对顺序为$[R(1 0 \bar{1})]<[R(1 0 1)]<[R(0 0 2)]<[R(0 1 1)]<[R(1 1 0)]$。同时，对于平衡形态而言，从晶体中心到各晶面的距离与晶面本身的比表面自由能成正比，即各晶面的生长速率与各晶面的比表面自由能成正比。因此，生长速率最慢的$(1 0 \bar{1})$晶面具有最小的比表面自由能，其次是$(1 0 1)$晶面，比表面自由能最大的是$(1 1 0)$晶面。对共晶结构能量的计算表明，TATB 在比表面自由能越小的晶面取代形成的共晶能量越低，结构越稳定。由此，可预测在 TATB 与 CL-20 形成共晶的过程中，TATB 最可能进入 CL-20 比表面能低的晶面形成稳定的共晶结构。

3. CL-20/TATB 共晶的径向分布函数

图 2-59 是 CL-20/TATB 共晶结构的径向分布函数图。可以看出，CL-20/TATB 的 6 种共晶模型在 $r=0.20$nm 附近均有出峰，表明 CL-20 的氧原子和 TATB 的氢原子形成了分子间氢键，且$(1 0 \bar{1})$面共晶模型的峰值最强，随机取代模型的峰值最弱，$(1 0 1)$面共晶模型、$(0 0 2)$面共晶模型、$(0 1 1)$面共晶模型、$(1 1 0)$面共晶模型的峰值相近，表明在$(1 0 \bar{1})$面形成氢键的作用力最强；在 $r=0.38$nm 处，6 种共晶模型也都有出峰，峰值均大于形成氢键的峰值，表明 6 种共晶模型均存

在强范德瓦尔斯力作用，而且可以看出，（1 0 $\bar{1}$）面共晶模型在 r=0.38nm 处所形成的峰值较其他模型更强，由此可以预测，（1 0 $\bar{1}$）面共晶模型存在着较强的分子作用力，较其他模型更容易形成共晶。

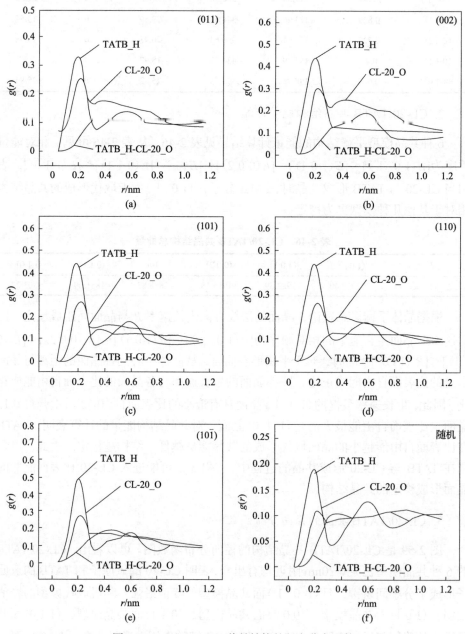

图 2-59　CL-20/TATB 共晶结构的径向分布函数

4. XRD 图谱

经 MD 平衡后, 6 种共晶模型用 Reflex 模块对其 XRD 图进行了模拟。图 2-60 中 MD 平衡后的随机取代模型里有许多分子间和分子内氢键存在, 是 CL-20/TATB 形成共晶的动力因素之一。可以看出, 纯组分 CL-20 和 TATB 的特征峰在 CL-20/TATB 共晶模型衍射图中有所下降或消失, 且(0 0 2)共晶模型、(0 1 1)共晶模型、(1 0 $\bar{1}$)共晶模型、(1 0 1)共晶模型、(1 1 0)共晶模型在 2θ 为 50° 附近均有新的衍射峰出现, (1 0 $\bar{1}$)共晶模型、(1 1 0)共晶模型在 2θ 为 80° 附近也有新的衍射峰出现, 这些特征衍射峰消失或新的衍射峰出现不是 CL-20 和 TATB 衍射峰简单的叠加。衍射峰的位置与物相有关, 衍射峰的强度与物质的含量及晶体的大小等有关。任何一个物相都有特定的晶面间距与衍射强度特征值, 若 2 种不同物相的结构稍有差异, 其衍射图中的晶面间距与衍射强度也会出现不同。这些特征峰消失、衍射峰强度下降和新的衍射峰出现, 证明了 CL-20/TATB 共晶模型是 8 种有别于纯组分 CL-20 和 TATB 的晶体, 具有新的晶胞参数。这主要是由于 CL-20 和 TATB 形成共晶时, 分子间氢键及范德瓦尔斯力破坏 CL-20 和 TATB 的晶体结构, 形成了一种新的结构。

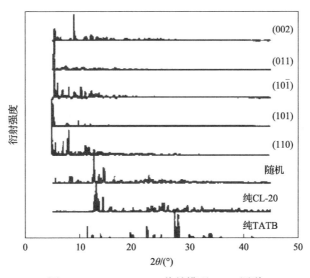

图 2-60　CL-20/TATB 共晶模型 XRD 图谱

2.5.4　HMX/FOX-7 共晶

FOX-7 是一种新型大密度(理论密度 $1.885\text{g}\cdot\text{cm}^{-3}$)钝感单质炸药。HMX 含有 NO_2 基团, FOX-7 含有氨基, HMX 与 FOX-7 可能以共晶形式存在。HMX 与 FOX-7

形成共晶可以降低 HMX 的机械感度。本节以共晶形成的机理构建 FOX-7 和 HMX 共晶模型，并运用 Materials Studio 软件中 Reflex 模块和 Discover 模块，对 FOX-7/HMX 共晶进行动力学模拟。通过考察共晶模型的结合能、径向分布函数、分子的键长、键角、二面角和 XRD 衍射图，判断共晶是否生成，为 HMX/FOX-7 共晶的形成提供理论依据。

1. HMX/FOX-7 共晶体系的平衡

以 HMX/FOX-7 共晶炸药(1 0 0)晶面为例，判别体系平衡必须同时满足温度平衡和能量平衡。从图 2-61 和图 2-62 可知体系平衡后的温度上下波动不超过 10%，且能量波动较小，HMX/FOX-7 共晶模拟体系已达到平衡，其他模型具有相同结论。由图 2-62 可知，HMX 和 FOX-7 存在着很强的分子间作用力，有利于 HMX 与 FOX-7 形成共晶。

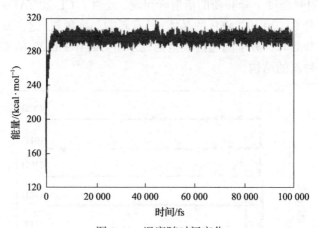

图 2-61　温度随时间变化

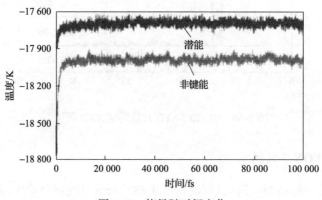

图 2-62　能量随时间变化

2. HMX 主要生长面的预测

HMX 经 MM 能量最小化后，采用 Morphology 模块中的 Growth Morphology 预测模型，根据 COMPASS 力场和 COMPASS 力场自带电荷，对 HMX 晶体的主要生长晶面进行预测。预测过程中，能量采用 Forcite 模块计算，范德瓦尔斯力和静电力分别按照 Atom based 和 Ewald 方法计算。HMX 有 5 个主要生长面，且其中 $(0\,1\,1)$ 和 $(1\,1\,\bar{1})$ 晶面占了 90.99%，晶面附着能主要由范德瓦尔斯力和静电力构成，且总附着能 $[E_a(0\,1\,1)]>[E_a(0\,2\,0)]>[E_a(1\,1\,\bar{1})]>[E_a(1\,0\,\bar{2})]>[E_a(1\,0\,0)]$。

3. HMX/FOX-7 共晶结合能

HMX/FOX-7 共晶可以通过 HMX 的硝基和 FOX-7 的氨基或 HMX 的亚甲基和 FOX-7 的硝基经分子间形成氢键组装。二者之间的结合能可定义为

$$\Delta E=E_{\text{HMX-FOX-7}}-(E_{\text{HMX}}+E_{\text{FOX-7}})，\quad E_b=-\Delta E$$

式中，$E_{\text{HMX-FOX-7}}$ 为 HMX/FOX-7 共晶平衡后的单点能，kcal/mol^{-1}；E_{HMX} 为 HMX/FOX-7 共晶平衡后去除 FOX-7 之后的单点能，kcal/mol^{-1}；$E_{\text{FOX-7}}$ 为 HMX/FOX-7 共晶平衡后去除 HMX 之后的单点能，kcal/mol^{-1}；结合能 E_b 定义为二者之间作用能 ΔE 的负值，kcal/mol^{-1}。

由表 2-47 可知，6 种共晶模型均有很强的结合能，结合能大小顺序为：$[E_b(0\,2\,0)]>[E_b(1\,0\,0)]>[E_b(\text{随机})]>[E_b(1\,1\,\bar{1})]>[E_b(1\,0\,\bar{2})]>[E_b(0\,1\,1)]$；HMX/FOX-7 在 $(0\,2\,0)$ 晶面上结合能最大，体系能量最低，更加稳定，有利于 HMX/FOX-7 共晶的形成。

表 2-47　HMX 各晶面与 FOX-7 的结合能

参数	晶面					
	随机	$(0\,1\,1)$	$(1\,1\,\bar{1})$	$(1\,0\,0)$	$(0\,2\,0)$	$(1\,0\,\bar{2})$
$E_{\text{HMX/FOX-7}}/(\text{kcal}\cdot\text{mol}^{-1})$	−17737.00	−17520.78	−17647.22	−17985.85	−18094.98	−17476.44
$E_{\text{HMX}}/(\text{kcal}\cdot\text{mol}^{-1})$	−7959.90	−7870.75	−7861.82	−7985.82	−8048.01	−7796.80
$E_{\text{FOX-7}}/(\text{kcal}\cdot\text{mol}^{-1})$	−9056.79	−9089.94	−9093.65	−9258.06	−9071.18	−9024.84
$\Delta E/(\text{kcal}\cdot\text{mol}^{-1})$	−720.31	−560.09	−691.75	−941.97	−975.79	−654.80
$E_b/(\text{kcal}\cdot\text{mol}^{-1})$	720.31	560.09	691.75	941.97	975.79	654.80

4. HMX/FOX-7 共晶体系的径向分布函数

图 2-63 是 HMX/FOX-7 共晶结构的径向分布函数图。如图 2-63(a) 和 (b) 所示，HMX/FOX-7 的 6 种共晶模型在 $r=1.8\text{Å}$ 附近均有出峰，表明 HMX 的氧原子和 FOX-7 的氢原子形成了分子间氢键，且 $(1\,0\,\bar{2})$ 面共晶模型、$(1\,1\,\bar{1})$ 面共晶模

型、(0 1 1)面共晶模型、(1 0 0)面共晶模型、随机取代共晶模型、(0 2 0)面共晶模型的峰值依次减少，表明形成氢键的作用力依次减少；在 $r=4.5$Å 处，6 种共晶模型都有出峰，且峰值均大于形成氢键的峰值，说明 6 种共晶模型均存在强范德瓦尔斯力作用。从图 2-63(c)和(d)可知，HMX/FOX-7 的 6 种共晶模型在 $r=2.3$Å 左右均有出峰，且随机取代模型在 $r=1.8$Å 时有一个很强的峰出现，可见 HMX 的亚甲基的氢与 FOX-7 的氧形成了氢键。氢键的强弱顺序为：[随机取代共晶模型] $>[(1\ 0\ \overline{2})$共晶模型] $>[(1\ 1\ \overline{1})$共晶模型] $>[(0\ 1\ 1)$共晶模型] $>[(1\ 0\ 0)$共晶模型] $>[(0\ 2\ 0)$共晶模型]，同样存在强的范德瓦尔斯力作用。由此可以预测$(1\ 0\ \overline{2})$面共晶模型存在着较强的分子间作用力，较其他模型易形成 HMX/FOX-7 共晶。

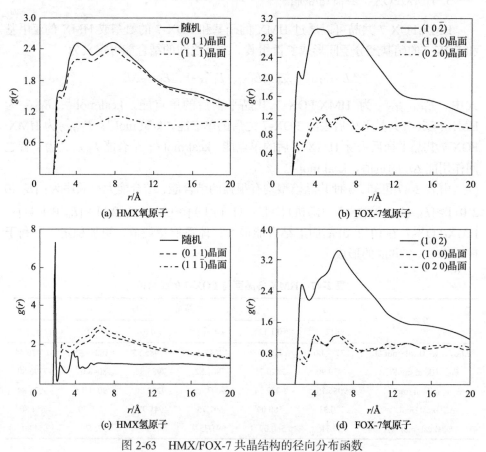

图 2-63　HMX/FOX-7 共晶结构的径向分布函数

5. HMX/FOX-7 共晶的键长、键角和二面角的变化

MD 模拟过程中，考察 HMX/FOX-7 共晶体系中键长、键角和二面角的变化。如图 2-64 所示，在 MD 模拟过程中，FOX-7 中氨基中 N···H 键、HMX 中硝基和

HMX 构型都发生扭转和畸变。FOX-7 中氨基的键长由 0.75Å 伸长到 1.1Å，HMX 中硝基的角度从 118Å 变化到 138Å，特别是 HMX 中部二面角波动，从–175° 变化到 175°，波动范围极大，进一步证实了 HMX/FOX-7 共晶的形成。这些键长、键角、二面角发生扭转是由于 HMX 和 FOX-7 之间的氢键和范德瓦尔斯力的作用，原先的 HMX 和 FOX-7 结构遭到破坏。

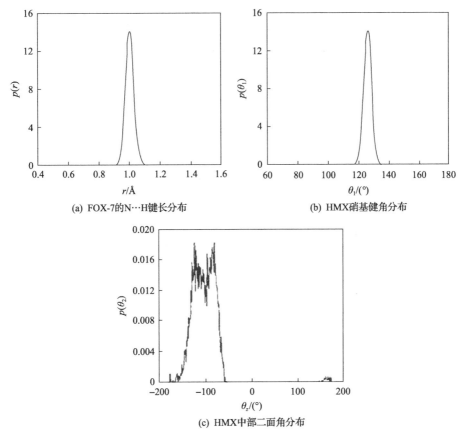

(a) FOX-7的N···H键长分布

(b) HMX硝基键角分布

(c) HMX中部二面角分布

图 2-64　HMX/FOX-7 中共晶键长、键角和二面角分布

6. XRD 图

6 种共晶模型经 MD 平衡后，用 Reflex 模块对其 XRD 图进行了模拟(图 2-65)。可以看出，纯组分 HMX 和 FOX-7 的特征峰强在 HMX/FOX-7 共晶模型衍射图中有所下降或消失，且随机共晶模型、(0 1 1)共晶模型、(1 1 $\bar{1}$)共晶模型、(1 0 $\bar{2}$)共晶模型在 2θ 为 6°附近均有新的衍射峰出现，(1 0 0)共晶模型、(0 2 0)共晶模型在 2θ 为 16°附近也有新的衍射峰出现，这些特征衍射峰消失或新的衍射峰出现不是 HMX 和 FOX-7 衍射峰简单的叠加。这些特征峰消失、衍射峰强度下降和新

的衍射峰出现,证明了 HMX/FOX-7 共晶模型是一种有别于纯组分 HMX 和 FOX-7 的晶体,具有新的晶胞参数。这主要是由于 HMX 和 FOX-7 形成共晶时,分子间氢键及范德瓦尔斯力对 FOX-7 和 HMX 的结构造成了破坏,形成了一种新的结构。由上面分析可知,HMX/FOX-7 共晶 MD 模拟过程中,FOX-7 中氨基键长、HMX 中硝基键角和 HMX 中部二面角均有扭转、畸变。

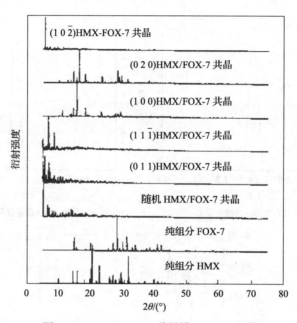

图 2-65　HMX/FOX-7 共晶模型 XRD 图谱

参 考 文 献

[1] 朱伟平. 分子模拟技术在高分子领域的应用[J]. 塑料科技, 2002, (5): 23-25, 33.

[2] 张崇民, 赵小峰, 付小龙, 等. 分子动力学模拟在推进剂组分物理化学性能研究中的应用进展[J]. 火炸药学报, 2018, 41(6): 531-542.

[3] 齐晓飞, 张晓宏, 郭昕, 等. NC/DINAP 共混体系力学性能的分子动力学模拟计算[J]. 火炸药学报, 2013, 36(2): 57-61, 81.

[4] 居学海, 叶财超, 徐司雨. 含能材料的量子化学计算与分子动力学模拟综述[J]. 火炸药学报, 2012, 35(2): 1-9.

[5] 兰艳花, 刘亚青, 付一政, 等. 高能推进剂 NEPE 组分 PEG 与铝颗粒模型的分子动力学模拟[J]. 化学推进剂与高分子材料, 2009, 7(4): 49-54.

[6] 夏露. 高能材料结构和性能的分子动力学模拟[D]. 苏州: 苏州大学, 2008.

[7] 张腊莹, 衡淑云, 刘子如, 等. NC/NG 与 ADN 的相互作用[J]. 含能材料, 2009, 17(1): 95-98.

[8] 张腊莹, 衡淑云, 刘子如, 等. PBT 与高能氧化剂的相互作用的热分析法研究[J]. 含能材料, 2009, 17(6): 668-672.

[9] 肖鹤鸣, 居学海. 高能体系中的分子间相互作用[M]. 北京: 科学出版社, 2004.

[10] 牟丹, 李健全. 高分子材料的多尺度模拟方法及应用[M]. 北京: 科学出版社, 2017.

[11] 邱玲. 氮杂环硝胺类高能量密度材料(HEDM)的分子设计[D]. 南京: 南京理工大学, 2007.

[12] 杨小震. 软物质的计算机模拟与理论方法[M]. 北京: 化学工业出版社, 2010.

[13] 齐晓飞, 张晓宏, 李吉祯, 等. NC/NG 共混体系的分子动力学模拟研究[J]. 兵工学报, 2013, 34(1): 93-99.

[14] 徐光宪, 黎乐民. 量子化学(基本原理和从头计算法)[M]. 北京: 科学出版社, 1984.

[15] 赵信歧, 旅倪承. ε-六硝基六氮杂异戊兹烷的晶体结构[J]. 科学通报, 1995, 40: 2158-2160.

[16] Xu X J, Xiao J J, Zhu W, et al. Molecular dynamics simulations for pure ε-CL-20 and ε-CL-20-based PBXs [J]. Journal of Physical Chemistry B, 2006, 110: 7203-7207.

[17] 许晓娟, 肖继军, 黄辉, 等. ε-CL-20 基 PBX 结构与性能的分子动力学模拟——HEDM 理论配方设计初探[J]. 中国科学 B 辑: 化学, 2007, 37(6): 556-563.

[18] 陶长贵, 冯海军, 周健, 等. 氧气在聚丙烯内吸附和扩散的分子模拟[J]. 物理化学学报, 2009, 25(7): 1373-1378.

[19] 荣丽萍. 分子模拟研究小分子气体在常用包装聚合物膜中的扩散行为[D]. 济南: 山东大学, 2011.

[20] 付一政, 刘亚青, 梅林玉, 等. HTPB 与 Al 不同晶面结合能和力学性能的分子动力学模拟[J]. 物理化学学报, 2009, 25(1): 187-190.

[21] Han S P, van Duin A C T, Goddard III W A, et al. Thermal decomposition of condensed phase nitromethane from nrolecular dynamics from ReaxFF reaetive dynamics [J]. Journal of Physical Chemistry B, 2011, 115: 6534-6540.

[22] 王可, 舒远杰, 刘宁, 等. 聚醚砜酮及其与 ε-CL-20 复合体系性能的分子动力学模拟[J]. 火炸药学报, 2017, 40(4):38-44.

[23] 齐晓飞, 闫宁, 严启龙, 等. 硝化纤维素+增塑剂共混体系相结构的介观动力学模拟[J]. 火炸药学报, 2017, 40(6): 101-107.

[24] Atzger A J, Bohon O. Improved stability and smart-material functionality realized in an energetic cocrystal [J]. Angewandte Chemie International Edition, 2011, 50(38): 8960-8963.

[25] 陶俊, 王晓峰, 赵省向, 等. CL20/HMX 共晶与共混物的分子动力学模拟[J]. 含能材料, 2016, 24(4): 324-330.

[26] Bolton O, Simke L R, Pagoria P F, et al. High power explosive with good sensitivity: a 2:1 cocrystal of CL-20:HMX[J]. Crystal Growth & Design, 2012, 12(9): 4311-4314.

[27] 刘强. RDX 与 CL-20 及其共晶和复合体系的 MD 模拟研究[D]. 南京: 南京理工大学, 2014.

[28] 孙婷, 刘强, 肖继军, 等. CL-20/HMX 共晶及其为基 PBX 界面作用和力学性能的 MD 模拟研究[J]. 化学学报, 2014, 72(9): 1036-1042.

[29] 赵昱, 张晓宏, 张伟, 等. GAP 与 3 种含能钝感增塑剂共混相容性的分子动力学模拟研究[J]. 化工新型材料, 2015, 43(11):185-187.

[30] 刘美珍, 聂教荣, 史良伟. 叠氮增塑剂与 GAP 黏合剂的相容性模拟计算[J].化学推进剂与高分子材料, 2013, 11(6): 63-69.

[31] 陈维孝, 董西侠. 高分子物理[M]. 上海: 复旦大学出版社, 1983.

[32] 杨月诚, 焦东明, 强洪夫, 等. HTPB 推进剂组分溶度参数的分子模拟研究[J]. 含能材料, 2008, 16(2): 191-195.

[33] 姚维尚, 李倩, 谭惠民. NEPE 推进剂黏合剂性能的分子模拟研究[J]. 含能材料, 2007, 15 (6): 650-655.

[34] 黄锐, 姚维尚, 谭惠民. 纤维素基含能黏合剂的分子模拟[J]. 火炸药学报, 2008, 31(1): 64-67.

[35] 付一政, 胡双启, 兰艳花, 等. HTPB/增塑剂玻璃化转变温度及力学性能的分子动力学模拟[J]. 化学学报, 2010, 68(8): 809-813.

[36] 朱伟, 肖继军, 马秀芳, 等. 不同温度下 RDX 晶体力学性能的 MD 模拟[J]. 火炸药学报, 2007, 30(4): 17-19.

[37] 肖继军, 方国勇, 姬广富, 等. HMX 基高聚物黏结炸药结合能和力学性能的模拟研究[J]. 科学通报, 2004, 49(24): 2520-2524.

[38] 朱伟, 肖继军, 赵峰, 等. HMX/TATB 复合材料弹性性能的 MD 模拟[J]. 化学学报, 2007, 65(13): 1223-1228.

[39] 马秀芳, 赵峰, 肖继军, 等. HMX 基多组分 PBX 结构和性能的模拟研究[J]. 爆炸与冲击, 2007, 27(2): 109-115.

[40] 马秀芳, 肖继军, 黄辉, 等. HMX 和 HMX/HTPB PBX 的晶体缺陷理论研究[J]. 化学学报, 2008, 66(8): 897-901.

[41] Xiao J J, Li S Y, Chen J, et al. Molecular dynamics study on the correlation between structure and sensitivity for defective RDX crystals and their PBXs [J]. Journal of Molecular Modeling, 2013, 19(2): 803-809.

[42] 刘强, 肖继军, 陈军, 等. 不同温度下 CL-20 晶体感度和力学性能的分子动力学模拟计算[J]. 火炸药学报, 2014, 37(2): 7-12.

[43] 赵贵哲, 冯益柏, 付一政, 等. 端羟基聚丁二烯/增塑剂共混物相容性的分子动力学模拟和介观模拟[J]. 化学学报, 2009, 67(19): 2233-2238.

[44] 李红霞, 颜洪大, 武文明. 丁羟胶玻璃化温度的模拟计算[J]. 中国胶黏剂, 2009, 18(3): 17-20.

[45] 王晗, 樊学忠, 刘小刚, 等. 浇铸型高能 CMDB 推进剂的力学性能[J]. 含能材料, 2010, 18(1): 88-92.

[46] 李吉祯, 樊学忠, 钟雷, 等. NC/NG/AP/Al 复合改性双基推进剂力学性能研究[J]. 含能材料, 2007, 15(4): 345-348.

[47] 王瑛, 张晓宏, 陈雪莉, 等. 改性双基推进剂组合装药界面力学性能[J]. 含能材料, 2011, 19(3): 287-290.

[48] 陈竚, 任黎, 齐晓飞, 等. 拉伸速率对 CMDB 推进剂力学性能的影响[J]. 火工品, 2013, 23(1): 40-44.

[49] 范夕萍, 谭惠民, 张磊, 等. 热塑性弹性体在复合改性双基推进剂中的应用[J]. 推进技术, 2008, 29(1): 124-128.

[50] 姚楠. 高固体含量螺压改性双基推进剂力学性能研究[D]. 西安: 西安近代化学研究所, 2009.

[51] 贾展宁, 周起槐. 硝化纤维素、双基黏合剂和改性双基推进剂动态黏弹性分析[J]. 北京工业学院学报, 1984, (3): 72-80.

[52] Luo Z L, Jiang J W. Molecular dynamics and dissipative particle dynamics simulations for the miscibility of poly(ethylene oxide)/poly(vinyl chloride) blends[J]. Polymer, 2010, 51(6): 291-299.

[53] 王江宁, 李亮亮, 刘子如. DNTF-CMDB 推进剂的力学性能[J]. 火炸药学报, 2010, 33(4): 23-27.

[54] 王可, 李焕, 赵昱, 等. P(BAMO/AMMO) 及其粘结剂体系力学性能的 MD 模拟[J]. 固体火箭技术, 2021, 44(1): 58-74.

[55] 李红霞, 强洪夫, 武文明. 丁羟推进剂黏结体系中增塑剂迁移的分子模拟[J]. 火炸药学报, 2008, 31(5): 74-78.

[56] 李红霞, 强洪夫, 王广, 等. 基于 MD 方法的增塑剂扩散行为的模拟研究[J]. 含能材料, 2009, 17(1): 36-41.

[57] 赵树森, 付一政, 梁晓艳, 等. HTPB/增塑剂共混物的介观动力学模拟[J]. 高分子材料科学与工程, 2011, 27(5): 186-190.

[58] 虞振飞, 付小龙, 蔚红建, 等. 聚氨酯弹性体中 NG 和 BTTN 迁移的介观模拟[J]. 含能材料, 2015, 23(9): 858-864.

[59] 李晓颖, 李福田, 姚巍, 等. HTPB/增塑剂共混物玻璃化转变温度的 MD 模拟[J]. 哈尔滨工业大学学报, 2009, (11): 152-156.

[60] 焦东明, 杨月诚, 强洪夫. HTPB 固体推进剂增塑剂选取分子模拟研究[J]. 化学研究与应用, 2009, 21(6): 805-809.

[61] 李红霞, 强洪夫, 李新其, 等. HTPB 推进剂中增塑剂扩散系数计算[J]. 固体火箭技术, 2012, 35(3): 387-390.

[62] Fu X L, Fan X Z, Ju X H, et al. Molecular dynamic simulations on the interaction between an HTPE polymer and energetic plasticizers in a solid propellant [J]. RSC Advances, 2015, 5(65): 52844-52851.

[63] Abou R H, Lussier L S, Ringuette S, et al. On the correlation between miscibility and solubility properties of energetic plasticizers/polymer blends: Modeling and simulation studies [J]. Propellants Explosives, Pyrotechnics, 2008, 33(4): 301-310.

[64] 齐晓飞, 张晓宏, 张伟, 等. NC/NG 共混体系的塑化行为[J]. 推进技术, 2013, 34(6): 843-848.

[65] 杨月诚, 焦东明, 强洪夫, 等. 基于分子模拟方法选择推进剂键合剂的研究[J]. 计算机与应用化学, 2008, 25(8): 1011-1014.

[66] 张丽娜, 李定华, 姚维尚, 等. GAP 接枝海因与推进剂组分相互作用的分子模拟[J]. 推进技术, 2010, 31(5): 587-592.

[67] Manaa M R, Fried L E, Melius C F, et al. Decomposition of HMX at extreme conditions: a molecular dynamics simulation [J]. The Journal of Chemical Physics A, 2002, 106: 9024-9029.

[68] Zhou T T, Huang F L. Effects of defects on thermal decomposition of HMX via ReaxFF molecular dynamics simulations [J]. The Journal of Physics Chemical B, 2011, 115(2): 278-287.

[69] 李上文, 赵凤起, 袁潮, 等. 国外固体推进剂研究与开发的趋势[J]. 固体火箭技术, 2002, 25(2): 36-42.

[70] Landenberger K B, Matzger A J. Cocrystal engineering of a prototype energetic materials supramolecular chemistry of 2,4,6-tri-nitrotoluene [J]. Crystal Growth & Design, 2010, 10(12): 5341-5347.

[71] 焦东明, 杨月诚, 强洪夫, 等. 丁羟推进剂模型体系中键合剂作用机理的分子模拟研究[J]. 含能材料, 2009, 17(6): 650-654.

[72] 焦东明, 杨月诚, 强洪夫, 等. 基于渗透性能选择丁羟推进剂用键合剂的分子模拟研究[J]. 兵工学报, 2009, 30(8): 1024-1029.

[73] 武文明, 张炜, 陈敏伯, 等. 理论研究丁羟黏合剂化学键解离及其对力学性能的影响[J]. 化学学报, 2012, 70(10): 1145-1152.

[74] 朱伟, 肖继军, 郑剑, 等. 高能混合物的感度理论判别-不同配比和不同温度 AP/HMX 的 MD 研究[J]. 化学学报, 2008, 66(23): 2592-2596.

[75] 林小雄, 王明良, 赵凤起, 等. 硝基甲烷与氨基及羟基化合物间的相互作用[J]. 火炸药学报, 2012, 35(4): 1-4.

[76] 陈玲, 李华荣, 熊鹰, 等. 甲基硝基胍-硝酸肼低共熔物结构及分子间作用[J]. 含能材料, 2012, 20(5): 560-564.

[77] 陈波, 黄整. TATB 分子的结构分子间相互作用[J]. 原子与分子物理学报, 2004, 24(1): 83-88.

[78] 牛晓庆, 张建国, 冯晓军, 等. B 炸药主要组分 TNT 和 RDX 分子间相互作用的理论研究[J]. 化学学报, 2011, 69(14): 1627-1638.

[79] 聂福德, 杨雪海, 张凌, 等. HMX/TATB 基 PBX 的感度与表面形态的关系探索[J]. 火炸药学报, 2001, 24(3): 20-21.

[80] 蹇锡高, 王锦艳. 含二氮杂萘酮联苯结构高性能工程塑料研究进展[J]. 中国材料进展, 2012, 31(2): 16-22.

[81] 蹇锡高, 廖功雄, 王锦艳. 含二氮杂萘酮结构聚芳醚酮和聚芳醚砜研究进展[J]. 中国塑料, 2002, 16(4): 11-15.

[82] 王锦艳, 蹇锡高. 含二氮杂萘酮结构全芳杂环聚合物的研究进展[J]. 高分子通报, 2011, (9): 22-34.

[83] 居学海, 范晓薇, 孙小巧, 等. 三乙二醇二硝酸酯与高分子黏结剂在混合体系中的分子间相互作用[J]. 化学推进剂与高分子材料, 2007, 5(5): 44-47.

[84] 孙小巧, 范晓薇, 居学海, 等. 丁三醇三硝酸酯与高分子黏结剂的相互作用[J]. 火炸药学报, 2007, 30(3): 1-4.

[85] 范晓薇, 居学海, 孙小巧, 等. 硝化甘油与高分子黏结剂混合体系相互作用的理论研究[J]. 火炸药学报, 2009, 32(3): 46-49.

[86] 孙小巧. 高能氧化剂与黏合剂的分子间相互作用[D]. 南京: 南京理工大学, 2007.

[87] 马秀芳, 肖继军, 黄辉, 等. 分子动力学模拟浓度和温度对 TATB/PCTFE PBX 力学性能的影响[J]. 化学学报, 2005, 63(22): 2037-2041.

[88] 肖继军, 黄辉, 李金山, 等. HMX 热膨胀系数的分子动力学模拟研究[J]. 含能材料, 2007, (6): 622-625.

[89] 李倩, 姚维尚, 谭惠民. 叠氮黏合剂与硝酸酯溶度参数的分子动力学模拟[J]. 含能材料, 2007, 15(4): 370-373.

[90] 符若文, 李谷, 冯开才. 高分子物理[M]. 北京: 化学工业出版社, 2005.

[91] 潘碧峰, 罗运军, 谭惠民. 树形分子键合剂包覆 AP 及其相互作用研究[J]. 含能材料, 2004, 12(1): 6-9.

[92] Meunier M. Diffusion coefficients of small gas molecules in amorphous cis-1,4-polybutadiene estimated by molecular dynamics simulations [J]. Journal of Chemical Physics, 2005, 123(13): 134906.

[93] 江龙. 高性能热塑性复合材料组成结构与界面的分子模拟[D]. 哈尔滨: 哈尔滨工业大学, 2007.

[94] 杨红军, 殷景华, 雷清泉. 聚酰亚胺纳米复合材料结构和性能的分子模拟[J]. 哈尔滨理工大学学报, 2006, (2): 31-34.

[95] 李倩, 姚维尚, 谭惠民. 分子动力学模拟叠氮热塑性弹性体的杨氏模量及其与硝酸酯的溶度参数[J]. 火炸药学报, 2007, (4): 13-16.

[96] Xiao J, Huang H, Li J, et al. A molecular dynamics study of interface interactions and mechanical properties of HMX-based PBXs with PEG and HTPB [J]. Journal of Molecular Structure Theochem, 2008, 851(1): 242-248.

[97] Xiao J, Hui H, Li J, et al. Computation of interface interactions and mechanical properties of HMX-based PBX with Estane 5703 from atomic simulation [J]. Journal of Materials Science, 2008, 43(17): 5685-5691.

[98] Zhu W, Wang X, Xiao J, et al. Molecular dynamics simulations of AP/HMX composite with a modified force field[J]. Journal of Hazardous Materials, 2009, 167(1): 810-816.

[99] 赵丽, 肖继军, 陈军, 等. RDX 基 PBX 的模型、结构、能量及其与感度关系的分子动力学研究[J]. 中国科学: 化学, 2013(5): 576-584.

[100] 肖继军, 黄辉, 李金山, 等. HMX 晶体和 HMX/F$_{2311}$ PBXs 力学性能的 MD 模拟研究[J]. 化学学报, 2007, 65(17): 1746-1750.

[101] 王静刚, 李俊贤, 张玉清. 叠氮增塑剂研究进展[J]. 化学推进剂与高分子材料, 2008, 6(3): 10-19.

[102] 任玉立, 陈少镇. 关于硝化纤维素浓溶液的研究——体系溶度参数与相溶性[J]. 火炸药学报, 1981, (1): 9-16.

[103] 姬月萍, 高福磊, 韩瑞, 等. 1,5-二叠氮基-3-硝基-3-氮杂戊烷溶解度参数的估算与测定[J]. 含能材料, 2013, 21(5): 612-615.

[104] 王连心, 薛金强, 何伟国, 等. Bu-NENA 含能增塑剂的性能及应用[J]. 化学推进剂与高分子材料, 2014, 12(1):1-22.

[105] 朱伟, 刘冬梅, 肖继军, 等. 多组分高能复合体系的感度判据、热膨胀和力学性能的 MD 研究[J]. 含能材料, 2014, (5): 582-587.

[106] Sun T, Xiao J, Liu Q, et al. Comparative study on structure, energetic and mechanical properties of a ε-CL-20/HMX cocrystal and its composite with molecular dynamics simulation [J]. Journal of Materials Chemistry A, 2014, 2(34): 13898-13904.

[107] Rohac M, Zeman S, Ruzicka A. Crystallography of 2,2′,4,4′,6,6′-hexanitro-1,1′-biphenyl and its relation to initiation reactivity [J]. Chemistry of Materials, 2008, 20(9): 3105-3109.

[108] 张斌, 罗运军, 谭惠民. 多种键合剂与 CL-20 界面的相互作用机理[J]. 火炸药学报, 2005, 28(3): 23-26.

[109] Zhang C Y, Wang X C, Huang H. Pi- stacked interactions in explosive crystals: buffers against external mechanical stimuli [J]. Journal of the American Chemical Society, 2008, 130(26): 8359-8365.

[110] Ju X H, Xiao H M, Xia Q Y. A density functional theory investigation of 1,1-diamino-2,2 dinitroethylene dimorn and crystal [J]. Journal of Chemical Physics, 2003, 119(19): 10247-10255.

[111] Soreseu D C, Rice B M. Theoretical predictions of energetic molecular crystals at ambient and hydrostatic compression conditions using dispersion corrections to conventional density functionals (DFTD) [J]. Journal of Physical Chemistry C, 2010, 114(14): 6734-6748.

[112] Sorescu D C, Boatz J A, Thompson D T. First principles calculations of the adsorption of nitromethane and 1,1′-diamino 2,2′-dinitroethylene (FOX-7) molecules on the α-A1$_2$O$_3$ (0 0 0 1) surface [J]. Journal of Physical Chemistry B, 2005, 109(4): 1451-1463.

[113] Manaa M R, Fried L E, Reed E J. Explosive chemistry: simulating the chemistry of energetic materials at extreme conditions [J]. Journal of Computer-Aided Materials Design, 2003, 10(2): 75-97.

[114] Liu L C, Liu Y, Zybin S V, et al. Correction of the ReaxFF reactive force field for London dispersion, with applications to the equations of state for energetic materials [J]. Journal of Physical Chemistry A, 2011, 115: 11016-11022.

[115] Sewell T D, Menikoff R, Bedrov D, et al. A molecular dynamics simulation study of elastic properties of HMX [J]. Journal of Chemical Physics, 2003, 119(14): 7417-7426.

[116] 卫春雪, 段晓惠, 刘成建, 等. 环四甲撑四硝胺/1,,3,5-三氨基-2,4,6-三硝基苯共晶炸药的分子模拟研究[J]. 化学学报, 2009, 67: 2822-2826.

[117] 林鹤, 张琳, 朱顺官, 等. HMX/FOX-7 共晶炸药分子动力学模拟[J]. 兵工学报, 2012, 33(9): 1026-1030.

[118] 文国. CL-20 晶习研究及 CL-20/TATB 共晶的分子动力学模拟[D]. 太原: 中北大学, 2014.

[119] 杨文升, 荀瑞君, 张树海, 等. HMX/NQ 共晶分子间相互作用的密度泛函理论研究[J]. 火炸药学报, 2015, 38(6): 72-86.

[120] Rodriguez-Hornedo N, Nehm S, Seefeldt K, et al. Reaction crystallization of pharmaceutical molecular complexes[J]. Molecular Pharmaceutics, 2006, 3: 362.

[121] Trask A V, Motherwell W D S. Jones W. Pharmaceutical co-crystallization: engineering a remedy for caffeine hydration [J]. Crystal Growth and Design, 2005, 5: 1013.

第3章 复合固体推进剂变形损伤过程研究

3.1 概　　述

当前固体发动机药柱广泛采用复合固体推进剂,复合固体推进剂在构成上是多组分体系,主要由高分子聚合物基体和掺入其中的大量固体氧化剂颗粒及金属燃料颗粒组成,此外还有少量的附加组分。由于固体颗粒在基体中是一种机械混合,在外界载荷作用下,推进剂内部将发生不可逆的损伤,包括基体分子链的断裂以及颗粒与基体界面的"脱湿"。这些损伤使推进剂力学性能劣化,并最终导致推进剂的破坏[1-3]。以往有关复合固体推进剂的研究大多基于对推进剂材料宏观性能的认识,其主要特点是将细观结构非均匀的复合固体推进剂理想化为均质的弹性或黏弹性材料,推进剂在外界载荷作用下的力学性能劣化过程采用宏观"损伤因子"来表示,这种简化在一定程度上满足了发动机装药设计的需要[4-6]。

3.2 推进剂单轴拉伸实验

3.2.1 实验方法

利用单轴拉伸实验来评价基体胶片和固体推进剂力学性能是目前应用最为广泛,也是最直接有效的途径[7]。实验数据由 INSTRON 5567 型万能材料拉伸机拉伸得到。在拉伸机上进行单轴拉伸实验,每批样品重复 3~4 遍。拉伸实验条件:实验温度分别为 65℃、45℃、15℃、−25℃、−45℃;拉伸速率为 0.5mm·min^{-1}、2mm·min^{-1}、100mm·min^{-1}、500mm·min^{-1}、2000mm·min^{-1}、5000mm·min^{-1}。推进剂试件的制取按照原航天工业部标准《复合固体推进剂单轴拉伸实验方法》(QJ 924—1985)所规定的方法执行,由于推进剂为高颗粒填充材料,其采用的试件大小与基体材料有些不同。试件的形状为哑铃形,试件采用冲压机冲压而成。试件形状、尺寸如图 3-1 所示(单位:mm)。通过对拉伸曲线的处理,得到材料的各项力学性能:最大抗拉强度 σ_{m}(MPa),最大抗拉强度下的伸长率(以下简称最大伸长率)ε_{m}(%),断裂伸长率 ε_{b}(%)和初始模量 E_0(MPa)(取伸长率为 3%和 7%两点连线的斜率)。

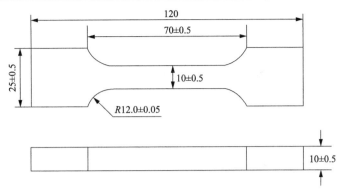

图 3-1　推进剂试件形状(单位：mm)

3.2.2　实验结果及分析

图 3-2(a)为–25℃时不同拉伸速率下推进剂的拉伸应力-应变曲线，从图可以看出，不同拉伸速率下的应力-应变关系呈现基本相同的趋势，在拉伸开始阶段，拉伸应变达到 10%之前，其应力-应变线性关系较好，之后应力-应变曲线出现平台区，斜率逐渐减少，呈现非线性关系，最后出现断裂，推进剂的应力-应变曲线具有强烈的非线性。

图 3-2(b)为拉伸速率为 500mm·min^{-1}时不同温度下推进剂的拉伸应力-应变曲线，由图可以看出，相对于常温拉伸情况，低温条件下推进剂的应力-应变曲线具有以下几个典型的特征：初始模量和抗拉强度随温度的降低逐渐增大；断裂伸长率随拉伸速率的增加而增加，在–45℃时断裂伸长率相对于–25℃时明显降低。

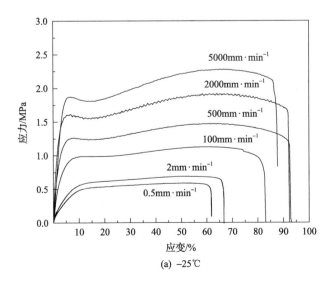

(a)　–25℃

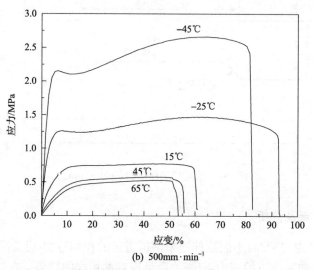

(b) 500mm·min⁻¹

图 3-2　推进剂的拉伸应力-应变曲线

图 3-3 给出了推进剂初始模量、抗拉强度和断裂伸长率等力学性能随温度、拉伸速率的变化曲线。研究发现，推进剂在不同温度和拉伸速率下的初始模量、抗拉强度和伸长率等力学性能呈现出不同的变化规律。从图 3-3(a)～(d)可以看出，相同拉伸速率下，随温度的降低，初始模量和抗拉强度增加；相同温度下，初始模量和抗拉强度随拉伸速率的增加而增加。在低温、高拉伸速率下，推进剂呈现高模量、高抗拉强度。对比拉伸速率和温度对推进剂力学性能的影响可知，降低温度与提高拉伸速率具有相同的效应，也就是具有"时温等效"[8]。

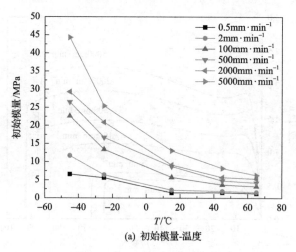

(a) 初始模量-温度

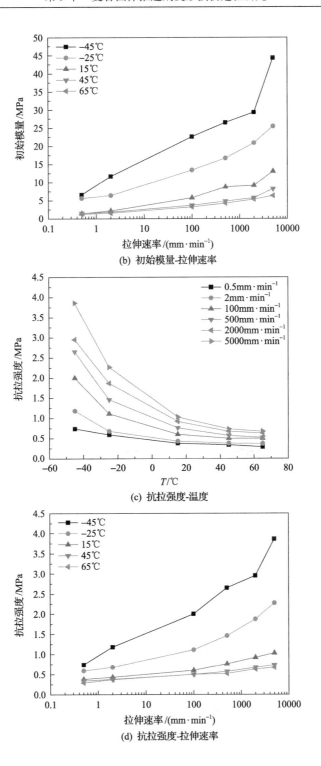

(b) 初始模量-拉伸速率

(c) 抗拉强度-温度

(d) 抗拉强度-拉伸速率

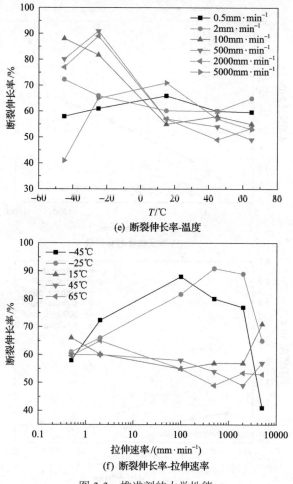

(e) 断裂伸长率-温度

(f) 断裂伸长率-拉伸速率

图 3-3 推进剂的力学性能

对于推进剂断裂伸长率，在不同温度和拉伸速率下，呈现较大的分散性。在低温、高拉伸速率下，断裂伸长率降低。

采用 WLF 方程对各个温度下的时温转换因子 a_T 进行拟合，结果如式(3-1)所示：

$$\lg a_T = \frac{-12.34(T-15)}{235+(T-15)} \tag{3-1}$$

根据获得的 a_T，将横坐标表示为

$$\lg \frac{1}{R \cdot a_T} = \lg L_0 - \lg V - \lg a_T \tag{3-2}$$

式中，R 为摩尔气体常量；L_0 为试样初始工程标距，mm；V 为拉伸速率，mm·min^{-1}。

纵坐标分别为初始模量、抗拉强度和伸长率等，基于时温等效原理，将不同温度和拉伸速率下的数据平移得到主曲线的散点图，采用不同函数对其进行拟合，得到力学性能主曲线拟合关系式，具体见表 3-1 和图 3-4。

表 3-1 推进剂的力学性能主曲线拟合结果

力学参数	拟合关系式	相关系数
初始模量/MPa	$E = 4.78\exp\left[-0.38\lg\left(t\big/Ra_T\right)\right]$	0.98
抗拉强度/MPa	$\sigma_m\dfrac{T_s}{T} = 0.659\exp\left[-0.28\lg\left(t\big/Ra_T\right)\right]$	0.97
断裂伸长率/%	$\varepsilon_b = -0.109\left[\lg\left(t\big/Ra_T\right)\right]^4 - 0.111\left[\lg\left(t\big/Ra_T\right)\right]^3$ $+ 2.994\left[\lg\left(t\big/Ra_T\right)\right]^4 - 1.603\left[\lg\left(t\big/Ra_T\right)\right]^4 + 53.48$	0.84

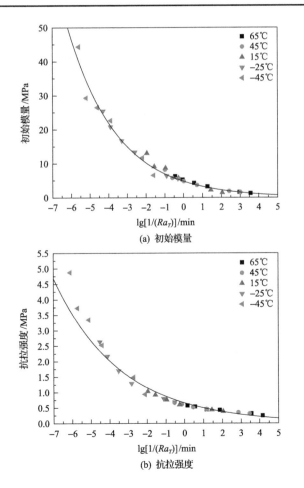

(a) 初始模量

(b) 抗拉强度

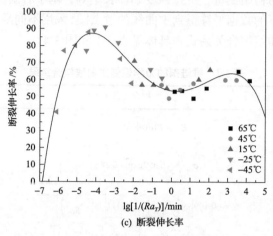

(c) 断裂伸长率

图 3-4　推进剂的力学性能主曲线

分析表 3-1 和图 3-4 可知，初始模量、抗拉强度主曲线呈现指数递减趋势，在高温、低拉伸速率情况下，其值减少；断裂伸长率的主曲线呈现多项式关系，在低温和高拉伸速率下，伸长率下降，上述现象容易引起固体火箭发动机在低温条件下工作结构完整性的失效。

由不同温度和拉伸速率下的推进剂的抗拉强度和断裂伸长率得到其破坏包络线，见图 3-5。破坏包络线提供了不同温度和拉伸速率下推进剂失效的判据，在曲线的左边推进剂不发生破坏，右边则发生破坏。破坏包络线综合了断裂时的应力和应变，相对于最大延伸率等单一参数失效判据更加全面。

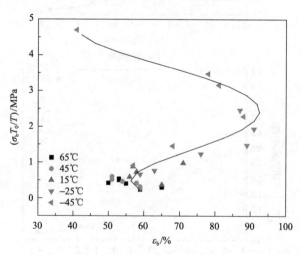

图 3-5　推进剂的破坏包络线

3.3　推进剂断口扫描电镜观测

3.3.1　实验设备

为了分析推进剂的细观失效机理，将拉伸试件在拉伸断裂后的断口送入扫描电镜中进行断口形貌观察，实验采用 JSM-5410LV 型扫描电子显微镜，加速器电压 5kV。为便于观察对比，拍取 50 倍电镜图像，对电镜图像中"脱湿"明显的大颗粒集中区域放大拍取 100 倍电镜图像。根据获得的扫描电镜照片分析推进剂在不同温度、拉伸速率下的破坏形式。

3.3.2　断口形貌分析

图 3-6 给出了不同温度和拉伸速率下推进剂拉伸断裂断口的 SEM 照片。从图 3-6(a)～(d) 可以看出：推进剂在较高温度下拉断时，推进剂的断口形貌可以观察到突出的推进剂颗粒和颗粒拔出后在基体中留下的凹坑，突出颗粒表面比较光滑，只有很少的黏合剂残留，同时几乎未见推进剂颗粒发生破碎。表明拉伸作用下，颗粒与基体的黏结是非常薄弱的，颗粒与基体的界面脱湿是其主要破坏形式[9,10]。

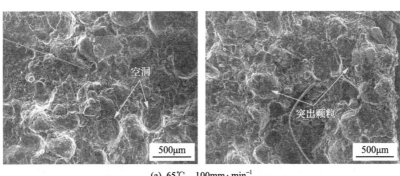

(a) 65℃、100mm·min⁻¹

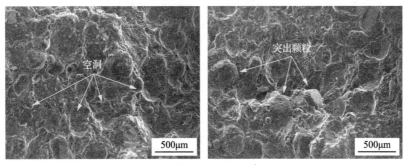

(b) 65℃、5000mm·min⁻¹

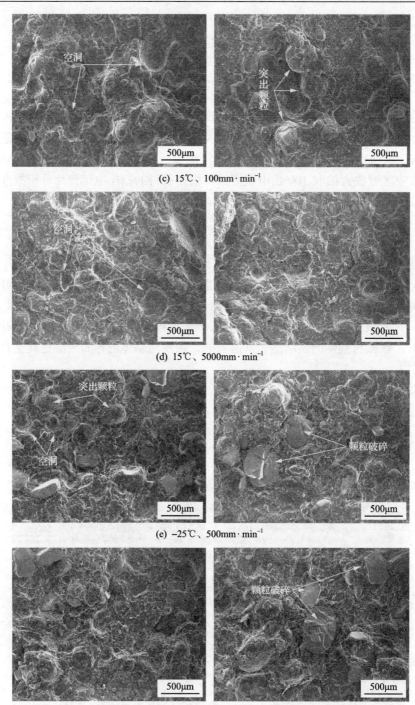

(c) 15℃、100mm·min⁻¹

(d) 15℃、5000mm·min⁻¹

(e) −25℃、500mm·min⁻¹

(f) −25℃、2000mm·min⁻¹

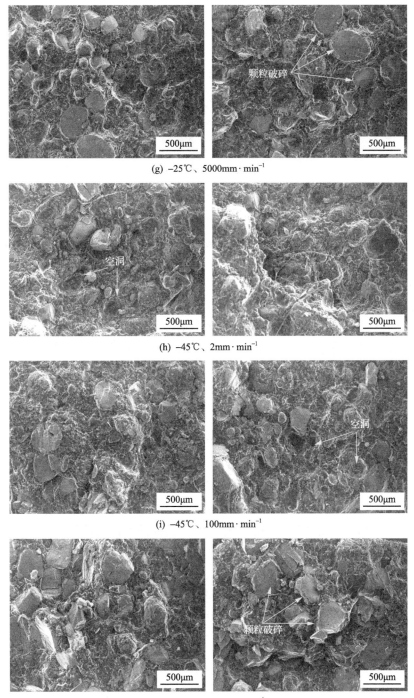

(g) −25℃、5000mm·min⁻¹

(h) −45℃、2mm·min⁻¹

(i) −45℃、100mm·min⁻¹

(j) −45℃、2000mm·min⁻¹

(k) −45℃、5000mm·min⁻¹

图 3-6　不同温度、拉伸速率下推进剂的断口形貌

对不同拉伸速率下推进剂断面分析表明：相对于较高的拉伸速率，低拉伸速率下推进剂断口的空洞和突出颗粒相对要少，在较高拉伸速率下，颗粒与基体的"脱湿"增加。

在低温拉伸下[图 3-6(e)～(k)]，推进剂存在颗粒断裂、界面脱湿等多种损伤破坏形式。颗粒由完整颗粒变为非完整颗粒，颗粒内部存在微裂纹并产生了明显的破碎，在较大的颗粒上还能观察到放射状裂纹。温度相同条件下，拉伸速率越快，颗粒破碎越严重；拉伸速率相同时，温度越低，颗粒破碎就越严重，在−45℃、5000mm·min⁻¹下推进剂内部几乎全部颗粒发生了断裂。

3.4　原位拉伸动态观测实验

3.4.1　实验方案

实验共分 2 个部分：一是观察不同应变速率下推进剂细观损伤的演化；二是观察往复过程中同一应变状态下的细观结构变化。各部分实验方法如下。

(1)以 0.4mm·min⁻¹ 和 0.1mm·min⁻¹ 的速度拉伸推进剂试件，观察单轴拉伸过程中推进剂中的细观损伤扩展，实验中，应变每增加 10%拍下 50 倍、200 倍照片。

(2)以 0.4mm·min⁻¹ 的速度拉伸试件至应变为 60%，然后改变夹头运动方向，观察损伤"愈合"情况，试件恢复到零应力状态后，重新拉伸试件，观察损伤扩展情况，实验中，应变每增加 10%拍下 50 倍、200 倍电镜照片。

加载使用 Deben 扫描电镜拉伸台，如图 3-7 所示，试件为 20mm×10mm×2mm 的长方体，以 0.4mm·min⁻¹ 的速率匀速拉伸试件，应变每增加 10%拍下电镜照片。

图 3-7　装配好的拉伸平台

3.4.2　实验结果及分析

1. 单轴拉伸过程中推进剂细观形貌变化

拉伸速度为 0.4mm·min^{-1} 时，单轴拉伸过程中推进剂各应变条件下 50 倍细观照片如图 3-8 所示，拉伸过程中受载方向如图 3-8(a) 中箭头所示，下同。

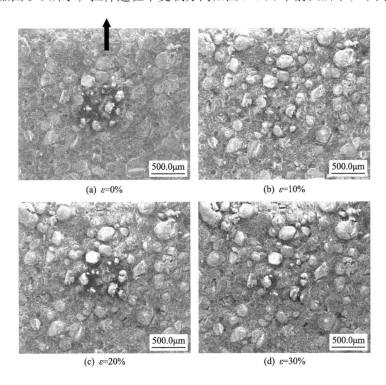

(a) ε=0%　　　　　　　　　　　　　(b) ε=10%

(c) ε=20%　　　　　　　　　　　　　(d) ε=30%

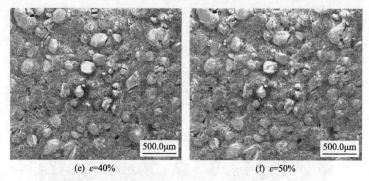

(e) $\varepsilon=40\%$　　　　　　　　　　(f) $\varepsilon=50\%$

图 3-8　拉伸速度为 $0.4\mathrm{mm \cdot min^{-1}}$ 时的细观形貌

由图 3-8 可以看出以下几个方面。

(1) 推进剂基体中存在孔洞，由于受载状态下推进剂中应力-应变分布不均匀，随着载荷的增加，孔洞的发展不均匀。

(2) 基体与颗粒之间的界面黏结状态不均匀。未施加载荷时，颗粒与基体之间存在黏结不完好的区域。

(3) 脱湿更容易发生在大颗粒集中区域。随载荷的增加，这些区域的脱湿增长较快。颗粒在界面脱湿处不再承受载荷，而使其附近区域的基体在较大应力的作用下产生微裂纹。随着载荷的增加，将出现微裂纹的汇合，导致宏观裂纹的形成，进而使推进剂破坏。

2. 拉伸速度对推进剂细观形貌变化的影响

为弄清低拉伸速度对推进剂细观损伤演化的影响，对推进剂在 $0.1\mathrm{mm \cdot min^{-1}}$ 拉伸速度条件下细观形貌变化进行观察。图 3-9 为拉伸速度为 $0.1\mathrm{mm \cdot min^{-1}}$ 条件下推进剂试件在应变为 40%、50%、60%、70% 时的细观形貌图片。

对比图 3-8 与图 3-9 可以看出，拉伸速度低时，颗粒"脱湿"相对较少，大颗粒集中区域仍然是"脱湿"面积大、"脱湿"增长快的区域。为更清晰地分析

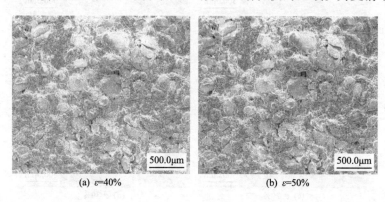

(a) $\varepsilon=40\%$　　　　　　　　　　(b) $\varepsilon=50\%$

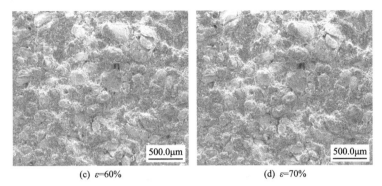

(c) ε=60% 　　　　　　　　　　　　　(d) ε=70%

图 3-9　拉伸速度为 $0.1 \mathrm{mm \cdot min^{-1}}$ 时细观形貌（×50）

拉伸速度对推进剂损伤演化的影响，选取两种拉伸速度、不同应变条件下的 200 倍电镜照片进行对比分析，如图 3-10 所示，图中左侧图拉伸速度为 $0.4 \mathrm{mm \cdot min^{-1}}$，右侧为 $0.1 \mathrm{mm \cdot min^{-1}}$。

由图 3-10 可以看出，相同应变条件下，拉伸速度为 $0.4 \mathrm{mm \cdot min^{-1}}$ 时，推进剂中颗粒与基体之间的"脱湿"比拉伸速度为 $0.1 \mathrm{mm \cdot min^{-1}}$ 时严重。拉伸速度不一样时，推进剂的破坏模式有所区别。推进剂拉伸破坏过程是推进剂内部消耗外界输入能量的过程，由图 3-10 可以看出，拉伸速度为 $0.4 \mathrm{mm \cdot min^{-1}}$ 时，高拉伸速度下，基体没有充足的时间产生变形来耗散能量，大颗粒表面产生应力集中使界面

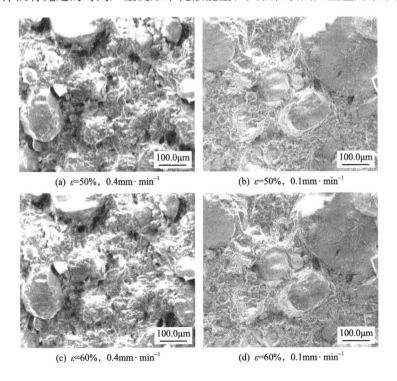

(a) ε=50%, $0.4 \mathrm{mm \cdot min^{-1}}$ 　　　　　(b) ε=50%, $0.1 \mathrm{mm \cdot min^{-1}}$

(c) ε=60%, $0.4 \mathrm{mm \cdot min^{-1}}$ 　　　　　(d) ε=60%, $0.1 \mathrm{mm \cdot min^{-1}}$

(e) ε=70%, 0.4mm·min^{-1}　　　　　(f) ε=70%, 0.1mm·min^{-1}

图 3-10　两种拉伸速度下细观形貌对比(×200)

层破坏, 推进剂内部通过形成断裂面来耗散能量, 因而"脱湿"较多; 当拉伸速度为 0.1mm·min^{-1} 时, 由于界面的模量较高, 慢的拉伸速度下基体有充足的时间通过自身的变形、分子链断裂等来消耗能量, 因而"脱湿"较少。

3. 往复过程中细观形貌变化规律

为分析试件往复过程中细观形貌的变化规律, 选取 200 倍的照片进行分析, 图 3-11~图 3-13 分别为推进剂第一次拉伸、回复过程及再次拉伸时各应变条件下的细观形貌。

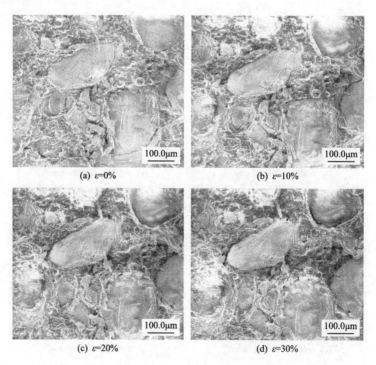

(a) ε=0%　　　　　　　　　　　(b) ε=10%

(c) ε=20%　　　　　　　　　　　(d) ε=30%

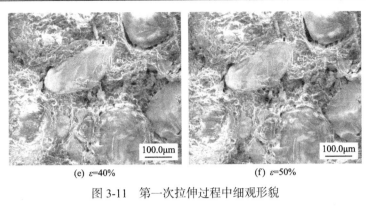

(e) $\varepsilon=40\%$　　　　　　　　(f) $\varepsilon=50\%$

图 3-11　第一次拉伸过程中细观形貌

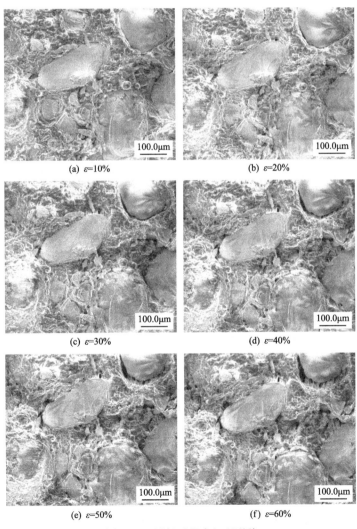

(a) $\varepsilon=10\%$　　　　　　　　(b) $\varepsilon=20\%$

(c) $\varepsilon=30\%$　　　　　　　　(d) $\varepsilon=40\%$

(e) $\varepsilon=50\%$　　　　　　　　(f) $\varepsilon=60\%$

图 3-12　回复过程中细观形貌

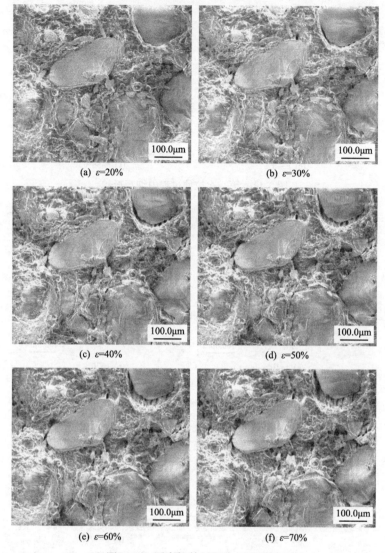

(a) ε=20%　　　　　　　　　　(b) ε=30%

(c) ε=40%　　　　　　　　　　(d) ε=50%

(e) ε=60%　　　　　　　　　　(f) ε=70%

图 3-13　再次拉伸过程中细观形貌

由图 3-11~图 3-13 可以看出以下几点。

(1)往复拉伸过程中,加载应变对推进剂内部颗粒与基体之间的"脱湿"起决定作用。以应变为 50%为例,应变回复到 50%时,颗粒与基体"脱湿"区域与第一次拉伸至应变为 50%时基本一样。回复过程中因为颗粒与基体没有完全"脱湿",在未"脱湿"界面黏结力的约束下,颗粒未能完全脱落。再次拉伸时,由于部分界面的"脱湿"使颗粒增强作用减小及基体本身的损伤,推进剂在相同应变下应力响应变小,但整个往复拉伸过程中,整体应变一样时,推进剂内颗粒与基体之间可观测到的"脱湿"面变化不明显，应变增加后才使颗粒与基体之间进一步"脱湿"。

（2）拉伸过程中，颗粒之间的相互影响对推进剂中颗粒与基体之间的"脱湿"影响严重。"脱湿"首先出现在大颗粒相互靠近的部位，并随整体应变的增加进一步扩展。

对比细观观察实验与宏观实验可以发现以下几点。

（1）拉伸过程中，应变较小时，推进剂表现为黏合剂基体的变形，这些变形在载荷消除后是可以恢复的，因而小应变的往复拉伸并未造成推进剂结构的永久损伤；应变较大时，推进剂的损伤表现为颗粒大量"脱湿"、基体撕裂，因而大应变条件下的往复拉伸造成的损伤无法恢复。

（2）对于经不同应变加载历史的推进剂试件，往复拉伸应变幅值越大，往复拉伸次数越多，其拉断后的断面中颗粒与基体之间"脱湿"越严重。

（3）单轴拉伸条件下，拉伸速度对推进剂中损伤发生与扩展的模式有很大的影响。高拉伸速度下，大颗粒表面产生应力集中，使界面层破坏，推进剂内部通过形成断裂面来耗散能量，因而颗粒与基体之间"脱湿"较严重；慢的拉伸速度下基体有充足的时间通过自身的变形、分子链断裂等来消耗能量，因而"脱湿"较少。

（4）往复拉伸过程中，加载应变对推进剂内部颗粒与基体之间的"脱湿"起决定作用。不论是第一次拉伸，回复，还是再次拉伸过程中，当试件整体应变一样时，推进剂可观察到的"脱湿"几乎没有变化。

（5）通过原位拉伸电镜实验，可观察到单轴拉伸条件下推进剂表面的细观形貌的变化过程，建立受载条件下推进剂损伤萌生及扩展的直观认识，但无法对损伤状况进行定量描述，为此，需开展推进剂细观损伤的数值模拟。

3.5　裂纹尖端损伤扩展过程观测

3.5.1　实验方案

实验采用 SEM 材料显微高温疲劳系统，如图 3-14 所示，其主要由两部分组成。一是实验平台，该实验平台上有三点弯实验的专用夹具，用来夹持三点弯试件。平台的右侧为电镜真空室，实验进行前需要将夹持好的试件推入真空室抽真空，以排除外界因素的干扰，如图 3-14（a）所示。二是细观图像实时显示器，其中左侧显示器用于扫描试件表面，并在右侧显示器上实时显示试件表面的细观图像，如图 3-14（b）所示。

(a) 三点弯实验平台　　　　　　　　(b) 细观图像实时显示器

图 3-14　SEM 三点弯实验系统

　　实验试件采用 HTPB 推进剂材料，试件的尺寸如图 3-15 所示，长度为 25mm，宽度为 10mm，厚度为 5mm，预制裂纹长度为 3mm。本次实验主要目的是实时获取三点弯实验中裂纹扩展的细观图像，从细观角度分析推进剂材料裂纹扩展破坏机理[11]。

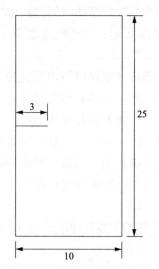

图 3-15　试件尺寸图(单位：mm)

　　装好试件的夹具如图 3-16 所示。实验开始前，给试件施加一个预紧力，使预制裂纹微微张开，确保试件固定。

　　把夹持好的试件放入电镜真空室，抽真空后施加 10kV 电压，旋转位置调节按钮，使要被观察的试件裂纹尖端处移至电镜中央，并在显示器中能清晰显示试件表面的细观图像，然后进行三点弯实验。

　　由于推进剂三点弯实验所加载的力较小，远小于实验仪器的量程，因此实验中采用匀速加载方式。设定加载速率为 0.12mm·min^{-1}，加载过程中记录每张图片对应的实时位移。

图 3-16　装好试件的夹具

3.5.2　损伤扩展过程分析

实验过程中，当压缩位移分别为 0mm、0.5mm、1mm、1.5mm、2mm、2.5mm、3mm 和 3.5mm 时，由扫描电镜放大 35 倍后的细观照片如图 3-17 所示。

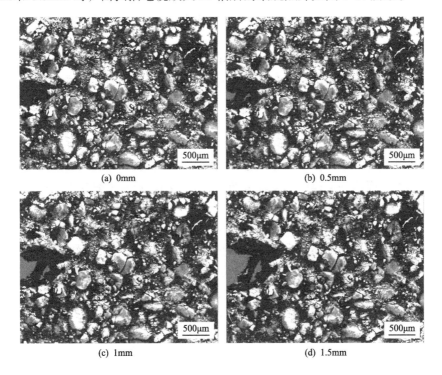

(a) 0mm　　　　　　　　　　　　　　　(b) 0.5mm

(c) 1mm　　　　　　　　　　　　　　　(d) 1.5mm

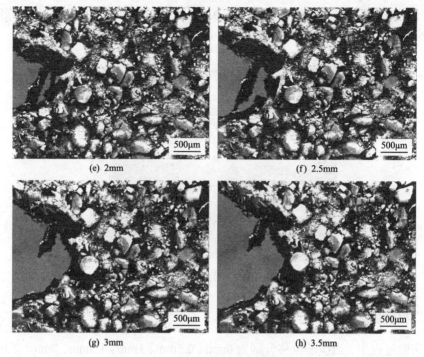

图 3-17　不同压缩位移下的试件变形图

由图 3-17(a)可知，推进剂试件表面有很多大小不一、形状各异、分布不均匀的填充颗粒。

当位移从 0mm 变化到 1mm 的过程中，裂纹逐渐张开，裂纹没有发生扩展，裂尖逐渐出现钝化现象。位移达到 1mm 左右时，靠近裂尖处的固体颗粒开始出现脱湿现象，见图 3-17(c)。

当位移从 1mm 变化到 2.5mm 的过程中，在裂纹尖端附近可以较明显地观察到固体颗粒的脱湿现象，颗粒和基体界面产生微孔洞和微裂纹，并随压缩位移的增大而不断扩展汇聚。由于固体颗粒界面脱湿，颗粒在界面脱湿处不再受到载荷作用，而颗粒周边的基体则承受较大的应力的作用，随着主裂纹进一步张开，裂尖附近的基体受到拉伸应力的作用，开始沿裂纹张开的方向变形。

当位移从 2.5mm 变化到 3.5mm 的过程中，位移在 2.5mm 处，见图 3-17(f)，主裂纹与裂尖附近因固体颗粒脱湿产生的微裂纹发生聚合，形成宏观裂纹的扩展。随着位移载荷的继续增加，裂纹尖端将出现新一轮的钝化、颗粒脱湿和裂纹扩展的过程。

由于固体颗粒强度较大，颗粒没有发生断裂，在裂纹扩展过程中，裂纹在颗粒上下随机偏移。由颗粒脱湿导致微孔洞和微裂纹的汇合是宏观裂纹扩展的主要原因[12-15]。

参 考 文 献

[1] 陈汝训. 固体火箭发动机设计与研究[M]. 北京: 宇航出版社, 1991.

[2] Ha K, Schapery R A. A three-dimensional viscoelastic constitutive model for particulate composites with growing damage and its experimental validation[J]. International Journal of Solid and Structures, 1998, 35(26): 3497-3517.

[3] Hinterhoelzl R M, Schapery R A. FEM implementation of a three-dimensional viscoelastic vonstitutive model for particulate composites with damage growth[J]. Mechanics of Time-Dependent Materials, 2004, 8: 65-94.

[4] Gyoo-dong J. A three-dimensional nonlinear viscoelastic constitutive model of solid propellant[J]. International Journal of Solids and Structures, 2000, 37: 4715-4732.

[5] Ozupek S. Constitutive equations for solid propellants[D]. Astin: The University of Texas, 1997.

[6] Burke M A, Woytowitz P J. Nonlinear viscoelastic constitutive model for solid propellant[J]. Journal of Propellant and Power, 1992, 8(3): 586-591.

[7] 强洪夫. 固体火箭发动机药柱结构完整性数值仿真与实验研究[D]. 西安: 西安交通大学, 1998.

[8] Neviere R. An extension of the time-temperature superposition principle to non-linear viscoelastic solids[J]. International Journal of Solids and Structures, 2006, 43(17): 5295-5306.

[9] Zhou J P. A constitutive model of polymer materials including chemical aging and mechanical damge and its experimental verification[J]. Polymer, 1993, 34: 4254-4256.

[10] Ha K, Schapery R A. Evalution of a three-dimensional viscoelastic consitutive model of solid propellant with distributed damage[D]. Austin: The University of Texas, 1996.

[11] Bills K W, Wiegand J H. Relation of mechanical properties to solid rocket motor failure[J]. AIAA Journal, 1963, 1(9): 2116-2123.

[12] Bencher C D. Microstructural damage and fracture processes in a composite solid rocket propellant[J]. Journal of Spacecraft and Rockets, 1995, 32(2): 328-334.

[13] 曾甲牙. 丁羟基推进剂拉伸断裂行为的扫描电镜研究[J]. 固体火箭技术, 1999, 22(4): 72-76.

[14] Cocmez A. Mechanical and burning properties of highly loaded composite propellants[J]. Journal of Applied Polymer Science, 1998, 67: 1457-1464.

[15] Sciammarella C A. Investigation of damage in solid propellants[C]. Fifth International Conference in Composites Engineering, Las Vegas, 1998: 779-780.

第4章 基于数字图像相关方法的细观破坏定量表征

4.1 概　述

复合固体推进剂的力学性能与其细观形态结构包括颗粒的大小、形状以及颗粒与基体的界面特性有着非常密切的联系[1-4]。推进剂在外界载荷作用下的宏观失效是由细观损伤发展而导致的。因此，从固体推进剂装药结构来说，为了分析推进剂的结构完整性，必须揭示推进剂的细观损伤和破坏的本质，以及细观损伤对推进剂结构完整性的影响[5-7]。另外，从推进剂配方设计角度来讲，应当研究推进剂组成与细观结构对其力学性能的影响，从而在组分级别上调节推进剂的力学性能，减少推进剂配方设计的实验量。

4.2　数字图像相关方法基本理论

数字图像相关方法(DICM)是一种从物体表面随机分布的斑点提取位移场和应变场的非接触光学测量方法。近年来，该方法得到了较大的发展和广泛的应用。数字图像相关方法的基本思想是：给定物体变形前、后的两个数字图像，在变形后的散斑场中识别出对应的变形前散斑区域，判断物体变形前、后对应的散斑场相似程度的指标，即散斑场之间的相关性，从而把变形测量问题转化为一个相关性计算过程。原则上讲，只要能得到反映被测对象不同状态的数字图像，而且这些图像由一定散斑构成，就能采用数字图像相关方法进行变形等信息的提取，实现位移场和应变场的测量[8-11]。数字图像相关方法技术路线如图 4-1 所示。

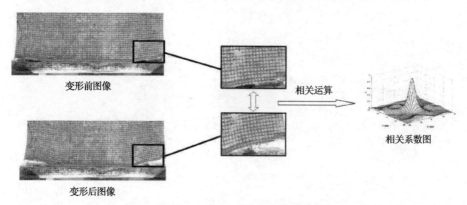

图 4-1　DICM 技术路线图

数字图像相关方法具有非接触、实时、全场测量等优点，对测试对象的材料性能(线性或非线性)、变形量程(大变形或小变形)、加载方式(动载或静载)等没有特殊要求，而且测试设备简单、操作方便[12-15]。当前数字图像相关方法在复合固体推进剂和PBX炸药力学性能研究上得到了应用，但在黏结界面中的应用鲜见报道。

4.3 数字图像相关方法计算机实现

数字图像相关方法中选择的子集本质上是一组坐标点。参考图像和当前图像中的子集概念如图 4-2 所示。图中子集的坐标显示为十字，且子集的形状不需要是正方形，只要包含中心点，形状可以是任意的。初始参考子集点的变形过程通常被约束为线性一阶变换(如果预期的应变非常大，也可以使用二阶变换)，如下所示：

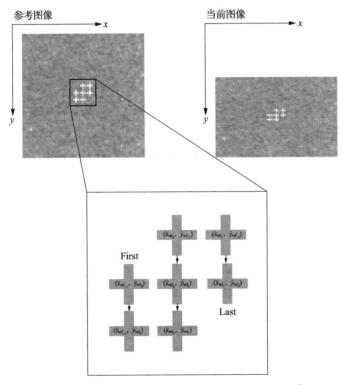

$S=\{(-1,0),\ (-1,1),\ (0,-1),\ (0,0),\ (0,1),\ (1,-1),\ (1,0)\}$
$\{first\ i,\ first\ j\}=(-1,0)$
$\{last\ i,\ last\ j\}=(1,0)$

图 4-2 参考图像和当前图像中的子集

$$\begin{cases} \tilde{x}_{\mathrm{cur}_i} = x_{\mathrm{ref}_i} + u_{\mathrm{rc}} + \dfrac{\partial u}{\partial x_{\mathrm{rc}}}\left(x_{\mathrm{ref}_i} - x_{\mathrm{ref}_c}\right) + \dfrac{\partial u}{\partial y_{\mathrm{rc}}}\left(y_{\mathrm{ref}_j} - y_{\mathrm{ref}_c}\right) \\ \tilde{y}_{\mathrm{cur}_j} = y_{\mathrm{ref}_j} + v_{\mathrm{rc}} + \dfrac{\partial v}{\partial x_{\mathrm{rc}}}\left(x_{\mathrm{ref}_i} - x_{\mathrm{ref}_c}\right) + \dfrac{\partial v}{\partial y_{\mathrm{rc}}}\left(y_{\mathrm{ref}_j} - y_{\mathrm{ref}_c}\right) \end{cases}, \; i,j \in S \qquad (4\text{-}1)$$

$$\boldsymbol{P} = \left\{ u \; v \; \frac{\partial u}{\partial x} \; \frac{\partial u}{\partial y} \; \frac{\partial v}{\partial x} \; \frac{\partial v}{\partial y} \right\} \qquad (4\text{-}2)$$

式中，x_{ref_i} 和 y_{ref_j} 为初始参考子集点的 x 和 y 坐标；x_{ref_c} 和 y_{ref_c} 为初始参考子集中心点的 x 和 y 坐标；$\tilde{x}_{\mathrm{cur}_i}$ 和 $\tilde{y}_{\mathrm{cur}_j}$ 是当前子集点的 x 和 y 坐标；(i,j) 为子集点与子集中心相对位置的索引，也是当前图像和参考图像中子集点之间对应关系的索引；S 为包含所有子集点的集合。式 (4-1) 中使用的下标 "rc" 表示子集坐标的转换是从参考坐标系到当前坐标系。此外，$\left\{ u \; v \; \dfrac{\partial u}{\partial x} \; \dfrac{\partial u}{\partial y} \; \dfrac{\partial v}{\partial x} \; \dfrac{\partial v}{\partial y} \right\}$ 是变形矢量 $\boldsymbol{P}$ 的一般形式，如式 (4-2) 所示。

公式 (4-1) 也可以用矩阵形式编写，如下所示：

$$\xi_{\mathrm{ref}_c} + w\left(\Delta\xi_{\mathrm{ref}}; \boldsymbol{P}_{\mathrm{rc}}\right) = \begin{Bmatrix} x_{\mathrm{ref}_c}^{\mathrm{T}} \\ y_{\mathrm{ref}_c}^{\mathrm{T}} \\ 1 \end{Bmatrix} + \begin{bmatrix} 1 + \dfrac{\mathrm{d}u}{\mathrm{d}x_{\mathrm{rc}}} & \dfrac{\mathrm{d}u}{\mathrm{d}y} & u_{\mathrm{rc}} \\ \dfrac{\mathrm{d}v}{\mathrm{d}x_{\mathrm{rc}}} & 1 + \dfrac{\mathrm{d}v}{\mathrm{d}y_{\mathrm{rc}}} & v_{\mathrm{rc}} \\ 0 & 0 & 1 \end{bmatrix} \times \begin{Bmatrix} \Delta x_{\mathrm{ref}}^{\mathrm{T}} \\ \Delta y_{\mathrm{ref}}^{\mathrm{T}} \\ 1 \end{Bmatrix} \qquad (4\text{-}3)$$

式中，ξ 为包含子集点 x 和 y 坐标的增广向量；Δx 和 Δy 为子集点到子集中心点的距离；w 为变形函数。图 4-3 显示了子集坐标的线性变换。

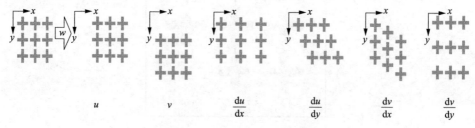

$$u \qquad\qquad v \qquad\qquad \frac{\mathrm{d}u}{\mathrm{d}x} \qquad\qquad \frac{\mathrm{d}u}{\mathrm{d}y} \qquad\qquad \frac{\mathrm{d}v}{\mathrm{d}x} \qquad\qquad \frac{\mathrm{d}v}{\mathrm{d}y}$$

图 4-3　子集坐标的线性变换

图中示出的 6 个参数的任意线性组合可以通过变形函数 w 来改变子集的坐标。

为了便于计算，允许参考子集在参考图像中变形，如下所示：

$$\begin{cases} \tilde{x}_{\text{ref}_i} = x_{\text{ref}_i} + u_{\text{rr}} + \dfrac{\partial u}{\partial x_{\text{rr}}}\left(x_{\text{ref}_i} - x_{\text{ref}_c}\right) + \dfrac{\partial u}{\partial y_{\text{rr}}}\left(y_{\text{ref}_j} - y_{\text{ref}_c}\right) \\ \tilde{y}_{\text{ref}_j} = y_{\text{ref}_j} + v_{\text{rr}} + \dfrac{\partial v}{\partial x_{\text{rr}}}\left(x_{\text{ref}_i} - x_{\text{ref}_c}\right) + \dfrac{\partial v}{\partial y_{\text{rr}}}\left(y_{\text{ref}_j} - y_{\text{ref}_c}\right) \end{cases}, \; i, j \in S \quad (4\text{-}4)$$

式中，$\tilde{x}_{\text{ref}_i}$ 和 $\tilde{y}_{\text{ref}_j}$ 为变形后参考子集点的 x 和 y 坐标；"rr"下标表示变换是从参考坐标系到参考坐标系。

子集坐标变换的目的是找到最优的 $\boldsymbol{P}_{\text{rc}}$ 并使得 $\boldsymbol{P}_{\text{rr}} = 0$，此时 $\tilde{x}_{\text{ref}_i}$ 和 $\tilde{y}_{\text{ref}_j}$ 的坐标与 $\tilde{x}_{\text{cur}_i}$ 和 $\tilde{y}_{\text{cur}_j}$ 的坐标最为匹配，并把最优的 $\boldsymbol{P}_{\text{rc}}$ 表示为 $\boldsymbol{P}_{\text{rc}}^*$。

为了建立参考子集和当前子集之间相似性的度量，需要选择相关函数，建立相关标准，来比较参考子集点与当前子集点处的灰度值。以下是数字图像相关 (DIC) 中最常用的两个相关标准[16]：

$$C_{\text{CC}} = \frac{\sum_{(i,j)\in S}\left[f\left(\tilde{x}_{\text{ref}_i}, \tilde{y}_{\text{ref}_j}\right) - f_{\text{m}}\right]\left[g\left(\tilde{x}_{\text{cur}_i}, \tilde{y}_{\text{cur}_j}\right) - g_{\text{m}}\right]}{\sqrt{\sum_{(i,j)\in S}\left[f\left(\tilde{x}_{\text{ref}_i}, \tilde{y}_{\text{ref}_j}\right) - f_{\text{m}}\right]^2 \sum_{(i,j)\in S}\left[g\left(\tilde{x}_{\text{cur}_i}, \tilde{y}_{\text{cur}_j}\right) - g_{\text{m}}\right]^2}} \quad (4\text{-}5)$$

$$C_{\text{LS}} = \sum_{(i,j)\in S}\left[\frac{f\left(\tilde{x}_{\text{ref}_i}, \tilde{y}_{\text{ref}_j}\right) - f_{\text{m}}}{\sqrt{\sum_{(i,j)\in S}\left[f\left(\tilde{x}_{\text{ref}_i}, \tilde{y}_{\text{ref}_j}\right) - f_{\text{m}}\right]^2}} - \frac{g\left(\tilde{x}_{\text{cur}_i}, \tilde{y}_{\text{cur}_j}\right) - g_{\text{m}}}{\sqrt{\sum_{(i,j)\in S}\left[g\left(\tilde{x}_{\text{cur}_i}, \tilde{y}_{\text{cur}_j}\right) - g_{\text{m}}\right]^2}}\right]^2$$

$$(4\text{-}6)$$

式中，C_{CC} 为归一化互相关标准；C_{LS} 为归一化最小二乘标准；f 和 g 分别为参考图像和当前图像的灰度分布函数；f_{m} 和 g_{m} 分别为参考子集和当前子集的平均灰度值，定义如下：

$$f_{\text{m}} = \frac{\sum_{(i,j)\in S} f\left(\tilde{x}_{\text{ref}_i}, \tilde{y}_{\text{ref}_j}\right)}{n(S)} \quad (4\text{-}7)$$

$$g_{\text{m}} = \frac{\sum_{(i,j)\in S} g\left(\tilde{x}_{\text{cur}_i}, \tilde{y}_{\text{cur}_j}\right)}{n(S)} \quad (4\text{-}8)$$

式中，$n(S)$ 为 S 中的元素个数。

公式(4-5)为归一化互相关标准，当 C_{CC} 接近 1 时，表示匹配良好；公式(4-6)

是归一化最小二乘标准，当 C_{LS} 接近 0 时，表示匹配良好。实际上，这些相关性标准是直接相关的，但是在不同情况下各相关性标准有各自的计算优势[17-21]。

使用这些相关标准的一般步骤概述如下。

(1)在参考图像中选取一个初始子集，初始子集通常是在整像素位置。将变形函数 w 应用于初始参考子集，实现子集坐标从参考坐标系到参考坐标系的转换。在变形后参考子集点处取样本 f(参考子集灰度值)，并将灰度值存储在一个数组中。

(2)将变形函数 w 应用于初始参考子集，实现子集坐标从参考坐标系到当前坐标系的转换。在当前子集点处取样本 g(当前子集灰度值)，并将灰度值存储在与步骤(1)中相同大小的数组中。

(3)然后选择公式(4-5)或公式(4-6)中的相关标准来比较这两个数组，基本过程如图 4-4 所示。

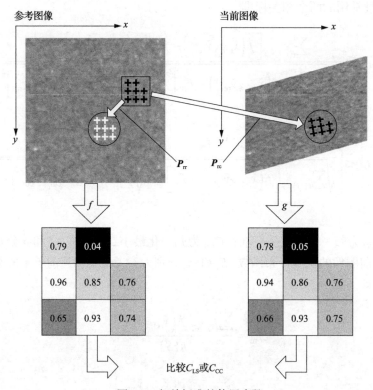

图 4-4　相关标准的使用步骤

图 4-4 中参考图像中的方框标注的子集是初始参考子集。圆框标注的子集标记了参考图像和当前图像中变形后子集的位置。

为了使参考子集点与当前子集点处的灰度值最为匹配，需要建立一种自动查找

$\boldsymbol{P}_{\text{rc}}^{*}$ 的方法。通常使用迭代非线性最小二乘优化方案，使式(4-6)最小化[式(4-6)严格为正，较小的数字表示匹配更好]来查找 $\boldsymbol{P}_{\text{rc}}^{*}$。

4.4　非线性优化

4.4.1　初始化

非线性优化主要分为两个部分：提供初始猜想；高斯-牛顿(GN)迭代优化方案。由于迭代优化方案收敛于局部最大值/最小值，因此需要在全局最大值/最小值附近进行初步猜测；在 GN 迭代优化方案中，分析了前向加性高斯-牛顿方法(FA-GN)[22-24]。

非线性优化方案的一般流程如图 4-5 所示。图中概述了数字图像相关方法中使用的非线性优化方案的基本步骤。第一步是获得初始猜测，然后将该猜测作为迭代优化方案的初始输入，以此来获取更准确的迭代结果。

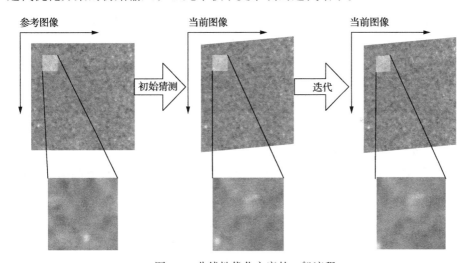

图 4-5　非线性优化方案的一般流程

有多种方法可以获得非线性迭代优化方案的初始猜测[25]。最常用且最成熟的方法是快速归一化互相关(NCC)。该方法使用公式(4-5)中的相关系数，以高效的计算方式在当前图像中的每个像素点位置处计算相关系数，最后得到相关系数数组，最高相关系数值的坐标则为当前图像中子集的位置。由于 NCC 方法只能确定整数位移(即整数 u 和 v)，不能为 $\boldsymbol{P}$ 的其他四个参数提供初始猜测，因此归一化互相关方法最适合为变形相对较低的区域(即没有大的旋转或应变)提供初始猜测，过程如图 4-6 所示。

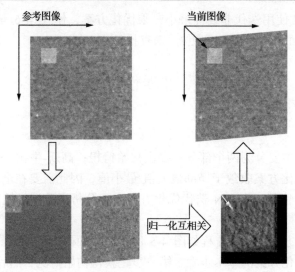

参考图像　　　　　　　　当前图像

归一化互相关

图 4-6　归一化互相关方法

图 4-6 中左上角的图像显示了参考子集的选择。选定参考子集后，将该子集填充在左下方的图片中，并将其作为输入与当前图像一起馈送到归一化互相关函数，然后输出相关系数值的数组，如右下角所示，右下角图中箭头指向最高值（显示为白色峰值）；考虑在此示例中构造和填充子集的方式，则此点指的是当前图像中左上角的位置，最后根据当前图像确定子集的位置。

4.4.2　高斯-牛顿非线性迭代最小二乘法

高斯-牛顿迭代方法中，相关函数 C_{LS}［式(4-6)］被定义为参数 $\boldsymbol{P}$ 的函数，此时 $\boldsymbol{P}$ 可以用作 $\boldsymbol{P}_{rr}$ 或 $\boldsymbol{P}_{rc}$。如果参数 $\boldsymbol{P}$ 用作 $\boldsymbol{P}_{rr}$，则假定已经指定了 $\boldsymbol{P}_{rc}$ 并且 $\boldsymbol{P}_{rc}$ 为常量；另外，如果参数 $\boldsymbol{P}$ 用作 $\boldsymbol{P}_{rc}$，那么假设已经指定了 $\boldsymbol{P}_{rr}$ 并且 $\boldsymbol{P}_{rr}$ 为常量。

迭代方程的一般形式可以通过在 $\boldsymbol{P}_0$ 附近区域，由函数 C_{LS} 的二阶泰勒级数展开得到，如下所示。其中 $\boldsymbol{P}_0$ 为起始变形参数（即某种形式的初始猜测），然后确定函数 C_{LS} 的导数等于零矢量时对应的位置。

$$C_{LS}\left(\boldsymbol{P}_0+\Delta\boldsymbol{P}\right)\approx C_{LS}\left(\boldsymbol{P}_0\right)+\nabla C_{LS}\left(\boldsymbol{P}_0\right)^{T}\times\Delta\boldsymbol{P}+\frac{1}{2}\times\Delta\boldsymbol{P}^{T}\times\nabla\nabla C_{LS}\left(\boldsymbol{P}_0\right)\times\Delta\boldsymbol{P} \tag{4-9}$$

$$\frac{\mathrm{d}C_{LS}\left(\boldsymbol{P}_0+\Delta\boldsymbol{P}\right)}{\mathrm{d}\Delta\boldsymbol{P}}\approx\nabla C_{LS}\left(\boldsymbol{P}_0\right)+\nabla\nabla C_{LS}\left(\boldsymbol{P}_0\right)\times\Delta\boldsymbol{P}=0 \tag{4-10}$$

式中，$\nabla C_{LS}\left(\boldsymbol{P}_0\right)$ 为函数 C_{LS} 在 $\boldsymbol{P}_0$ 处的梯度；$\nabla\nabla C_{LS}\left(\boldsymbol{P}_0\right)$ 为函数 C_{LS} 在 $\boldsymbol{P}_0$ 处的二阶偏导，通常被称为 Hessian 矩阵。泰勒级数允许在 $\boldsymbol{P}_0$ 附近区域用一个函数来近

似 C_{LS}，这个函数的最小值可以通过分析得到(通过求它的导数和 ΔP)，从而可以实现 $P_0+\Delta P$ 的求解，然后进行迭代直到找到一个合适的近似解。在该分析中使用的迭代优化方程的一般形式由公式(4-11)重新整理得到：

$$\nabla\nabla C_{\mathrm{LS}}(P_0)\times\Delta P = -\nabla C_{\mathrm{LS}}(P_0) \tag{4-11}$$

公式(4-11)实际上是牛顿-拉弗森(NR)迭代方法,通过对 Hessian 矩阵的近似,便可得到高斯-牛顿迭代方法。高斯-牛顿迭代方法有其独特的优势,它的每次迭代比牛顿-拉弗森迭代方法更简单,而且比牛顿-拉弗森法有更好的收敛性[26]。

4.4.3 前向加性高斯-牛顿法

在前向加性高斯-牛顿方法中，规定参考子集位置保持不变，每次迭代中将 P_{rr} 设置为 0；另外，允许当前子集位置发生变化并将每次迭代结束后的 P_{rc} 与迭代后的增量 ΔP 之和作为新的 P_{rc} 用于下一次的迭代。

FA-GN 方法中 C_{LS} 的紧凑形式为

$$C_{\mathrm{LS}}(P_{\mathrm{old}}+\Delta P) = \sum\left[\frac{f\left(\xi_{\mathrm{ref_c}}+w(\Delta\xi_{\mathrm{ref}};0)\right)-f_{\mathrm{m}}}{\sqrt{\sum\left[f\left(\xi_{\mathrm{ref_c}}+w(\Delta\xi_{\mathrm{ref}};0)\right)-f_{\mathrm{m}}\right]^2}} \right.$$
$$\left. -\frac{g\left(\xi_{\mathrm{ref_c}}+w(\Delta\xi_{\mathrm{ref}};P_{\mathrm{old}}+\Delta P)\right)-g_{\mathrm{m}}}{\sqrt{\sum\left[g\left(\xi_{\mathrm{ref_c}}+w(\Delta\xi_{\mathrm{ref}};P_{\mathrm{old}}+\Delta P)\right)-g_{\mathrm{m}}\right]^2}}\right]^2 \tag{4-12}$$

式中，$f(\xi_{\mathrm{ref_c}}+w(\Delta\xi_{\mathrm{ref}};0))$ 为参考图像灰度值矢量；$g(\xi_{\mathrm{ref_c}}+w(\Delta\xi_{\mathrm{ref}};P_{\mathrm{old}}+\Delta P))$ 为当前图像灰度值矢量。

为方便计算，我们假设：

$$\frac{\mathrm{d}}{\mathrm{d}\Delta P}(g_{\mathrm{m}})\approx 0 \tag{4-13}$$

$$\frac{\mathrm{d}}{\mathrm{d}\Delta P}\left(\sqrt{\sum\left[g\left(\xi_{\mathrm{ref_c}}+w(\Delta\xi_{\mathrm{ref}};P_{\mathrm{old}})\right)-g_{\mathrm{m}}\right]^2}\right)\approx 0 \tag{4-14}$$

如果子集的平均灰度值在子集的变形过程中变化不大,那么这是合理的假设,此时的梯度为

$$\nabla C_{LS}(\boldsymbol{P}_{old}) = \frac{dC_{LS}(\boldsymbol{P}_{old})}{d\Delta\boldsymbol{P}}$$

$$\approx \frac{-2}{\sqrt{\sum\left[g\left(\xi_{ref_c} + w(\Delta\xi_{ref};\boldsymbol{P}_{old})\right) - g_m\right]^2}} \sum\left[\left[\frac{f\left(\xi_{ref_c} + w(\Delta\xi_{ref};0)\right) - f_m}{\sqrt{\sum\left[f\left(\xi_{ref_c} + w(\Delta\xi_{ref};0)\right) - f_m\right]^2}}\right.\right.$$

$$\left.-\frac{g\left(\xi_{ref_c} + w(\Delta\xi_{ref};\boldsymbol{P}_{old})\right) - g_m}{\sqrt{\sum\left[g\left(\xi_{ref_c} + w(\Delta\xi_{ref};\boldsymbol{P}_{old})\right) - g_m\right]^2}}\right]\left[\frac{d}{d\Delta\boldsymbol{P}}g\left(\xi_{ref_c} + w(\Delta\xi_{ref};\boldsymbol{P}_{old})\right)\right]\right]$$

$$(4\text{-}15)$$

Hessian 矩阵为

$$\nabla\nabla C_{LS}(\boldsymbol{P}_{old}) = \frac{d^2 C_{LS}(\boldsymbol{P}_{old})}{d\Delta\boldsymbol{P}^2}$$

$$\approx \frac{-2}{\sqrt{\sum\left[g\left(\xi_{ref_c} + w(\Delta\xi_{ref};\boldsymbol{P}_{old})\right) - g_m\right]^2}} \left\{\sum\left[-\frac{\dfrac{d}{d\Delta\boldsymbol{P}}g\left(\xi_{ref_c} + w(\Delta\xi_{ref};\boldsymbol{P}_{old})\right)}{\sqrt{\sum\left[g\left(\xi_{ref_c} + w(\Delta\xi_{ref};\boldsymbol{P}_{old})\right) - g_m\right]^2}}\right.\right.$$

$$\left.\cdot\left[\frac{d}{d\Delta\boldsymbol{P}}g\left(\xi_{ref_c} + w(\Delta\xi_{ref};\boldsymbol{P}_{old})\right)\right]^T + \sum\left[\frac{f\left(\xi_{ref_c} + w(\Delta\xi_{ref};0)\right) - f_m}{\sqrt{\sum\left[f\left(\xi_{ref_c} + w(\Delta\xi_{ref};0)\right) - f_m\right]^2}}\right.\right.$$

$$\left.\left.-\frac{g\left(\xi_{ref_c} + w(\Delta\xi_{ref};\boldsymbol{P}_{old})\right) - g_m}{\sqrt{\sum\left[g\left(\xi_{ref_c} + w(\Delta\xi_{ref};\boldsymbol{P}_{old})\right) - g_m\right]^2}}\right]\left[\frac{d^2}{d\Delta\boldsymbol{P}^2}g\left(\xi_{ref_c} + w(\Delta\xi_{ref};\boldsymbol{P}_{old})\right)\right]\right\}$$

$$(4\text{-}16)$$

在假设式(4-17)成立的情况下:

$$\sum\left[\frac{f\left(\xi_{ref_c} + w(\Delta\xi_{ref};0)\right) - f_m}{\sqrt{\sum\left[f\left(\xi_{ref_c} + w(\Delta\xi_{ref};0)\right) - f_m\right]^2}} - \frac{g\left(\xi_{ref_c} + w(\Delta\xi_{ref};\boldsymbol{P}_{old})\right) - g_m}{\sqrt{\sum\left[g\left(\xi_{ref_c} + w(\Delta\xi_{ref};\boldsymbol{P}_{old})\right) - g_m\right]^2}}\right]$$

$$\left[\frac{d^2}{d\Delta\boldsymbol{P}^2}g\left(\xi_{ref_c} + w(\Delta\xi_{ref};\boldsymbol{P}_{old})\right)\right] \approx 0$$

$$(4\text{-}17)$$

Hessian 矩阵变为

$$\nabla\nabla C_{\mathrm{LS}}\left(\boldsymbol{P}_{\mathrm{old}}\right)=\frac{\mathrm{d}^{2} C_{\mathrm{LS}}\left(\boldsymbol{P}_{\mathrm{old}}\right)}{\Delta \boldsymbol{P}}\approx\frac{2}{\sum\left[g\left(\xi_{\mathrm{ref}_{\mathrm{c}}}+w\left(\Delta \xi_{\mathrm{ref}}; \boldsymbol{P}_{\mathrm{old}}\right)\right)-g_{\mathrm{m}}\right]^{2}}$$

$$\sum_{(i,j)\in S}\left[\frac{\partial}{\partial \Delta \boldsymbol{P}}g\left(\xi_{\mathrm{ref}_{\mathrm{c}}}+w\left(\Delta \xi_{\mathrm{ref}}; \boldsymbol{P}_{\mathrm{old}}\right)\right)\right]\left[\frac{\partial}{\partial \Delta \boldsymbol{P}}g\left(\xi_{\mathrm{ref}_{\mathrm{c}}}+w\left(\Delta \xi_{\mathrm{ref}}; \boldsymbol{P}_{\mathrm{old}}\right)\right)\right]^{\mathrm{T}}$$

$$(4\text{-}18)$$

前向加性高斯-牛顿迭代方法通过计算梯度和 Hessian 矩阵，然后使用公式(4-11)、公式(4-15)和公式(4-18)求得 $\Delta \boldsymbol{P}$，并在每次迭代中用增量 $\Delta \boldsymbol{P}$ 以下列方式来更新 $\boldsymbol{P}_{\mathrm{old}}$：

$$\boldsymbol{P}_{\mathrm{new}}=\boldsymbol{P}_{\mathrm{old}}+\Delta \boldsymbol{P} \qquad (4\text{-}19)$$

在每次迭代开始时，由公式(4-19)更新 $\boldsymbol{P}_{\mathrm{old}}$ 来进行新的迭代，这个方法被称为前向加性方法。前向加性高斯-牛顿迭代方法的计算流程如图 4-7 所示。

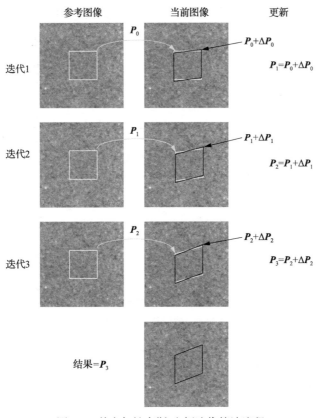

图 4-7　前向加性高斯-牛顿迭代算法流程

　　图中参考子集的位置是不发生变化的，而当前子集的位置在每次迭代后都有所调整。计算过程中，将每次迭代后变形矢量的变化值 ΔP 与变形矢量 P 之和作为新的变形矢量用于下一次的迭代中，直到获得满足要求的结果。该算法在单次迭代中更加方便快捷，迭代过程被重新配置从而变得更有效率，所获得的结果具有更好的收敛特性，能够将大变形过程通过几个小变形过程叠加得到，可以有效解决大变形问题。

4.5　推进剂数字图像相关方法分析过程

4.5.1　计算区域设置

　　含裂纹推进剂力学性能实验中，由于预制贯穿裂纹的存在，裂纹所在区域无法进行相关计算，因此需要在待计算区域(ROI)中剔除裂纹所在区域，避免因裂纹附近产生较大位移而对应变计算造成不必要的误差。以含中心贯穿 0°裂纹的方形试件为例，如图 4-8 所示，拉伸过程中裂纹呈椭圆形向外扩展，故将裂纹区域以椭圆的形式剔除。图中 0°裂纹试件白色区域，即设置的 ROI。

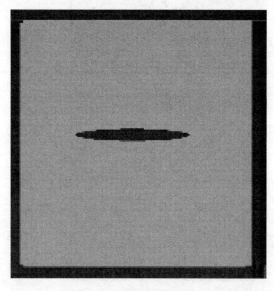

图 4-8　0°裂纹试件的 ROI

　　通过剔除裂纹所在区域，排除了 DIC 相关计算中裂纹附近复杂变形造成的不确定因素，有助于变形过程中参考图像和当前图像的匹配，更好地实现了含裂纹试件表面变形场的测量[27-31]。

4.5.2　大变形处理方法

由于推进剂延伸率较大，试件裂纹及裂纹尖端在拉伸过程中经历了大变形，导致 DIC 分析中因变形后图像变化太大而无法与参考图像准确匹配，为解决这一问题，在数字图像相关计算中采用了前面所叙述的前向加性高斯-牛顿迭代方法，将大变形过程通过几个小变形过程叠加得到，实现了当前图像与参考图像的匹配[32-35]。

数字图像相关方法在获得待计算区域的位移场后，利用格林-拉格朗日法，通过计算位移梯度获得了应变场，公式如下：

$$\varepsilon_x = \frac{1}{2}\left[2\frac{\partial u}{\partial x} + \left(\frac{\partial u}{\partial x}\right)^2 + \left(\frac{\partial v}{\partial x}\right)^2\right] \tag{4-20}$$

$$\varepsilon_y = \frac{1}{2}\left[2\frac{\partial v}{\partial y} + \left(\frac{\partial u}{\partial y}\right)^2 + \left(\frac{\partial v}{\partial y}\right)^2\right] \tag{4-21}$$

$$\gamma_{xy} = \frac{1}{2}\left(\frac{\partial u}{\partial y} + \frac{\partial v}{\partial x} + \frac{\partial u}{\partial x}\frac{\partial u}{\partial y} + \frac{\partial v}{\partial x}\frac{\partial v}{\partial y}\right) \tag{4-22}$$

式中，ε_x 为 x 方向应变场；ε_y 为 y 方向应变场；γ_{xy} 为切方向的应变场；u、v 分别为参考图像子区中心点在 x 和 y 方向的位移。

4.6　推进剂变化破坏过程定量表征

4.6.1　拉伸过程的 DIC 结果分析

原位扫描电镜照片定性描述了推进剂的变形破坏过程，为了获得定量的变形场，对不同变形阶段照片采用数字图像相关技术进行处理。在实际分析计算时，为获得精确可靠的匹配结果，所选择的图像子区应该足够大，以包含充分多的灰度变化信息，从而确保该图像子区在变形后的图像中能被唯一识别。这就要求被测物体表面必须覆盖有散斑图(严格地说，散斑图是随机的灰度分布)，图中被测平面物体表面必须具有随机的灰度分布(通常称为散斑场)，该散斑场作为变形信息的载体与试样表面一起变形[36,37]。图 4-9 给出了扫描电镜照片的灰度的直方图，横坐标为灰度值，纵坐标为次数，由图可见电镜照片有一定的灰度分布，从而为利用数字图像相关方法进行处理奠定了基础。采用 Matlab 编制的数字图像相关方法计算程序，进行数字图像处理，图 4-10 给出了处理过程的网格点 DIC 跟踪过程。

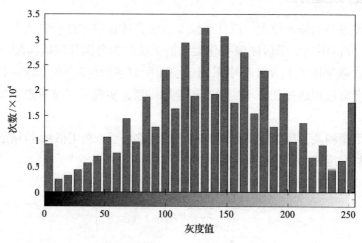

图 4-9　灰度直方图

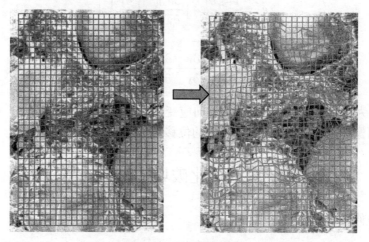

图 4-10　DIC 跟踪过程

　　图 4-11 给出了拉伸方向位移场，图中 x、y 轴为像素点坐标，每个像素单位代表 0.63μm。从图中可以看出推进剂拉伸变形及演化过程。在加载的初始阶段，推进剂内部位移场较为均匀［图 4-11(a)］，随外界位移增加，位移出现不连续性，在裂纹附近位移场出现阶跃；随外界位移继续增加，上述位移不连续性进一步扩大，在图像上表现为裂纹宽度的增加［图 4-11(b) 和(c)］。由推进剂内部的位移场可知，复合固体推进剂内由于基体和颗粒变形的不协调，从而造成基体和颗粒之间的脱湿。另外，由于颗粒的模量比较大，在拉伸过程中不会产生变形，这也表明从细观角度讲，复合固体推进剂不能看作结构均匀的材料。

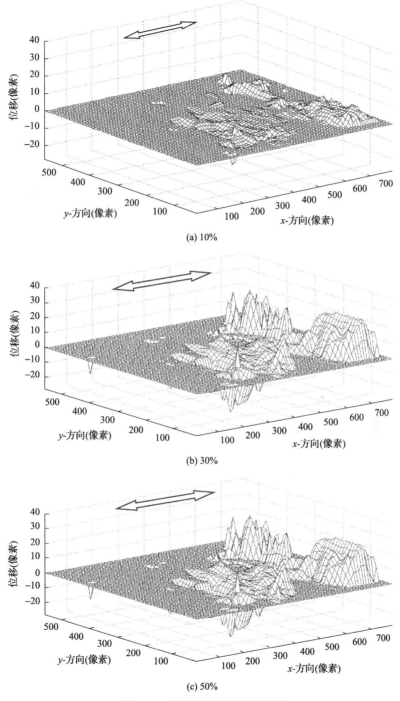

(a) 10%

(b) 30%

(c) 50%

图 4-11　界面的拉伸方向位移场

图 4-12 给出了位移矢量分布图，表明了推进剂在拉伸过程中各点的位移大小和运动方向。由图可以看出，上半部分整体向上移动，下半部分整体向下移动，在基体中间出现较大的左右移动。总体上，基体的变形比颗粒上的变形要大。由于推进剂界面脱湿的存在，改变了局部的位移矢量，表现为裂纹的张开和闭合效应，当位移场指向方向相反时，表明裂纹进一步扩展，当位移指向方向相同时，表明裂纹进一步闭合，位移矢量能够较为直观地反映推进剂的变形特点[38]。

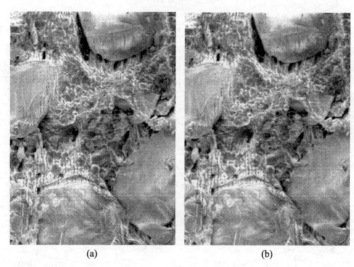

(a)   (b)

图 4-12　位移矢量分布图

4.6.2　裂纹扩展过程的 DIC 结果分析

由数字图像相关方法获得了试件裂纹尖端处的变形场。图 4-13 给出了试件裂纹尖端从实验开始到裂纹起裂的 y 方向位移场云图。

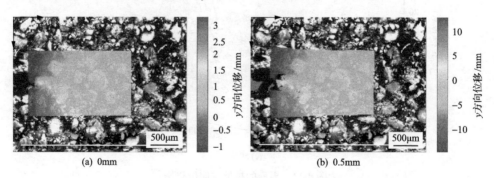

(a) 0mm   (b) 0.5mm

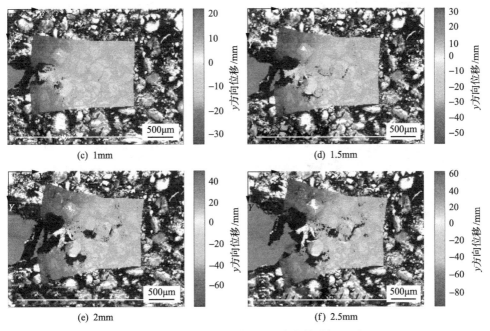

(c) 1mm

(d) 1.5mm

(e) 2mm

(f) 2.5mm

图 4-13 不同压缩位移下的 y 方向位移场云图

由图 4-13 可知，实验过程中，由于裂纹不断张开，裂纹尖端上下两侧位移较大(图中 y 轴坐标以向下为正，裂纹尖端下侧位移正值较大，上侧位移负值较大)，而裂纹尖端右侧未开裂的部分位移基本没有变化。在裂纹不断张开至扩展的过程中，由于在裂纹尖端右侧部分固体颗粒的脱湿现象，固体颗粒与基体之间存在间隙，从而在 DIC 分析中，这些位置没有位移值的输出，所以在图 4-13(e)和图 4-13(f)中，裂纹尖端右侧部分固体颗粒周边没有颜色显示。

由位移场数据经 DIC 的应变计算，得到了试件裂纹尖端的应变场。裂纹尖端从实验开始到裂纹起裂的 y 方向应变场云图如图 4-14 所示。

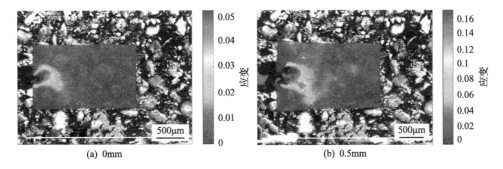

(a) 0mm

(b) 0.5mm

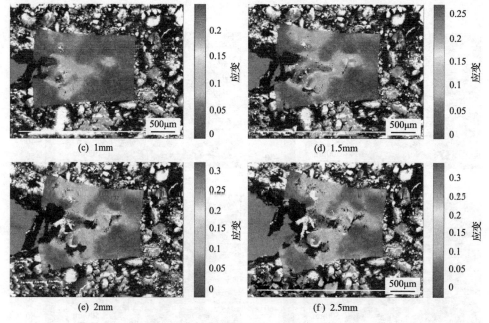

图 4-14　不同压缩位移下的 y 方向应变场云图

由图 4-14 可知以下几个方面。

(1)在裂纹不断张开至开始扩展的过程中,裂纹尖端出现了明显的应变集中。应变极值出现在裂纹尖端处,且随位移的增大,应变极值总体呈增大的趋势。不同压缩位移下的应变极值如表 4-1 所示。

表 4-1　不同压缩位移下对应的应变极值

位移/mm	0	0.5	1	1.5	2	2.5
应变极值	0.0995	0.2621	0.3474	0.3652	0.3925	0.4168

(2)从应变云图中可以看出,在细观条件下,应变分布是不均匀的,说明 HTPB 推进剂在细观尺度下不能看成均质材料,而是非均质材料。

(3)由图 4-14(c)可以看出,当挤压位移达到 1mm 左右时,裂纹尖端右侧附近的部分地方出现了颜色缺失,由图 3-17 的分析可知固体颗粒开始出现脱湿现象,并在颗粒和基体界面产生微裂纹。固体颗粒的脱湿,导致颗粒在界面脱湿处不再受到载荷作用,而其周边的基体则承受较大的应力的作用,所以在图 4-14(d)和图 4-14(e)中,在裂纹未扩展的右侧部分仍出现了应变集中,并在一定程度上预示了裂纹的扩展方向。

(4)当挤压位移达到 2.5mm 时,颗粒脱湿产生的微裂纹与主裂纹汇聚,导致裂纹开始扩展，扩展方向为沿裂纹尖端右侧应变集中的方向。

参 考 文 献

[1] Matous K. Multiscale damage modeling of solid propellant: theory and computational framework[C]. AIAA 2005-4347.

[2] Matous K, Geubelle P H. Multiscale modeling of particle debonding in reinforced elastomers subjected to finite deformations[J]. International Journal for Numerical Methods in Engineering, 2006, 65:190-223.

[3] Knauss W G. Fracture and failure at and near interface under pressure[R]. ADA348939.

[4] Aravas N. Constitutive response and damage in solid propellants[C]. AIAA 2005-4348.

[5] Matous K. Damage evolution in particulate composite materials[J]. International Journal of Solids and Structures, 2003, 40: 1489-1503.

[6] Matous K, Geubelle P H. Finite element formulation for modeling particle debonding in reinforced elastomers subjected to finite deformations[J]. Computer Methods in Applied Mechanics and Engineering, 2006, 196: 620-633.

[7] Matous K, Inglis H M. Multiscale modeling of solid propellants: from particle packing to failure[J]. Composites Science and Technology, 2007, 67: 1694-1708.

[8] Xu F, Sofronis P, Aravas N, et.al. Finite element modeling of porous solid propellants[C]. AIAA 2005-4349.

[9] Schapery R A. A micromechanical model for non-linear viscoelastic behavior of particle-reinforced rubber with distributed damage[J]. Engineering Fracture Mechanics, 1986, 25(5): 845-867.

[10] Tan H. The Mori-Tanak method for composite materials with nonlinear interface debonding[J]. International Journal of Plasticity, 2005, 21: 1890-1918.

[11] Tan H, Huang Y, Liu C, et al. The uniaxial tension of particulate composite materials with nonlinear interface debonding[J]. International Journal of Solid and Structures, 2007, 44: 1809-1822.

[12] Wong F C. Analysis and prediction of particulate composite mechanical behavior using a nonlinear micromechanical theory[D]. Université Laval, 1997.

[13] Clements B E, Mas E M. Dynamic mechanical behavior of filled polymers I : Theoretical developments[J]. Journal of Applied Physics, 2001, 90(II): 5522-5533.

[14] Mas E M, Clements B E. Dynamic mechanical behavior of filled polymers II : Application[J]. Journal of Applied Physics, 2001, 90(II): 5535-5541.

[15] Yilmazer U, Farris R J. Mechanical behavior and dilatation of particulate-filled thermosets in the rubbery state[J]. Journal of Applied Polymer Science, 1983, 28: 3369-3386.

[16] Blaber J, Adair B, Antoniou A. Ncorr: open-source 2D digital image correlation matlab software[J]. Experimental Mechanics, 2015, 55(6): 1105-1122.

[17] Cornwell L R. SEM study of microcracking in strained solid propellant[J]. Metallography, 1975, 8: 445-452.

[18] 王晓明, 沈亚鹏. 一种固体推进剂破坏的细观实验研究[J]. 应用力学学报, 1993, 10(3): 98-102.

[19] 王亚平, 王北海. 丁羟推进剂拉伸的电子显微镜观测[J]. 固体火箭技术, 1998, 21(2): 69-74.

[20] Kym M, Ide K M, Ho S Y. et al. Fracture behavior of accelerated aged solid rocket propellants[J]. Journal of Material Science, 1999, 34: 4209-4218.

[21] 阳建红, 李学东, 赵光辉, 等. HTPB 推进剂细观损伤机理的声发射实验研究[J]. 推进剂技术, 2000, 21(3): 67-70.

[22] 罗景润. PBX 材料损伤、断裂及本构关系研究[D]. 绵阳: 中国工程物理研究院, 2001.

[23] Gotz J. Characterization of the structure in highly filled composite materials by means of MRI[J]. Proellants, Explosives, Pyrotechnics, 2002, 27: 179-184.

[24] Sakovich V G. Design principles of advanced solid propellants[J]. Journal of Propulsion and Power, 1995, 11 (4): 830-837.

[25] Metzner A P. Yielding of polymers filled with large-diameter particles[J]. Journal of Applied Polymer Science, 2001, 85: 455-465.

[26] Liu C T. Probabilistic crack growth model for application to composite solid propellants[J]. Journal of Spacecraft and Rockets, 1994, 31 (1): 79-84.

[27] Liu C T. Three-dimensional finite element analysis of crack-defect interaction[J]. Journal of Spacecraft and Rockets, 1992, 29 (5): 713-717.

[28] Liu C T. Near tip damage and subcritical crack growth in a particulate composite material[J]. Composite Structures, 1997, 39 (3-4): 297-302.

[29] Liu C T. Fracture mechanics and service life prediction research[R]. ADA405750.

[30] Liu C T. Effect of predamage on crack growth behavior in particulate composite material[J]. Journal of Spacecraft and Rockets, 1995, 32 (3): 533-537.

[31] Liu C T. Effect of load history on damage characteristics near crack tips in a particulate composite material[R]. ADA397886.

[32] Liu C T. Preload effect on stable crack growth in a particulate composite material[J]. Composite Part B, 1998, 29: 15-19.

[33] 陈鹏万, 黄风雷. 含能材料损伤理论及应用[M]. 北京: 北京理工大学出版社, 2006.

[34] Liu C T. Monitoring damage initiation and evolution in a filled polymeric material using nondestructive testing techniques[J]. Computers and Structures, 2000, 76: 57-65.

[35] Lee J H. Modeling of crack initiation and growth in solid rocket propellants using macromechanics and micromechanics[D]. Monterey: Naval Postgraduate School, Canada, 1996.

[36] Gdoutos E E. Prediction of crack initiation and growth in solid propellants[R]. ADA363081.

[37] Gdoutos E E, Papakaliatakis G. Study of crack growth in solid propellants fatigue fracture[J]. Fatigue and Fracture of Engineering Material Structure, 2001, 24: 637-642.

[38] 彭威. 复合固体推进剂黏弹损伤本构模型的细观力学研究[D]. 长沙: 国防科学技术大学, 2001.

第5章 推进剂宏细观数值模拟及验证

5.1 概 述

现有推进剂配方的研制通常采用反复实验的方法，即浇注出不同组分和颗粒质量分数的推进剂方坯，然后对其各项性能进行测定，如果所得到的推进剂性能没有满足规定要求，则进行相应的调整，再进行实验，直到各项指标都满足要求[1-4]。这一"实验—失败—再实验"的过程通常花费大量的人力、物力和财力，并且由于推进剂组分具有有毒物质和存在爆炸的危险，推进剂实验研究具有很大的危险性[5-8]。进行固体推进剂细观损伤及宏观力学性能研究，有利于摸清推进剂细观损伤以及细观损伤对推进剂力学性能的影响，从而为推进剂的配方研制提供一个科学的辅助方法。

5.2 基于子模型的宏细观数值模拟方法

5.2.1 非线性有限元方程

为了模拟界面脱湿过程，人们针对界面脱湿特点提出了许多模型，包括单元释放技术以及黏结界面单元法[9-13]。采用单元释放技术模拟界面脱湿时，首先进行应力分析，然后根据破坏准则来检查模型中是否有破坏单元。如果没有，继续增加外力或位移，进行下一步应力计算。如果有破坏单元，根据单元的状态进行刚度退化处理。上述过程重复进行，直到材料产生宏观破坏。单元释放技术由于要进行多步计算，计算量比较大，并且计算结果的好坏与破坏准则以及刚度矩阵的退化规律选择有很大关系。

黏结界面单元法在界面处设置界面单元，引入界面的本构关系，也就是界面相对位移与界面力之间的关系，根据单元的受力情况，确定界面的状态。黏结界面理论起源于 Dugdale 和 Barenblatt 提出的黏结区模型。该模型将裂纹分为两部分，一部分是裂纹表面，不受任何应力作用；而另一部分受到黏结力的作用。Dugdale 认为黏结力的大小相等，等于材料的屈服应力[图 5-1(a)]。Barenblatt 则认为黏结力是 x 的函数[图 5-1(b)]。采用这一概念，消除了裂纹尖端的奇异性，其不但适用于单一材料的断裂分析，而且也适用于复合材料的断裂分析。

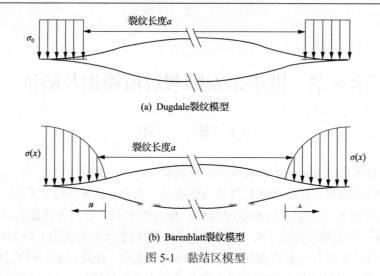

(a) Dugdale裂纹模型

(b) Barenblatt裂纹模型

图 5-1 黏结区模型

Needleman[9]开创性地采用黏结界面单元对脆性材料的裂纹扩展问题进行了模拟，其后，这一方法得到了广泛的应用，并且从刚开始时用来研究脆性材料的

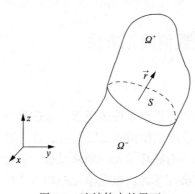

图 5-2 连续体中的界面

裂纹扩展问题，已推广应用于其他材料。该方法的特点是比较简单，并且能够真实地反映界面脱湿的特点，能够自动地模拟界面脱湿的起始与扩展过程。本章采用黏结界面单元对推进剂的界面脱湿过程进行了模拟。

虚功原理指出[14-16]，外力在虚位移上做的虚功等于应力在相应于虚位移的应变上所做的总虚变形功。由于虚功原理只适用于连续体，对于图 5-2 存在的界面脱湿的非连续体，虚功原理可以表示为

$$\iiint_{\Omega} b_i \delta u_i \mathrm{d}\Omega + \iint_{\partial\Omega} \tilde{T}_i \delta u_i \mathrm{d}S = \iiint_{\Omega} \sigma_{ij} \delta e_{ij} \mathrm{d}\Omega + \iint_{\bar{S}} T_j R_{ij} \delta [u_i] \mathrm{d}\bar{S} \tag{5-1}$$

式中，δu_i 为虚位移；b_i 为单位体积力；$\tilde{T}_i$ 为作用在边界 $\partial\Omega$ 上的表面力或集中力；σ_{ij} 为应力张量分量；e_{ij} 为应变张量分量；$[u_i]$ 为界面的位移分离量；R_{ij} 为局部坐标系和固定坐标系间的旋转张量分量；T_j 为作用于界面中表面的张力分量。材料被界面 S 分割成上下区域，材料总的体积为 $\Omega = \Omega^+ + \Omega^-$，$\bar{S}$ 为脱湿界面的中表面，由界面上、下表面对应节点的中点组成。在界面发生脱湿之前，界面中表面与界面上、下表面重合。从式 (5-1) 可知，由于界面的存在，虚功原理公式中出现附加项。

为了研究方便，将式(5-1)表示为参考体积上的积分：

$$\iiint_{\Omega} b_i \delta u_i \mathrm{d}\Omega + \iint_{\partial\Omega} \tilde{T}_i \delta u_i \mathrm{d}S = \iiint_{\Omega_0} S_{ij} \delta E_{ij} \mathrm{d}\Omega_0 + \iint_{\overline{S}} T_j R_{ij} \delta [u_i] \mathrm{d}\overline{S} \tag{5-2}$$

式中，S_{ij} 为第二 Piola-Kirchhoff 应力张量分量；E_{ij} 为格林应变张量分量。

位移向量 u_i 可以表示为节点位移 q_k 的函数：

$$u_i = N_{ik} q_k , \quad \delta u_i = N_{ik} \delta q_k \tag{5-3}$$

式中，N_{ik} 为形函数。

将式(5-3)代入式(5-2)得到

$$\delta q_k \left\{ \iiint_{\Omega} b_i N_{ik} \mathrm{d}\Omega + \iint_{\partial\Omega} \tilde{T}_i N_{ik} \mathrm{d}S - \iiint_{\Omega_0} S_{ij} \frac{\partial E_{ij}}{\partial q_k} \mathrm{d}\Omega_0 - \iint_{\overline{S}} T_j R_{ij} \frac{\partial [u_i]}{\partial q_k} \mathrm{d}\overline{S} \right\} = 0 \tag{5-4}$$

由于 δq_k 为独立变量，这样：

$$\iiint_{\Omega} b_i N_{ik} \mathrm{d}\Omega + \iint_{\partial\Omega} \tilde{T}_i N_{ik} \mathrm{d}S - \iiint_{\Omega_0} S_{ij} \frac{\partial E_{ij}}{\partial q_k} \mathrm{d}\Omega_0 - \iint_{\overline{S}} T_j R_{ij} \frac{\partial [u_i]}{\partial q_k} \mathrm{d}\overline{S} = 0 \tag{5-5}$$

本章着重介绍附加项的处理，关于其他项的处理可见文献[9]。

5.2.2　界面单元及本构模型

对于二维平面，黏结界面单元如图 5-3 所示，它内嵌在颗粒与基体中，一边与颗粒相连，另一边与基体相连。在初始状态下界面单元 q 点与 m 点重合，p 点与 n 点重合，随着外界载荷的增加，颗粒与基体产生分离，q 点与 m 点以及 p 点与 n 点也产生分离。当界面的正向和切向分离达到某一临界值时，界面产生损伤，界面的强度下降，直至界面完全脱湿。

界面的本构关系就是界面力与界面分离量之间的关系，界面的本构关系有双线性关系、多项式关系和非线性指数关系[17-20]。对于推进剂这种高填充材料，人们通常采用的是双线性关系，图 5-4 为双线性关系的示意图。双线性关系包括弹性响应段（$0 < \delta < \delta_n^0$）、损伤扩展段（$\delta_n^0 < \delta < \delta_n^f$）和完全脱湿段（$\delta_n^f < \delta$）。在初始状态下，界面服从弹性响应，当界面的分离量

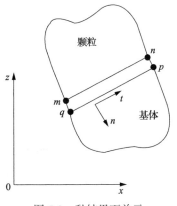

图 5-3　黏结界面单元

达到临界张开位移 δ_n^0 时，界面的应力达到最大界面黏结强度，界面开始损伤扩展，界面力下降，直到界面的分离量达到最大张开位移 δ_n^f 时，界面完全脱湿，界面不再承受任何应力。

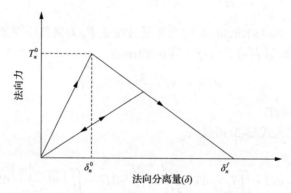

图 5-4　界面力与界面分离量之间的关系（双线性关系）

如果 n 表示界面的法向，t 表示所对应的切向，则 δ_n、δ_t 分别表示为界面的法向和切向分离量，L_0 为界面单元指定的初始厚度。这样，界面的应变为

$$\varepsilon_n = \frac{\delta_n}{L_0}\ ,\quad \varepsilon_t = \frac{\delta_t}{L_0} \tag{5-6}$$

假设在损伤前，界面单元服从弹性规律，界面力为

$$T = \begin{Bmatrix} T_n \\ T_t \end{Bmatrix} = \begin{bmatrix} K_{nn} & 0 \\ 0 & K_{tt} \end{bmatrix} \begin{Bmatrix} \varepsilon_n \\ \varepsilon_t \end{Bmatrix} \tag{5-7}$$

式中，T_n、T_t 分别为界面法向力和切向力。

随外力的增加，界面产生损伤。为了表示在混合模式作用下的界面起始损伤，本书采用了二次应变率准则表示界面损伤的起始，其形式为

$$\left\{\frac{\langle \varepsilon_n \rangle}{\varepsilon_n^0}\right\}^2 + \left\{\frac{\varepsilon_t}{\varepsilon_t^0}\right\}^2 = 1 \tag{5-8}$$

式中，ε_n^0、ε_t^0 分别为界面受到法向和切向变形时，界面损伤起始的最大应变。当式(5-8)左边项大于或等于 1 时，表示界面发生损伤，其中 $\langle x \rangle = \begin{cases} 0, & x \leqslant 0 \\ x, & x > 0 \end{cases}$，表示在纯压缩变形条件下，界面不会产生损伤。

当界面满足损伤起始条件时，界面将产生损伤。为了表示界面的损伤，引入了界面损伤因子 D，界面损伤后所对应的界面力为

$$T = \begin{Bmatrix} T_n \\ T_t \end{Bmatrix} = \begin{bmatrix} (1-D)K_{nn} & 0 \\ 0 & (1-D)K_{tt} \end{bmatrix} \begin{Bmatrix} \varepsilon_n \\ \varepsilon_t \end{Bmatrix} \tag{5-9}$$

D 表示界面损伤程度，其起始值为 0，当其值为 1 时，表示界面完全损伤，$0 < D < 1$ 对应不同程度的损伤状态。D 的表达式如下：

$$D = \frac{\delta_m^f \left(\delta_m^{\max} - \delta_m^0 \right)}{\delta_m^{\max} \left(\delta_m^f - \delta_m^0 \right)} \tag{5-10}$$

式中，$\delta_m^{\max}$ 表示界面的最大有效位移，$\delta_m^{\max} = \max \left\{ \delta_m^{\max}, \delta_m \right\}$，其中有效位移 δ_m 定义为 $\delta_m = \sqrt{\langle \delta_n \rangle^2 + (\delta_t)^2}$；$\delta_m^f$ 为混合模式下的最大失效位移。

在计算中，可能出现界面受力卸载情况，考虑到界面损伤的不可逆性，需要对界面受力卸载情况重新进行定义，在界面没有产生损伤时，界面按原来弹性行为恢复到零点，当界面产生损伤后，这时若界面受力被撤销，界面按线性规律从当前状态卸载到原点，当卸载完以后，进行重新加载，其加载路径与卸载路径相同，如图 5-4 所示，一旦到了卸载前的状态，界面按原来的损伤扩展规律进行扩展。

由于上述界面单元的本构关系定义在局部坐标系上，而在有限元计算中采用的是总体坐标系，需要将局部坐标系转换到总体坐标系，$\mathbf{R}_{ij}$ 为转换张量。

为了得到上述转换张量 $\mathbf{R}_{ij}$，考虑二维平面，界面的初始坐标为 X_i，$i = 1,3$。界面上、下表面运动后的坐标为 $x_i^{\pm} = x_i^{\pm}(\eta_1, \eta_2)$，其与界面初始坐标之间的关系为

$$x_i^{\pm} = X_i + u_i^{\pm} \tag{5-11}$$

式中，$u_i^{\pm}$ 为界面上、下表面的位移，界面中表面定义为

$$\bar{x}_i = \frac{1}{2} \left(x_i^+ + x_i^- \right) = X_i + \left(u_i^+ + u_i^- \right), \quad i = 1,3 \tag{5-12}$$

定义中线位移梯度：

$$g_1 = \frac{\partial \bar{x}_1}{\partial \xi}, \quad g_3 = \frac{\partial \bar{x}_3}{\partial \xi} \tag{5-13}$$

这样，中线的切向向量为

$$\mathbf{r_1} = \left\{ g_1, 0, g_3 \right\}^{\mathrm{T}} \tag{5-14}$$

中线法向向量可以采用 r_1 与向量 $r_2 = \{0,1,0\}^{\mathrm{T}}$ 的向量积得到：

$$r_3 = r_2 \times r_1 = \{-g_3, 0, g_1\}^{\mathrm{T}} \tag{5-15}$$

上述向量的单位向量为局部坐标系的方向余弦，组成转换张量：

$$R = R(g_1, g_2) = \frac{1}{\sqrt{g_1^2 + g_3^2}} \begin{bmatrix} g_1 & -g_3 \\ g_3 & g_1 \end{bmatrix} \tag{5-16}$$

采用上述关系式，可以得到局部坐标下的界面分离量为

$$\delta_i = R_{ji}[x_j] = R_{ji}(x_j^+ - x_j^-) = R_{ji}(u_j^+ - u_j^-) \tag{5-17}$$

二维界面单元具有四个节点，如图 5-5 所示。假设节点坐标可表示为

$$C = \{x_1, z_1, x_2, z_2, x_3, z_3, x_4, z_4\}^{\mathrm{T}} \tag{5-18}$$

式中，(x_j, z_j) 为 j 点的坐标，为了处理方便，将界面上、下表面的节点排列在一起：

$$C = \{C^+, C^-\} = \{x_1, z_1, x_2, z_2, x_3, z_3, x_4, z_4\}^{\mathrm{T}} \tag{5-19}$$

式中，$C^+ = \{x_1, z_1, x_2, z_2\}^{\mathrm{T}}$，$C^- = \{x_3, z_3, x_4, z_4\}^{\mathrm{T}}$。

界面上、下表面内部材料坐标为 (x, z)，可以通过形函数插值得到

$$\tilde{C}^+ = NC^+, \quad \tilde{C}^- = NC^- \tag{5-20}$$

形函数 N 为

$$N = \begin{bmatrix} L_1 & 0 & L_2 & 0 \\ 0 & L_1 & 0 & L_2 \end{bmatrix} \tag{5-21}$$

式中，$L_1 = \frac{1}{2}(1 - \xi)$；$L_2 = \frac{1}{2}(1 + \xi)$。

同理可以得到界面节点的位移：

$$q = \{q^+, q^-\} = \{u_1, w_1, u_2, w_2, u_3, w_3, u_4, w_4\}^{\mathrm{T}} \tag{5-22}$$

式中，$q^+ = \{u_1, w_1, u_2, w_2\}^{\mathrm{T}}$，$q^- = \{u_3, w_3, u_4, w_4\}^{\mathrm{T}}$。

界面上、下表面的材料点位移为 (u, w)，可以通过形函数插值得到：

$$\tilde{\boldsymbol{q}}^+ = \boldsymbol{N}\boldsymbol{q}^+ , \quad \tilde{\boldsymbol{q}}^- = \boldsymbol{N}\boldsymbol{q}^- \tag{5-23}$$

在局部坐标下，界面上、下表面分离量为

$$\delta = \boldsymbol{R}^T \begin{bmatrix} \boldsymbol{N} & -\boldsymbol{N} \end{bmatrix} q \tag{5-24}$$

令 $\tilde{\boldsymbol{B}} = \boldsymbol{R}^T \begin{bmatrix} \boldsymbol{N} & -\boldsymbol{N} \end{bmatrix}$

则内力向量：

$$^{int}\tilde{\boldsymbol{f}} = \left\{ \tilde{\boldsymbol{f}}, -\tilde{\boldsymbol{f}} \right\}^T \tag{5-25}$$

式中，$\tilde{\boldsymbol{f}} = b\int_{-1}^{1} \tilde{\boldsymbol{B}}^{\mathrm{T}} \boldsymbol{T} \sqrt{g_1^2 + g_3^2}\,\mathrm{d}\xi$，$\boldsymbol{T}$ 为界面力向量；b 为单元厚度。

界面的刚度矩阵可以由虚功原理得：

$$\boldsymbol{K} = \begin{bmatrix} \boldsymbol{K}_s & -\boldsymbol{K}_s \\ -\boldsymbol{K}_s & \boldsymbol{K}_s \end{bmatrix}$$

$$\boldsymbol{K}_s = b\int_{-1}^{1} \tilde{\boldsymbol{B}}^{\mathrm{T}} \frac{\partial \boldsymbol{T}}{\partial \boldsymbol{\delta}} \tilde{\boldsymbol{B}} \sqrt{g_1^2 + g_3^2}\,\mathrm{d}\xi \tag{5-26}$$

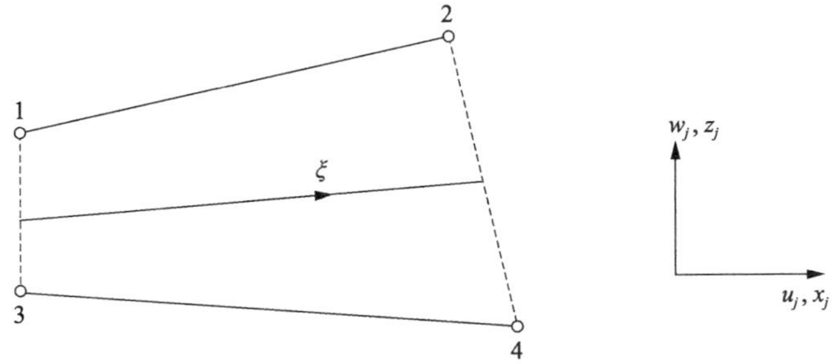

图 5-5　四节点界面单元

5.3　计算模型及参数

5.3.1　计算模型

目前生成颗粒填充模型的方法主要有两种：一种是依靠计算机模拟的方法；一种是运用数字图像处理技术提取材料的结构信息，直接生成填充模型[21-24]。计算机模拟的方法又分为并行算法和顺序算法，顺序算法将颗粒按照某种规则一个一个地填充到计算区域中，直到填充颗粒的分数达到所要求的颗粒填充分数；并行算法首先将全部颗粒都填充到计算区域中，构成初始构型。然后对这些颗粒进行重排，得到最终的颗粒填充模型。顺序算法对于生成颗粒填充分数比较小的颗粒填充模型比较有效，但要得到颗粒填充分数较高的填充模型比较困难，通常要采用并行算法，常用的并行算法有分子动力学模拟方法和蒙特卡罗方法[25-28]。运用数字图像处理技术建立填充模型的方法在分析岩土、混凝土及沥青混合料力学性能等方面得到了广泛应用，Benson 和 Suvranu 运用图像处理技术处理黏结炸药扫描电镜照片，提取其细观结构信息，创建颗粒填充模型[29-31]。

　　由图像处理技术生成的颗粒填充模型可以保持材料的原始构型，比较准确，并有利于与原位拉伸实验做比较。本节运用该方法建立复合固体推进剂的圆形、椭圆形颗粒填充模型，为推进剂细观损伤数值分析奠定了基础。

　　图 5-6 为放大 50 倍的推进剂电镜照片，照片为真彩色标签图像，有效像素为 882×1020。可以看出，推进剂在施加载荷前的细观形貌，颗粒与基体黏结良好；大小不一，其最大直径为 70～370μm 不等，多为不规则多边形；基体与颗粒之间有较好的色彩对比度，这是利用图像处理技术提取颗粒分布信息的前提。从图像处理的角度出发，电镜照片仍然存在颗粒与基体之间的边界不清晰，各区域有不同程度噪声干扰的问题。

图 5-6　电镜照片（×50）

　　为清晰显示各步骤的处理效果，将图 5-6 局部（矩形框所示）放大来说明本书各图像处理过程。由图 5-7 可以看出，放大部分包含 3 个可见大固体颗粒，一个可见小颗粒。图像处理过程如下。

（1）针对电镜图片的特点，首先将图像转换成 8 位灰度图像。为了进一步突出颗粒与基体之间的对比度，运用直方图均衡化法增强图像的对比度，见图 5-8。

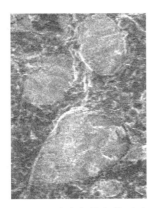 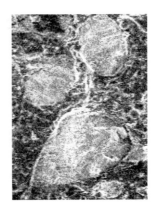

图 5-7　放大部分电镜照片　　　　　　　图 5-8　增强后的图像

（2）运用中值滤波法处理增强后的图像，中值滤波法在滤除图像中的噪声的同时可以较好地保留颗粒的边缘，如图 5-9 所示。图像经增强及滤波后，颗粒区域灰度值分布平滑，颗粒与基体之间边界更加明显，具备了进行图像分割的条件。

（3）利用全局阈值法确定阈值并对图 5-9 进行分割，见图 5-10。由图 5-10 可以看出，颗粒区域提取效果较好。

（4）由于图像质量的原因，分割后的图像各区域有小空洞，由于空洞面积较小，计算各区域的面积时，设定阈值可清除空洞，见图 5-11。

 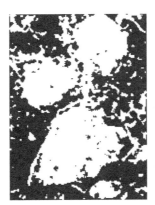 

图 5-9　去噪后的图像　　　　图 5-10　二值图　　　　图 5-11　清除空洞后的图像

经处理后的图像中颗粒边缘有不少伪边界，个别颗粒之间通过"枝叉"相连，运用数学形态学的方法可以清除相连的"枝叉"，将颗粒分开，但会损失原有图像的形状信息，如图 5-12 所示。由于本书的目的在于最大限度地提取电镜照片中颗粒分布的原始形貌，因此引入图像处理软件对原电镜图像优化，擦除颗粒之间相连的"枝叉"与颗粒边缘的伪边界，得到图 5-13 所示结果。

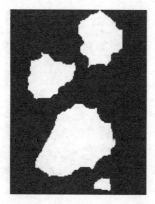

图 5-12 形态学处理后的图像

图 5-13 优化后图像

由图 5-13 可以看出，图像经处理后得到的颗粒，其边缘粗糙，形状很不规则，如果直接用于有限元分析，很容易导致网格奇异化及计算结果溢出。为此，对经图像处理后的颗粒边缘进行拟合，得到圆形、椭圆形颗粒填充模型。

为了实现对颗粒边缘的拟合，首先要将颗粒边缘位置像素坐标转换成笛卡尔坐标系，图 5-14 为二值图像矩阵的一部分，其中与 0 相邻的 1 代表颗粒边缘，由此可求出边缘像素位置，如图 5-15 所示。

```
0 0 0 0 0 0 0 0 0 0
0 0 0 0 0 0 0 0 0 0
1 1 1 0 0 0 0 0 0 0
1 1 1 1 0 0 0 0 0 0
1 1 1 1 0 0 0 0 0 0
1 1 1 0 0 0 0 0 0 0
1 1 1 0 0 0 0 0 0 0
1 1 1 1 0 0 0 0 0 0
1 1 1 1 0 0 0 0 0 0
1 1 1 1 0 0 0 0 0 0
```

图 5-14 二值图像矩阵

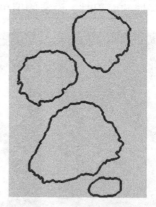

图 5-15 颗粒边缘

设图像可转换成 $M \times N$ 大小的数字矩阵 $\mathrm{IM}(M,N)$，对应实际尺寸为 $L \times H$，图像矩阵起始位置为 $\mathrm{IM}(1,1)$，位于左上方，笛卡尔坐标原点位于图像左下方，对应图像矩阵的 $\mathrm{IM}(M,1)$。对于颗粒边缘的像素点 $\mathrm{IM}(i,j)$，得到其笛卡尔坐标。

$$\begin{cases} x = \dfrac{j-1}{N-1}L \\ y = \dfrac{M-i}{M-1}H \end{cases}, \quad i=1,2,3,\cdots,M; j=1,2,3,\cdots,N \tag{5-27}$$

对于颗粒 $p_k(k=1,2,3,\cdots,m)$，可得到其边缘坐标 $E_k = \{(x_i,y_i)|i=1,2,3,\cdots,n\}$，$n$ 为边缘点个数。利用边缘数据，用最小二乘法对颗粒形状进行圆形、椭圆形拟合。

圆形拟合算法相对简单，这里着重介绍椭圆形拟合所用的直接最小二乘拟合方法，该方法可从一系列点直接拟合椭圆而不用多次迭代，具有高效、鲁棒性好的特点。

二次曲线方程可表示为

$$f(x,y) = ax^2 + bxy + cy^2 + dx + ey + f = 0 \tag{5-28}$$

当 $4ac-b^2=1$ 时即为椭圆，令

$C = [a,b,c,d,e,f]^{\mathrm{T}}$，

$B = [V_1, V_2, V_3, \cdots, V_n]^{\mathrm{T}}$，$n$ 为参与拟合数据点的个数，

$V_i = \left[x_i^2, x_iy_i, y_i, x_i, y_i, 1 \right]^{\mathrm{T}}$。

引入矩阵

$$\boldsymbol{P} = \begin{bmatrix} 0 & 0 & 2 & 0 & 0 & 0 \\ 0 & -1 & 0 & 0 & 0 & 0 \\ 2 & 0 & 0 & 0 & 0 & 0 \\ 0 & 0 & 0 & 0 & 0 & 0 \\ 0 & 0 & 0 & 0 & 0 & 0 \\ 0 & 0 & 0 & 0 & 0 & 0 \end{bmatrix} \tag{5-29}$$

则对于边缘的最小二乘椭圆拟合可以转化为

$$\begin{cases} C = \underset{C}{\arg\min} \left\| B^{\mathrm{T}}C \right\|^2 \\ C^{\mathrm{T}}PC = 1 \end{cases} \tag{5-30}$$

引入拉格朗日算子并微分，可将式(5-30)转化成广义特征值以求解问题，可求解得到向量 C，其解唯一。

对颗粒边缘数据进行拟合，可得到圆形及椭圆形颗粒填充模型，如图 5-16 和图 5-17 所示。

图 5-16　圆形颗粒

图 5-17　椭圆形颗粒

运用前述方法处理图 5-6 所示电镜照片，可得颗粒分布，如图 5-18 所示，其颗粒边缘如图 5-19 所示，对其进行圆形、椭圆形拟合，可得到圆形、椭圆形颗粒填充模型，如图 5-20 和图 5-21 所示。由于两种形状的填充模型在对颗粒边缘进行拟合时都是分开拟合不同的颗粒，整体的填充模型出现颗粒相交的情况，应适当调整相交颗粒的大小以将颗粒分隔开。

比较本书得到的两种填充模型的效果可以看出，椭圆颗粒填充模型通过长短轴的变化及绕坐标轴的旋转，比圆形颗粒填充模型更真实地反映了颗粒形状及位置的信息，还可以减少整体填充模型中的颗粒相交。以往用于复合材料的填充模型大多将填充颗粒假设为圆形或球形，将颗粒均匀地分布于基体中，这些假设减少了理论分析的难度，降低了数值分析的计算成本。理论分析表明，细长颗粒的取向影响其对基体的增强作用，因此，有理由认为基于椭圆形颗粒填充模型的细

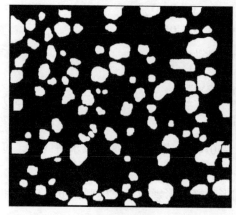

图 5-18　颗粒分布

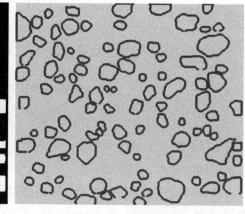

图 5-19　颗粒边缘

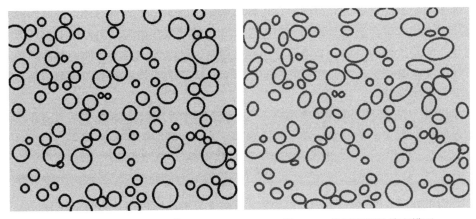

图 5-20　圆形颗粒填充模型　　　　　　图 5-21　椭圆形颗粒填充模型

观力学分析能更准确地模拟颗粒的增强作用与颗粒之间的相互影响，也就能更准确地反映复合推进剂的真实力学特性[32-35]。

5.3.2　材料属性及参数

1. 基体本构关系

基体对复合固体推进剂的力学性能至关重要，因此对基体胶片进行了拉伸测试。图 5-22 为基体胶片在拉伸速度为 $100\mathrm{mm\cdot min^{-1}}$ 条件下(实验温度为 25℃)所得到的单轴拉伸应力-应变曲线。由图可知，基体胶片的弹性较好，其最大延伸率达到 450% 以上，是一种典型的橡胶态材料。

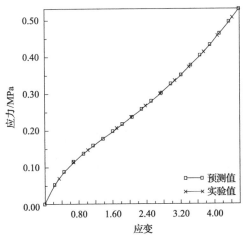

图 5-22　基体的拉伸曲线和理论预测值的比较

基体的力学响应与其结构密切相关，基体由高分子链组成，在初始状态下，基体中的分子链是随机分布的，在拉伸过程中，原本随机分布的分子链取向分布发生了变化，将会诱导基体的各向异性，并进而导致在最大取向方向上出现应变强化。随着拉伸的增加，基体的分子链被拉直，使基体的强度增加，最后断裂。常用描述橡胶态材料力学性能的本构模型有基于热力学统计的本构模型和基于现象学的本构模型。

设 Ω_0 为超弹性材料的初始构型，Ω 为任意时刻 t 的材料构型。在初始时刻，质点的坐标为 X，在任意时刻 t 的位置用 x 表示，则变形梯度 F 为

$$F = \frac{\partial x}{\partial X} \tag{5-31}$$

为了方便处理不可压缩材料，将变形梯度分解成体积部分和偏量部分：

$$F = F^{\text{vol}} \cdot F^{\text{dev}} \tag{5-32}$$

式中，$F^{\text{dev}} = J^{-\frac{1}{3}}F$，$F^{\text{vol}} = J^{\frac{1}{3}}I$，$J = \det(F)$。这样，偏量部分的行列式 $\det(F^{\text{dev}}) = 1$，因此，F^{dev} 的任何函数与体积变形无关。

对于不可压缩超弹性材料，Ogden 给出其应变能函数为

$$W(F) = \tilde{W}(F^{\text{dev}}) + \phi(J) \tag{5-33}$$

当材料为各向同性，Ogden 势能函数的形式为

$$W(F) = \sum_{i=1}^{N} \frac{2\mu_i}{\alpha_i^2}\left(\tilde{\lambda}_1^{\alpha_i} + \tilde{\lambda}_2^{\alpha_i} + \tilde{\lambda}_3^{\alpha_i} - 3\right) + \sum_{i=1}^{N} \frac{1}{D_i}(J-1)^{2i} \tag{5-34}$$

式中，μ_i、α_i、D_i 为材料常数；$\tilde{\lambda}_i = J^{-\frac{1}{3}}\lambda_i$，$\lambda_i$ 为主伸长率。由于基体为不可压缩材料，$J = 1$，式(5-34)的第二项为零。

采用非线性最小二乘法对基体胶片实验数据用 $N=3$ 的 Ogden 模型进行拟合，可求出 Ogden 模型的参数，其参数见表 5-1。

表 5-1　Ogden 模型参数

本构关系		系数 μ_i /MPa	系数 α_i
Ogden 模型，$N=3$	$i=1$	0.103472692	1.54788021
	$i=2$	$2.323861163 \times 10^{-2}$	4.45137842
	$i=3$	$-4.220470416 \times 10^{-2}$	-8.97643523

基体的初始剪切模量为 $\mu_0 = \sum_{i=1}^{3} \mu_i$。

2. 颗粒及界面参数

铝粉对推进剂的影响采用复合材料细观力学 Mori-Tanaka 方法来考虑。将 AP 颗粒视为弹性材料，其弹性模量和泊松比分别为 $E_{AP}=32.4\mathrm{GPa}$，$\nu_{AP}=0.14$。界面单元参数设定为 $K_{nn}=K_{tt}=0.05\mathrm{MPa}$，$\delta_n^0=\delta_t^0=2\mu\mathrm{m}$，$\delta_m^f=20\mu\mathrm{m}$。

椭圆形颗粒填充模型比圆形颗粒填充模型更接近颗粒填充的实际情况，运用软件对颗粒填充样品的扫描电镜处理获得二值图(图 5-23)，再用直接最小二乘法对颗粒边缘进行拟合得到椭圆形颗粒填充模型，如图 5-24 所示。

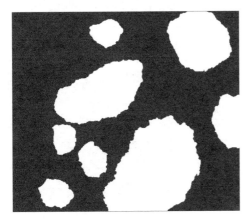

图 5-23　二值图像

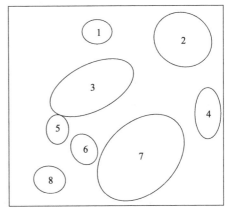

图 5-24　填充模型

在图 5-24 所示填充模型的基体与颗粒之间加入界面层，对填充模型进行网格划分，得到颗粒部分网格，如图 5-25 所示。为模拟电镜观察实验的单轴拉伸载荷，

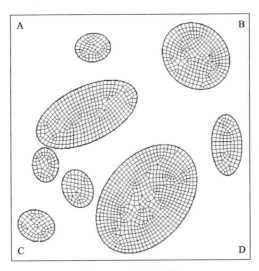

图 5-25　颗粒网格

计算中 CD 边保持 Y 方向固定，AB 边受均布位移作用，AC、BD 边保持平直。假设 AB 边的均布位移为 u，则整体应变为 $\varepsilon = \dfrac{u}{L_{AC}} = \dfrac{u}{L_{BD}}$。

5.4　宏细观数值模拟结果及验证

5.4.1　应力-应变分析

对图 5-24 所示模型进行加载、求解，得到不同整体应变条件下的应力-应变分布。图 5-26 和图 5-27 给出了整体应变 ε 分别为14.7%、20%时，推进剂的最大主应变与 Von Mises 应力分布云图。由图可以看出以下几个方面。

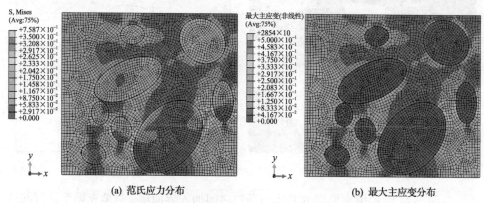

(a) 范氏应力分布　　　　　　　　　(b) 最大主应变分布

图 5-26　应力-应变分布($\varepsilon = 14.7\%$)

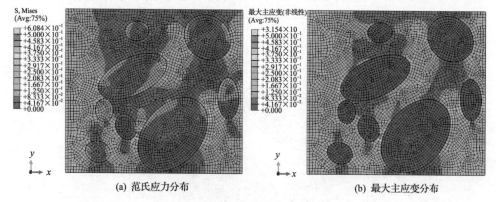

(a) 范氏应力分布　　　　　　　　　(b) 最大主应变分布

图 5-27　应力-应变分布($\varepsilon = 20\%$)

(1)由于推进剂内各组分的材料属性不同，受载荷条件下推进剂的应力-应变分布很不均匀，基体变形大，颗粒变形小。

(2)颗粒大小、取向以及相互之间的靠近程度对应力-应变分布的影响较大。

粒径越大,对应力-应变分布的影响越大,应力集中首先出现在大颗粒周围,随着载荷的增加,大颗粒对应力-应变分布的影响增大。

5.4.2　界面脱湿分析

界面是整个推进剂中的薄弱环节,在整体应变较小的条件下即发生界面脱湿。考虑到颗粒之间的影响对界面脱湿与应力-应变分布有较大影响,3#颗粒位于模型中间位置,本书着重分析 3#颗粒的脱湿情况。图 5-28 给出了整体应变 ε 为 14.7%、20%时,3#颗粒表面界面法向应力分布,图中箭头指向颗粒外部,表示颗粒在该处受拉应力作用,指向颗粒内部时表示压应力。由图 5-28 可以看出以下几点。

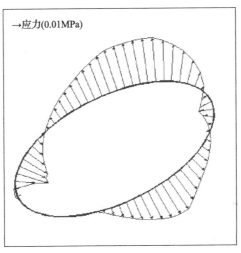

(a) ε=14.7%

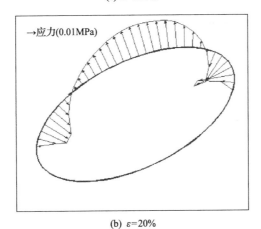

(b) ε=20%

图 5-28　3#颗粒表面法向应力分布

(1)当整体应变 ε =14.7%时,3#颗粒表面开始出现脱湿,脱湿部位界面单元失效，失效处颗粒法向应力为零。

(2)界面脱湿位置受颗粒之间的影响较大，3#颗粒表面出现脱湿的位置处于7#大颗粒一侧，靠近5#、6#颗粒，随着整体应变的增加，脱湿面的扩展集中在7#大颗粒一侧。由此可见，颗粒之间的相互作用影响了推进剂中细观损伤的演化，大颗粒之间的相互影响较大。

5.4.3　实验与数值结果对比

对比数值模拟的结果与受载荷条件下推进剂的细观损伤扩展的电镜观察结果可以看出以下几点。

(1)数值模拟在建模过程中考虑到了推进剂在细观上不均匀的特点，其结果反映出了受载荷条件下推进剂应力-应变响应不均匀的特点。

(2)受载荷条件下，推进剂的损伤从颗粒与基体之间的界面开始，界面是整个推进剂的薄弱环节，这与实验观测得到的结果一致。

(3)从各应变条件下的应力-应变分布来看，应力-应变集中出现在基体部分，证明了受载荷条件下推进剂的损伤将在基体中扩展，填充颗粒发生破坏的可能性较小，高强度的颗粒可以阻挡裂纹的扩展。实验中，未施加载荷时推进剂中存在破碎颗粒，颗粒破碎可能产生于推进剂生产、试件制作及其他载荷作用，在拉伸过程中，颗粒破碎处因无界面黏结作用首先开裂，但完整颗粒没有发生破坏。

(4)虽然推进剂的力学性能主要由基体提供，通过数值分析可以发现，颗粒的大小、取向、分布位置对颗粒与基体之间"脱湿"的影响较大，进而影响受载荷条件下推进剂细观损伤的发生与扩展，实验中可以观察到推进剂中颗粒与基体的脱湿发生在大颗粒集中区域，颗粒之间的相互影响明显。

通过引入界面单元对推进剂受载荷条件下的脱湿行为进行数值模拟，其结果与实验观察得到的现象相吻合。因为填充模型的建立基于推进剂电镜照片，反映了推进剂的真实细观形貌，数值模拟结果可与实验观察进行对比，验证了方法的可靠性。但是由于数值模拟基于一系列理想化假设，其结果与实验现象之间有差别，通过改善实验条件，获得更为丰富的推进剂细观参数(如考虑界面性能的不均匀等)，开展推进剂三维细观有限元分析，能更为真实地反映受载荷条件下推进剂的细观损伤特性，进而为推进剂的使用与配方研究提供指导。

参 考 文 献

[1] 刘红岩, 杨军. 冲击载荷作用下岩体破坏规律的数值流形方法模拟研究[J]. 爆炸与冲击, 2005, 25(3): 255-259.

[2] 黄涛. 高聚物黏结炸药损伤破坏的流形元法模拟研究[D]. 北京: 北京理工大学, 2006.

[3] Kwon Y W, Liu C T. Damage study in notched particulate composite specimens under non-uniform strain loading[R]. ADA 408450.

[4] Kwon Y W, Liu C T. Study of damage evolution in composites using damage mechanics and micromechanics[J]. Composite Structure, 1997, 38: 133-139.

[5] Kwon Y W, Liu C T. Prediction of initial crack size in particulate composites with a circular hole[J]. Mechanics Research Communications, 2000, 27(4): 421-428.

[6] Kwon Y W, Liu C T. Damage growth in a particulate composite under a high strain rate loading[J]. Mechanics Research Communications, 1998, 25(3): 329-336.

[7] Kwon Y W, Berner J M. Micromechanics model for damage and failure analyses of laminated fibrous composites[J]. Engineering Fracture Mechanics, 1995, 52(2): 231-242.

[8] Kwon Y W, Liu C T. Effect of particle distribution on initial cracks forming from notch tips of composites with hard particles embedded in a soft matrix[J]. Composites Part B: Engineering, 2001, 32: 199-208.

[9] Needleman A. A continuum model for void nucleation by inclusion debonding[J]. Journal of Applied Mechanics, 1987, 54: 525-531.

[10] Ismar H. Effects of interfacial debonding on the transverse loading behaviour of continuous fiber-reinforced metal matrix composites[J]. Computers and Structures, 2001, 79: 1713-1722.

[11] Davila C G. Mixed-mode decohesion elements for analyses of progressive delamination[C]. AIAA-01-1486.

[12] Rao S, Krishna Y. Fracture toughness of nitramine and composite solid propellants[J]. Materials Science and Engineering A, 2005, 403: 125-133.

[13] Liu C T. Crack growth behavior in a solid propellant[J]. Engineering Fracture Mechanics, 1997, 56(1): 127-135.

[14] Wong F C. Pseudodomain fracture analysis of instrumented analog rocket motors[J]. Journal of Spacecraft and Rockets, 2003, 40(1): 92-100.

[15] Needleman A. A micromechanical modeling of interfacial decohesion[J]. Ultramicroscopy, 1992, 40: 203-214.

[16] Segurado J. A new three-dimensional interface finite element to simulate fracture in composites[J]. International Journal of Solids and Structures, 2004, 41: 2977-2993.

[17] 周储伟, 杨卫. 内聚力界面单元与复合材料的界面损伤分析[J]. 力学学报, 1999, 3(3): 372-377.

[18] Lissenden C J, Herakovich C T. Numerical modeling of damage development and viscoplasticity in metal matrix composites[J]. Computer Methods in Applied Mechanics and Engineering, 1995, 126: 289-303.

[19] 叶碧泉. 用界面单元法分析复合材料界面力学性能[J]. 应用数学和力学, 1996, 17: 343-348.

[20] Hashin Z. The spherical inclusion with imperfect interface[J]. Journal of Applied Mechanics, 1991: 444-449.

[21] Miller T C. Crack growth rates in a propellant under various conditions[R]. ADA410476.

[22] Goyal V K. Analytical modeling of the mechanics of nucleation and growth cracks[D]. Blacksburg: Virginia Polytechnic Institute and State University, 2002.

[23] Segurado J, Llorca J. A computational micromechanics study of the effect of interface decohesion on the mechanical behavior of composites[J]. Acta Materialia, 2005, 53: 4931-4942.

[24] Phillips D R. Multiscale modeling of metallic materials containing embedded particles[C]. AIAA 2004-1699.

[25] Hubner C. The importance of micromechanical phenomena in energetic materials[J]. Propellant, Explosives, Pyrotechnics, 1999, 24: 119-125.

[26] Tan H. The cohesive law for the particle matrix interfaces in high explosives[J]. Journal of the Mechanics and Physics of Solids, 2005, 53: 1892-1917.

[27] Gent A N. Detachment of an elastic matrix from a rigid spherical inclusion[J]. Journal of Material Science, 1980, 15: 2884-2888.

[28] 陈鹏, 丁雁生. 含能材料装药的损伤及力学性能研究进展[J]. 力学进展, 2002, 32(2): 212-222.

[29] Liu C T. Multi-scale approach to investigate the tensile and fracture behavior of nano composite materials[R]. ADA439722.

[30] Liu C T. The effect of micro damage on time-dependent crack growth in a composite solid propellant[J]. Mechanics of Time-Dependent Material, 1997, (1): 123-136.

[31] Anderson L L. A predictive model for the mechanical behavior of particulate composites[J]. Polymer Engineering and Science, 1988, 28 (8): 522-528.

[32] Vratsanos L A, Farris R J. A predictive model for the mechanical behavior of particulate composites. Part I : Model derivation[J]. Polymer Engineering and Science, 1993, 33 (22): 1458-1465.

[33] Vratsanos L A, Farris R J. A Predictive model for the mechanical behavior of particulate composites. Part II : comparison of model predictions to literature data[J]. Polymer Engineering and Science, 1993, 33 (22): 1466-1474.

[34] Wong F C, Ait-Kadi A. Mechanical behavior of particulate composites: Experiments and micromechanical predictions[J]. Journal of Applied Polymer Science, 1995: 263-278.

[35] Dvorak G J, Benveniste Y. On transformation strains and uniform fields in multiphase elastic media[J]. Proceedings Mathematical and Physical Sciences, 1992: 311-327.

第6章 基于损伤的复合推进剂黏超弹本构模型

6.1 概　　述

固体火箭发动机作为火箭武器的主要推进装置，在多种战术、战略火箭武器系统中得到广泛应用[1-3]。随着火箭武器远程化战术性能需求的不断提高，推进剂能量、发动机长径比及装药模数得到进一步提高，且装填系数较高的贴壁浇注火箭发动机得到广泛重视。与此同时，发动机也同样面临着日益加剧的装药结构完整性问题，这不仅关系到火箭武器作战效能的发挥，还关系到整个火箭武器及其作战平台的安全性[4-7]。通过大量实验研究发现推进剂力学性能呈现明显的非线性特征，简单的线黏弹性理论根本不能满足研究的需要。HTPB因其延伸率好、能量高的特点在贴壁浇注火箭发动机中应用广泛，其微观结构是以丁羟胶为基体，并嵌入大量不同尺度的固体颗粒(如 Al、AP 等)，基体与颗粒之间通过黏合剂相互黏结。在微观实验中发现，在外载荷的持续作用下，材料内易出现微裂纹、微孔洞等缺陷，颗粒与基体之间也易出现界面脱湿现象，导致药柱的应力-应变呈现出"软化"现象[8-11]。因此，对于 HTPB 材料本构模型的建立，可认为其非线性力学特征均是由材料内部的损伤所引起的。建立 HTPB 固体推进剂非线性黏弹性本构模型，对这类发动机装药的结构完整性进行精细化分析具有重要的理论意义和实用价值。

6.2　复合推进剂宏观力学特性

6.2.1　黏弹特性

自然界的材料大多可以分为两类：弹性固体和黏性流体。而黏弹性材料是一种同时具有弹性固体和黏性流体两者特性的物质[12,13]。HTPB 复合固体推进剂是一种典型的黏弹性材料，其黏弹特性主要源于 HTPB 黏结剂，它是一种典型的黏弹性高聚物材料。而黏弹性物质又可以分为线性黏弹性和非线性黏弹性两类。如果材料的力学性能可以表现为线弹性固体和理想黏性流体的组合，则称其为线性黏弹性材料。HTPB 推进剂在固体火箭发动机结构完整分析中常被用作线性黏弹性材料[14-17]。本节将从微分和积分形式推导小应变下线黏弹性材料的应力-应变关系，在此基础上引入损伤黏超弹本构模型。

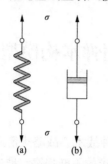

在微分型线黏弹性本构中经常使用弹簧和阻尼器分别作为理想弹性固体和理想黏性流体的代表。弹性元件如图 6-1(a)所示，黏性元件如图 6-1(b)所示。

弹性元件和黏性元件分别遵守胡克定律和牛顿黏性定律：

$$\sigma = E\varepsilon, \quad \tau = G\gamma \\ \sigma = \eta\dot{\varepsilon}, \quad \tau = \eta'\dot{\gamma} \tag{6-1}$$

图 6-1　黏弹性基本元件

式中，E 和 G 分别为弹性模量和剪切模量；η 和 η' 为黏性系数；σ 和 τ 分别为正应力和剪应力；ε 和 γ 分别为正应变和剪应变；$\dot{\varepsilon}$ 和 $\dot{\gamma}$ 分别为正应变率和剪切应变率。通过这两个元件的组合可以得到不同力学特性的材料模型，如 Maxwell 模型、Kelvin 模型、三参量固体模型等。由于上述模型中的材料函数仅包含 1 个指数函数，因此不能较为准确地描述材料的黏弹性力学行为。将多个 Maxwell 体并联或多个 Kelvin 体串联就可以得到较为复杂的黏弹性材料[18]。图 6-2(a)和(b)分别为广义 Maxwell 体和广义 Kelvin 体。

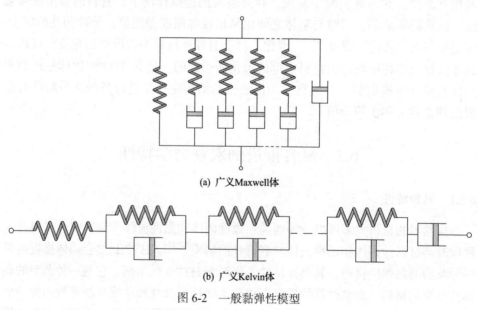

(a) 广义Maxwell体

(b) 广义Kelvin体

图 6-2　一般黏弹性模型

从广义的 Maxwell 体或广义 Kelvin 体可以推导出一维线黏弹性微分型本构方程。下面以广义 Kelvin 体为例，假设第 i 个 Kelvin 单元中的应变为 ε_i，其中弹性元件和黏性元件的弹性模量和黏性系数分别为 E_i 和 η_i，则单元平衡应力为

$$\sigma_i = E_i \varepsilon_i + \eta_i \dot{\varepsilon}_i \tag{6-2}$$

根据受力平衡 $\sigma = \sigma_i$，且使用微分算子 D 表示 $\mathrm{d}\varepsilon/\mathrm{d}t$，可得单个 Kelvin 体的应变为

$$\varepsilon_i = \frac{\sigma}{E_i + \eta_i D} \tag{6-3}$$

由变形连续性条件可得广义 Kelvin 体的总应变为

$$\varepsilon = \sum_{i=1}^{n} \varepsilon_i = \sum_{i=1}^{n} \frac{\sigma}{E_i + \eta_i D} \tag{6-4}$$

通过整理可得一般形式的本构方程为

$$\sum_{k=0}^{m} p_k \frac{\mathrm{d}^k \sigma}{\mathrm{d}t^k} = \sum_{k=0}^{n} q_k \frac{\mathrm{d}^k \varepsilon}{\mathrm{d}t^k}, \quad n \geqslant m \tag{6-5}$$

式中，p_k 和 q_k 为表征材料性质的常数。使用微分算子 $\boldsymbol{P}$、$\boldsymbol{Q}$，上式可以表示为

$$\boldsymbol{P}\sigma = \boldsymbol{Q}\varepsilon$$
$$\boldsymbol{P} = \sum_{k=0}^{m} p_k \frac{\mathrm{d}^k}{\mathrm{d}t^k}; \quad \boldsymbol{Q} = \sum_{k=0}^{n} q_k \frac{\mathrm{d}^k}{\mathrm{d}t^k} \tag{6-6}$$

积分形式的线黏弹性本构的推导基于线性叠加原理，即 Boltzmann 叠加原理[19-21]。假设物体的一般受力过程可以写成连续可微函数 $\sigma(t)$，将其简化为无数个非常小的阶跃应力 $\mathrm{d}\sigma(\tau)H(t-\tau)$ 之和，$\mathrm{d}\sigma(\tau)$ 可以表示为

$$\mathrm{d}\sigma(\tau) = \frac{\mathrm{d}\sigma}{\mathrm{d}t}\bigg|_{t=\tau} \mathrm{d}\tau = \frac{\mathrm{d}\sigma(\tau)}{\mathrm{d}\tau}\mathrm{d}\tau \tag{6-7}$$

假设黏弹性材料的蠕变柔量为 $J(t)$，则单位阶跃应力 $\sigma_0 H(t)$ 可以产生的应变为 $\varepsilon(t) = \sigma_0 J(t)$。若在此之后的 τ 时刻，附加一个非常小的阶跃应力 $\mathrm{d}\sigma(\tau)H(t-\tau)$，其产生的附加应变为 $\mathrm{d}\sigma(\tau)J(t-\tau)$。以此类推，若将 $\sigma(t)$ 分解为 m 个很小的应力增量过程，则在此 m 个应力增量之后的某时刻 t 的总应变为

$$\varepsilon(t) = \sigma_0 J(t) + \sum_{i=1}^{m} \mathrm{d}\sigma(\tau_i)J(t-\tau_i) \tag{6-8}$$

当 m 趋于无穷时，上式可以写成

$$\varepsilon(t) = \sigma_0 J(t) + \int_{0^+}^{t} J(t-\tau)\frac{\mathrm{d}\sigma(\tau)}{\mathrm{d}\tau}\mathrm{d}\tau \qquad (6\text{-}9)$$

上式即为 Boltzmann 叠加原理的积分表达式，又称为遗传积分。其应变表示为初始应力 σ_0 引起的应变加上应力变化过程产生的应变。当初始应力值为零时，则式(6-9)中第一项不存在，式(6-9)变为

$$\varepsilon(t) = \int_0^t J(t-\tau)\frac{\mathrm{d}\sigma(\tau)}{\mathrm{d}\tau}\mathrm{d}\tau \qquad (6\text{-}10)$$

上式即为一维积分型线黏弹性本构的蠕变形式，同理可得一维积分型线黏弹性本构的松弛形式为

$$\sigma(t) = \int_0^t E(t-\tau)\frac{\mathrm{d}\varepsilon(\tau)}{\mathrm{d}\tau}\mathrm{d}\tau \qquad (6\text{-}11)$$

以上分别得到了积分型和微分型的一维线黏弹性本构方程，下面将给出三维形式的黏弹性本构方程形式。对于各向同性的线弹性体，其本构方程可以表示为

$$\sigma_{ij} = \lambda\delta_{ij}\varepsilon_{kk} + 2G\varepsilon_{ij} \qquad (6\text{-}12)$$

式中，σ_{ij} 和 ε_{ij} 分别为应力张量 $\boldsymbol{\sigma}$ 和应变张量 $\boldsymbol{\varepsilon}$ 的分量；λ 为拉梅系数；G 为剪切模量。可以将应力和应变写成如下的球张量和偏张量形式：

$$\sigma_{ij} = s_{ij} + \frac{\delta_{ij}\sigma_{kk}}{3}$$
$$\varepsilon_{ij} = e_{ij} + \frac{\delta_{ij}\varepsilon_{kk}}{3} \qquad (6\text{-}13)$$

将式(6-13)代入式(6-12)，可得畸变方程和体变方程

$$s_{ij} = 2Ge_{ij}$$
$$\sigma_{ii} = 3K\varepsilon_{ii} \qquad (6\text{-}14)$$

在弹性力学中，杨氏模量 E、泊松比 ν 和 λ、G、K 存在一定的关系，详见一般弹性力学书籍和文献[22-26]。参照各向同性线弹性体的三维本构关系式(6-12)，三维积分型的各向同性线黏弹性材料应力-应变关系可以表示为

$$\sigma_{ij}(t) = \int_0^t \left[\lambda(t-\tau)\delta_{ij}\frac{\mathrm{d}\varepsilon_{kk}(\tau)}{\mathrm{d}\tau} + 2G(t-\tau)\frac{\mathrm{d}\varepsilon_{ij}}{\mathrm{d}\tau} \right]\mathrm{d}\tau \qquad (6\text{-}15)$$

将式(6-13)代入式(6-15)，得到应力-应变关系的偏量部分和体变部分：

$$s_{ij}(t) = \int_0^t 2G(t-\tau)\frac{de_{ij}}{d\tau}d\tau$$

$$\sigma_{kk}(t) = \int_0^t 3K(t-\tau)\frac{d\varepsilon_{kk}}{d\tau}d\tau$$

(6-16)

式中，$\lambda(t)$、$G(t)$和$K(t)$分别为拉梅系数对应的松弛函数、剪切松弛函数和体积松弛函数。对于各向同性线黏弹性材料，必须具备两种材料函数才能准确描述其应力-应变特性。但是通过实验直接获得黏弹性材料的材料函数$G(t)$和$K(t)$比较困难，而材料的松弛模量$E(t)$较容易获得。因此，如果获得了材料函数之间的转化关系，就可以通过较容易测量的材料函数来表述线黏弹性材料的力学行为。

将式(6-16)进行 Laplace 变换得到：

$$S_{ij}(s) = 2sG(s)e_{ij}(s)$$

$$\sigma_{kk}(s) = 3sK(s)\varepsilon_{kk}(s)$$

(6-17)

式中，为了区分应力偏量s_{ij}和 Laplace 变量s，将应力偏量s_{ij}临时改写为大写S_{ij}。对比式(6-14)和式(6-17)发现，线黏弹性材料应力-应变关系的 Laplace 变换和线弹性材料的应力-应变关系类似。只需将线弹性材料本构中的σ_{ij}、ε_{ij}、s_{ij}和e_{ij}替换为 Laplace 变化的形式$\sigma_{ij}(s)$、$\varepsilon_{ij}(s)$、$s_i(s)_j$和$e_{ij}(s)$，同时将本构常数G、K、E、v和λ分别替换为$sG(s)$、$sK(s)$、$sE(s)$、$sv(s)$和$s\lambda(s)$。下面推导$E(t)$、$v(t)$和$G(t)$、$K(t)$之间的关系。弹性力学中材料常数存在以下关系：

$$E = \frac{9KG}{3K+G}$$

$$v = \frac{3K-2G}{6K+2G}$$

(6-18)

将上式中的参数进行替换得到

$$sE(s) = \frac{9s^2K(s)G(s)}{3sK(s)+sG(s)} = \frac{9sK(s)G(s)}{3K(s)+G(s)}$$

(6-19)

$$sv(s) = \frac{3K(s)-2G(s)}{6K(s)-2G(s)}$$

(6-20)

对上式进行 Laplace 逆变换可以得到线黏弹性材料中$E(t)$、$v(t)$和$G(t)$、$K(t)$之间的关系。实际工程应用中，可以根据实际情况简化材料函数之间的变化关系。在固体推进剂有限元计算中经常采用两种假设：一种是基于泊松比$v(t)$随时间变化很小，所以假设泊松比为常数。这样就可以根据松弛模量 $E(t)$ 得到剪切松弛模量和体积松弛模量：

$$G(t) = \frac{E(t)}{2(1+v)}$$

$$K(t) = \frac{E(t)}{3(1-2v)}$$

$$(6\text{-}21)$$

另一种假设从体积模量入手，由于体积松弛模量比剪切和拉压松弛模量的变化小得多，因此假设体积模量 K 为常数，而此时的泊松比和剪切松弛模量为

$$v(t) = \frac{1}{2}\left[1 - \frac{E(t)}{3K}\right]$$

$$G(t) = \frac{3KE(t)}{9K - E(t)}$$

$$(6\text{-}22)$$

本节介绍的线黏弹性基本原理只适用于小变形情况下，对于大变形情况下的黏超弹本构模型将在后面章节详述。

6.2.2 非线性

HTPB 推进剂装药结构完整性分析是一个非常复杂的非线性有限元分析过程。产生非线性的原因主要有两个：①由于颗粒脱湿、微孔洞等微观结构的损伤产生的材料非线性；②由于大变形过程中的几何非线性。HTPB 推进剂是一种典型的高颗粒填充复合材料，以丁羟胶为基体，其中填充有大量的铝粉和高氯酸铵颗粒。在受力情况下，HTPB 推进剂的力学行为表现出明显的非线性特征，引起材料非线性的原因有很多(如损伤、颗粒-基体脱湿、微孔洞、Mullins 效应等)。HTPB 推进剂在载荷作用下，由于颗粒和基体之间存在较大的模量差异，基体和颗粒之间存在较大的应力和应变集中区域。随着载荷的增大，颗粒-基体产生脱湿，进而形成微孔洞和微裂纹。从宏观层面看，HTPB 推进剂呈现出应力-应变特性的非线性特征。

图 6-3 为 HTPB 推进剂在循环加载条件下所呈现出的 Mullins 效应，材料在加载过程中逐渐产生了损伤，使得在卸载过程中应变滞后于应力的状态。图 6-4 为 HTPB 推进剂在单轴拉伸载荷下的典型应力-应变变化曲线。在较小的应变范围内材料呈现出线黏弹性材料的应力-应变特点。随着应变的不断提高，材料的应力增长幅度逐渐减小，出现了"转弯"现象。这是由于在较大应变范围之内，HTPB 推进剂已经产生了损伤，造成了材料宏观平均模量的下降。图 6-4 中同时给出了在单轴拉伸过程中 HTPB 推进剂体积膨胀的变化情况。从图 6-4 不难发现在应变

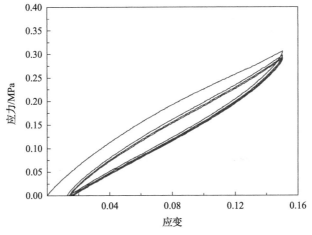

图 6-3　HTPB 推进剂的 Mullins 效应

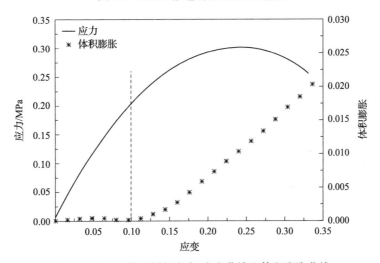

图 6-4　HTPB 推进剂的应力-应变曲线和体积膨胀曲线

小于 0.1 的情况下，HTPB 推进剂的体积膨胀处于一个极低的水平，这是因为 HTPB 推进剂的泊松比在未损伤状态下接近于 0.5，材料整体呈现出不可压缩特性。随着应变的提高，材料的体积膨胀开始增大，而此时材料的应力-应变特征也开始明显地呈现出非线性特征。图 6-5 给出了 HTPB 推进剂在单轴拉伸过程中的图像，图 6-5(a) 为未受力情况下的图像，图 6-5(b) 为已经产生明显脱湿情况下的图像。在未受力情况下，AP 颗粒紧密地嵌入基体中，材料整体未产生明显损伤。在受力情况下，AP 颗粒与基体之间产生了明显的脱湿现象，AP 颗粒从基体中脱出，呈现出较多明显的白色晶体颗粒，颗粒脱湿之后会继续形成微孔洞等损伤。从微观损伤的角度可以很好地解释图 6-3 和图 6-4 中所示的材料非线性特征，因此在建立 HTPB 推进剂本构模型时必须考虑到材料的微观损伤效应。

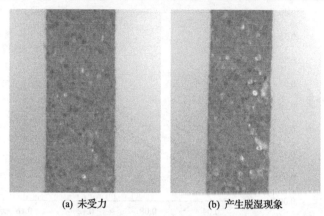

(a) 未受力　　　　　　　　(b) 产生脱湿现象

图 6-5　HTPB 推进剂拉伸过程中的图像

通过实验发现 HTPB 推进剂的单轴拉伸应变可以达到 40%，在这种情况下，如果使用小变形情况下的本构方程来模拟有限变形下的问题将带来一定的误差。对于大变形过程所造成的几何非线性问题也是装药结构完整性分析中需要特别注意的地方。HTPB 推进剂是一种模量较低的推进剂，其松弛模量在 1～10MPa 水平，如果装药中存在较大的应力释放结构，那么装药的部分区域可能存在着刚体转动。刚体转动是非线性连续介质力学理论中的重要部分，对于某种特定的线性材料而言，有限元分析过程中是否采用非线性分析的关键点就在于转动的量级，如果转动"足够大"，就必须使用非线性有限元分析。究竟"多大的转动"才需要进行非线性分析，这取决于分析过程中能够容许误差的量级。下面就这一问题展开分析，假设一个单元绕原点转动 θ，如图 6-6 所示。

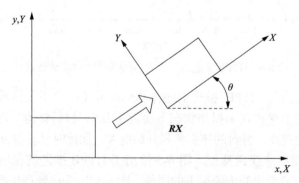

图 6-6　一个 Lagrangian 网格的刚体转动

这一单纯转动的运动方程为 $x = R \cdot X$，节点坐标和位移为

$$\begin{Bmatrix} x \\ y \end{Bmatrix} = \begin{bmatrix} \cos\theta & -\sin\theta \\ \sin\theta & \cos\theta \end{bmatrix} \begin{Bmatrix} X \\ Y \end{Bmatrix} \tag{6-23}$$

$$\begin{Bmatrix} u_x \\ u_y \end{Bmatrix} = \begin{bmatrix} \cos\theta - 1 & -\sin\theta \\ \sin\theta & \cos\theta - 1 \end{bmatrix} \begin{Bmatrix} X \\ Y \end{Bmatrix} \tag{6-24}$$

将上式对材料坐标求导，可以得到线性应变为

$$\varepsilon_x = \frac{\partial u_x}{\partial X} = \cos\theta - 1$$

$$\varepsilon_y = \frac{\partial u_y}{\partial Y} = \cos\theta - 1 \tag{6-25}$$

$$2\varepsilon_{xy} = \frac{\partial u_x}{\partial Y} + \frac{\partial u_y}{\partial X} = 0$$

将上式中的应变进行 Taylor 展开，可以得到

$$\varepsilon_x = \varepsilon_y = \cos\theta - 1 = 1 - \frac{\theta^2}{2} + O(\theta^4) - 1 \approx -\frac{\theta^2}{2} \tag{6-26}$$

从上式可以看出转动中线应变的误差是二阶的。如果分析过程中应变很小，那么就可以近似采用线性分析，在满足一定精度的条件下减小计算的复杂程度。在 HTPB 推进剂装药有限元分析过程中，装药在经过固化降温和点火压力冲击作用下的应变值可能达到 10^{-1} 数量级，考虑到 10%的可接受误差，那么可能接受的转动角度为 10^{-2} 数量级。当存在较大的转动角度时，如果使用线性有限元分析，将产生较大的误差，因此几何非线性也是装药有限元分析过程中必须考虑到的重要问题。

6.3　基于损伤的非线性黏超弹本构模型

6.3.1　黏超弹本构模型

为了获得有限变形下的非线性黏超弹本构模型，首先必须获得有限变形下的黏弹性本构模型，之后在此基础上改进成为损伤非线性模型。有限变形黏弹性模型是线黏弹性模型在有限变形下的推广，在推导过程中必须保证本构方程的框架不变性[27-29]。小变形下的松弛型线黏弹性本构方程可以写成下面的形式：

$$\sigma_{ij} = \int_0^t C_{ijkl}(t-\tau)\frac{\partial \varepsilon_{ij}}{\partial \tau}\mathrm{d}\tau \tag{6-27}$$

式中，σ_{ij} 为应力分量；ε_{ij} 为应变分量；C_{ijkl} 为松弛模量；τ 为时间积分变量。

在大变形情况下需要不同于小变形情况下的应力和应变的度量。假设一个物

体在初始时刻(t=0)的状态用 Ω_0 表示，我们称其为初始构型或者未变形构型，如图 6-7 所示。物体在以后的某一时刻的状态用 Ω 表示，称其为当前构型或者变形构型。

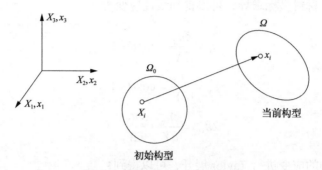

图 6-7　物体运动和变形示意图

在初始时刻(t=0)初始构型上的某一点可以使用 $X_i(i=1,2,3)$ 来表示，在物体的运动和变形过程中，在 t 时刻该质点对应于当前构型中的 x_i。该质点的运动可以使用下面的方程表示：

$$x_i = x_i(X_j, t), \quad i, j = 1, 2, 3 \tag{6-28}$$

在描述物体的运动和变形过程中需要选定一个特定的构型作为基准，将该基准称为参考构型，上式中取初始构型为参考构型。式(6-28)所示的这种使用运动的质点来考察运动和变形的方法称为物质描述或 Lagrange 描述。在物体的运动和变形是单值连续的情况下，对式(6-28)进行逆变换可以得到

$$X_i = X_i(x_j, t), \quad i, j = 1, 2, 3 \tag{6-29}$$

使用式(6-29)作为描述物体运动和变形的方法称为空间描述或 Euler 描述。

变形和应变度量的描述是连续介质力学中的基本部分，定义变形梯度为

$$\boldsymbol{F}_{ij} = \frac{\partial x_i}{\partial X_j} \tag{6-30}$$

变形梯度是一个非对称的二阶张量，是连续介质力学中关于变形的一个重要张量，其中包含了变形中线素的伸缩和转动信息。变形梯度张量行列式的值代表了物体变形过程中的体积变化。

$$\boldsymbol{J} = \det(\boldsymbol{F}) = \begin{vmatrix} \partial x_1 / \partial X_1 & \partial x_1 / \partial X_2 & \partial x_1 / \partial X_3 \\ \partial x_2 / \partial X_1 & \partial x_2 / \partial X_2 & \partial x_2 / \partial X_3 \\ \partial x_3 / \partial X_1 & \partial x_3 / \partial X_2 & \partial x_3 / \partial X_3 \end{vmatrix} = \frac{V}{V_0} \tag{6-31}$$

式中，V_0 和 V 分别为物体变形前后的体积。在参考构型下，定义右 Cauchy-Green 形变张量为 $\boldsymbol{C}$：

$$C_{IJ} = F_{iI} F_{iJ} \tag{6-32}$$

定义 Green 应变张量为 $\boldsymbol{E}$：

$$E_{IJ} = \frac{1}{2}\left(C_{IJ} - \delta_{IJ}\right) \tag{6-33}$$

在当前构型下，定义左 Cauchy-Green 形变张量为 $\boldsymbol{b}$：

$$b_{ij} = F_{iI} F_{jI} \tag{6-34}$$

在有限变形情况下，由于变形前后的构型面积变化可能比较大，因此在对应力进行度量时必须指定出作为参照的构型。Cauchy 应力张量和 Kirchhoff 应力张量为在当前构型下的应力度量方式，且两者均为对称张量，两者之间存在以下关系：

$$\tau_{ij} = J \sigma_{ij} \tag{6-35}$$

在参考构型下经常使用对称的第二 Piola-Kirchhoff 应力张量，它和 Kirchooff 应力张量之间存在以下关系：

$$\tau_{ij} = F_{iI} S_{IJ} F_{Jj} \tag{6-36}$$

为了满足框架不变性，以第二 Piola-Kirchhoff 应力的形式给出使用超弹性材料模型和 Newtonian 黏性流体模型组成的黏超弹本构模型公式：

$$\boldsymbol{S} = \int_0^t R(t,\tau,\boldsymbol{E}) : \frac{\partial \boldsymbol{E}(\tau)}{\partial \tau} \mathrm{d}\tau \tag{6-37}$$

需要注意的是，上式中 $\boldsymbol{E}$ 为 Green 应变张量，并非材料的单轴松弛函数。可以将上式中的松弛函数 R 写成 Prony 级数的形式：

$$R(t,\tau,\boldsymbol{E}) = \boldsymbol{C}_0 (\boldsymbol{E}(\tau)\left[\alpha_\infty + \sum_{i=1}^{N} \alpha_i \exp\left(-\frac{t-\tau}{\tau_i}\right) \right] \tag{6-38}$$

式中，$\boldsymbol{C}_0$ 为弹性部分的瞬时弹性张量，弹性张量的具体形式取决于所采用的超弹性本构模型的具体形式。对上式进行求导可以得到 Prony 级数中的黏性应力部分的关系式：

$$\dot{\boldsymbol{S}}_i + \frac{\boldsymbol{S}_i}{\tau_i} = \boldsymbol{C}_i^\alpha : \dot{\boldsymbol{E}} \tag{6-39}$$

对上式中 Prony 级数中的各项求和可以得到总的黏性应力。超弹性部分的本构关系有很多，如广泛使用的多项式形式、Ogden 模型、Mooney-Rivlin 模型和 Neo-Hookean 模型等。各向同性超弹性材料的应变能函数依赖于三个变形张量的不变量 I、II 和 III：

$$I = C_{KK} = b_{kk}$$
$$II = \left(I^2 - C_{KL}C_{LK}\right)/2 = \left(I^2 - b_{kl}b_{lk}\right)/2 \tag{6-40}$$
$$III = \det C_{KL} = \det b_{kl} = J^2$$

材料的应变能函数可以写成以下形式：

$$W(\boldsymbol{C}) = W(\boldsymbol{b}) = W(I, II, J) \tag{6-41}$$

采用的应变能函数形式为 $W(\boldsymbol{C}) = W^d(\boldsymbol{C}) + U(J)$，$W^d$ 和 U 分别为代表畸变和体变部分的应变能函数，两者之间互相解耦。

本书使用文献[10]中的方法将式(6-41)所示的应变能函数表达为另外一种形式。将变形张量 $\boldsymbol{F}$ 分解为两部分：

$$\boldsymbol{F} = J^{1/3}\overline{\boldsymbol{F}} \tag{6-42}$$

上式中 $J^{1/3}$ 代表了变形张量的体积变化部分，$\overline{\boldsymbol{F}} = J^{-1/3}\boldsymbol{F}$ 代表了变形张量的畸变部分。对应的右 Cauchy-Green 变形张量 $\overline{\boldsymbol{C}} = \overline{\boldsymbol{F}}^{\mathrm{T}}\overline{\boldsymbol{F}}$，Green 应变张量为 $\overline{\boldsymbol{E}} = \left(\overline{\boldsymbol{C}} - 1\right)/2$。改进的应变张量不变量的对应关系为

$$\overline{I} = J^{-2/3}I$$
$$\overline{II} = J^{-4/3}II \tag{6-43}$$

使用改进的应变张量表达的应变能函数为

$$W(\boldsymbol{C}) = W^d(\overline{\boldsymbol{C}}) + U(J) \tag{6-44}$$

在材料描述下使用第二 Piola-Kirchhoff 应力给出的弹性应力为

$$S_{IJ} = 2\frac{\partial W}{\partial C_{IJ}} = \frac{\partial W}{\partial E_{IJ}} \tag{6-45}$$

将式(6-44)代入式(6-45)，使用导数的链式法则可得

$$\boldsymbol{S} = 2\frac{\partial W(\boldsymbol{C})}{\partial \boldsymbol{C}} = 2\frac{\partial W^d(\overline{\boldsymbol{C}})}{\partial(\overline{\boldsymbol{C}})}\frac{\partial \overline{\boldsymbol{C}}}{\partial \boldsymbol{C}} + 2\frac{\partial U(J)}{\partial J}\frac{\partial J}{\partial \boldsymbol{C}} \tag{6-46}$$

$\overline{C}$ 和 J 对 C 的微分为

$$
\begin{aligned}
\frac{\partial \overline{C}}{\partial C} &= J^{-\frac{2}{3}}[I - C \otimes C] \\
\frac{\partial J}{\partial C} &= \frac{1}{2} J C^{-1}
\end{aligned}
\tag{6-47}
$$

将式(6-47)代入式(6-46)可得

$$
S = JU'C^{-1} + 2J^{-2/3}\left[\frac{\partial W^d(\overline{C})}{\partial C} - \frac{1}{3}\left(\frac{\partial W^d(\overline{C})}{\partial C} : C\right)C^{-1}\right]
\tag{6-48}
$$

为了简化上式，定义

$$
\begin{aligned}
S^d &= 2J^{-2/3}\left[\frac{\partial W^d(\overline{C})}{\partial C} - \frac{1}{3}\left[\frac{\partial W^d(\overline{C})}{\partial C} : C\right]C^{-1}\right] \\
&= 2J^{-2/3}\,\mathrm{DEV}\left(\frac{\partial W^d(\overline{C})}{\partial C}\right)
\end{aligned}
\tag{6-49}
$$

$$
S^v = JU'C^{-1}
\tag{6-50}
$$

其中运算符 $\mathrm{DEV}(g)$ 定义为

$$
\mathrm{DEV}(\bullet) = (\bullet) - \frac{1}{3}(\bullet : C)C^{-1}
\tag{6-51}
$$

式(6-48)简化为 $S = S^v + S^d$。

将式(6-48)代入式(6-36)，可得在空间坐标下使用 Kirchhoff 应力描述的弹性应力：

$$
\tau = JU'\mathbf{1} + \mathrm{dev}\left(2\overline{F}\frac{\partial W^d(\overline{C})}{\partial \overline{C}}\overline{F}^{\mathrm{T}}\right)
\tag{6-52}
$$

上式中 $\mathrm{dev}(\ )$ 定义为

$$
\mathrm{dev}(\bullet) = (\bullet) - \frac{1}{3}[(\bullet) : \mathbf{1}]\mathbf{1}
\tag{6-53}
$$

本书中经常使用到二阶单位张量和四阶等同张量，分别使用 $\mathbf{1}$ 和 I 表示，其分量表达式分别为 δ_{ij} 和 $I_{ijkl} = \frac{1}{2}\left(\delta_{ik}\delta_{jl} + \delta_{il}\delta_{jk}\right)$。

Neo-Hookean 模型是各向同性线性定律(胡克定律)在大变形下的扩展，在小变形情况下 Neo-Hookean 模型和线弹性模型等价。对于 HTPB 推进剂的应变范围而言，Neo-Hookean 可以很好地模拟出材料在各个应变范围之内的力学响应。Neo-Hookean 模型的应变能势函数为

$$W^d(I,J) = \frac{1}{2}G(\bar{I}-3) = \frac{1}{2}G(\bar{\boldsymbol{C}}:\boldsymbol{1}-3)$$
$$U(J) = \frac{1}{2}K(J-1)^2 \tag{6-54}$$

类比小变形情况下的线黏弹性本构，在大变形情况下的应力可以写成瞬态弹性应力和黏性应力之差的形式，以单轴拉伸为例：

$$\boldsymbol{S}_{vis}(t) = \boldsymbol{S}(t) - \sum_{i=1}^{N}\boldsymbol{Q}_i(t) \tag{6-55}$$

其中 $\boldsymbol{Q}_i(t)$ 定义为

$$\dot{\boldsymbol{Q}}_i(t) + \frac{\boldsymbol{Q}_i(t)}{\tau_i} = \frac{\gamma_i}{\tau_i}\boldsymbol{Q}_i(t)$$
$$\lim_{t\to-\infty}\boldsymbol{Q}_i(t) = \boldsymbol{0} \tag{6-56}$$

本书考虑到 HTPB 推进剂的体积松弛特性和剪切松弛特性的不同，将应力分为体积应力部分和畸变应力部分，即

$$\boldsymbol{S}_{vis} = \boldsymbol{S}_{vis}^v + \boldsymbol{S}_{vis}^d \tag{6-57}$$

类比式(6-55)可得

$$\boldsymbol{S}_{vis}^v(t) = \boldsymbol{S}^v(t) - \sum_{i=1}^{N}\mathbf{QK}_i(t)$$
$$\boldsymbol{S}_{vis}^d(t) = \boldsymbol{S}^d(t) - \sum_{i=1}^{N}\mathbf{QG}_i(t) \tag{6-58}$$

其中 $\mathbf{QK}_i$ 和 $\mathbf{QG}_i$ 分别为

$$\dot{\mathbf{QK}}_i(t) + \frac{\mathbf{QK}_i(t)}{\tau_i^k} = \frac{k_i}{\tau_i}\boldsymbol{S}^v(t)$$
$$\lim_{t\to-\infty}\mathbf{QK}_i(t) = \boldsymbol{0}, k_\infty + \sum_{i=1}^{N}k_i = 1 \tag{6-59}$$

$$\dot{\mathbf{Q}\mathbf{G}}_i(t) + \frac{\mathbf{Q}\mathbf{G}_i(t)}{\tau_i^k} = \frac{g_i}{\tau_i}\boldsymbol{S}^d(t) \tag{6-60}$$

$$\lim_{t \to -\infty} \mathbf{Q}\mathbf{G}_i(t) = \mathbf{0}, \quad g_\infty + \sum_{i=1}^{N} g_i = 1$$

对式 (6-59) 和式 (6-60) 所示的一阶常微分方程求解可得

$$\mathbf{Q}\mathbf{K}_i(t) = \frac{k_i}{\tau_i^k} \int_0^t \exp\left[-(t-\tau)/\tau_i^k\right]\boldsymbol{S}^v \mathrm{d}\tau \tag{6-61}$$

$$\mathbf{Q}\mathbf{G}_i(t) = \frac{g_i}{\tau_i^g} \int_0^t \exp\left[-(t-\tau)/\tau_i^g\right]\boldsymbol{S}^d \mathrm{d}\tau \tag{6-62}$$

将式 (6-58)、式 (6-61) 和式 (6-62) 代入式 (6-57) 中可以得到有限变形下的黏超弹本构方程：

$$\begin{aligned}
\boldsymbol{S}_{vis} &= \boldsymbol{S}^v(t) - \sum_{i=1}^{N}\mathbf{Q}\mathbf{K}_i(t) + \boldsymbol{S}^d(t) - \sum_{i=1}^{N}\mathbf{Q}\mathbf{G}_i(t) \\
&= \boldsymbol{S}^v(t) - \sum_{i=1}^{N}\frac{k_i}{\tau_i^k}\int_0^t \exp\left[-(t-\tau)/\tau_i^k\right]\boldsymbol{S}^v \mathrm{d}\tau \\
&\quad + \boldsymbol{S}^d(t) - \sum_{i=1}^{N}\frac{g_i}{\tau_i^g}\int_0^t \exp\left[-(t-\tau)/\tau_i^g\right]\boldsymbol{S}^d \mathrm{d}\tau
\end{aligned} \tag{6-63}$$

将式 (6-49) 和式 (6-50) 中 $\boldsymbol{S}^v$ 和 $\boldsymbol{S}^d$ 的表达式代入上式，并且使用分部积分计算可得

$$\begin{aligned}
\boldsymbol{S}_{vis}(t) &= k_\infty J U' \boldsymbol{C}^{-1} + \sum_{i=1}^{N} J k_i \int_0^t \exp\left[-(t-\tau)/\tau_i^k\right]\frac{\partial}{\partial \tau}(U')\mathrm{d}\tau \boldsymbol{C}^{-1} \\
&\quad + g_\infty J^{-2/3}\,\mathrm{DEV}\left(2\frac{\partial W^d(\overline{\boldsymbol{C}})}{\partial \overline{\boldsymbol{C}}}\right) \\
&\quad + \sum_{i=1}^{N} g_i J^{-2/3}\int_0^t \exp\left[-(t-\tau)/\tau_i^k\right]\frac{\partial}{\partial \tau}\mathrm{DEV}\left(2\frac{\partial W^d(\overline{\boldsymbol{C}})}{\partial \overline{\boldsymbol{C}}}\right)\mathrm{d}\tau
\end{aligned} \tag{6-64}$$

定义两个松弛函数 $k(t)$ 和 $g(t)$：

$$\begin{aligned}
k(t) &= k_\infty + \sum_{i=1}^{N} k_i \exp(-t/\tau_i^k) \\
g(t) &= g_\infty + \sum_{i=1}^{N} g_i \exp(-t/\tau_i^g)
\end{aligned} \tag{6-65}$$

式中，k_i、τ_i^k、g_i、τ_i^g 为体变和畸变部分的 Prony 级数中的参数，因此式(6-64)也可以表示为

$$S_{vis}(t) = JC^{-1}\int_0^t k(t-\tau)\frac{\partial}{\partial\tau}(U')\mathrm{d}\tau$$
$$+ J^{-2/3}\int_0^t g(t-\tau)\frac{\partial}{\partial\tau}\mathrm{DEV}\left(2\frac{\partial W^d(\overline{C})}{\partial\overline{C}}\right)\mathrm{d}\tau \tag{6-66}$$

由于在小变形情况下 Neo-Hookean 模型和线弹性模型等价，因此式(6-54)中的参数 G 和 K 为材料的瞬态剪切模量和体积模量。式(6-54)、式(6-65)和式(6-66)构成了完整的超黏弹性材料的结构模型，下面将通过实验获取其中的本构参数。

6.3.2　黏超弹本构参数的实验获取

为了获得黏超弹本构中的两个松弛函数 $k(t)$ 和 $g(t)$，本书采用了式(6-21)的假设。因此必须首先获得 HTPB 推进剂的单轴松弛模量。现行的复合推进剂松弛模量测定标准有航天工业部部标准《复合固体推进剂单向拉伸抗拉强度和伸长率主曲线测定方法》(QJ 1615—1989)和国家军用标准《火药试验方法》(GJB 770B—2005)，标准中规定使用拉伸实验机快速地将推进剂试样拉至某一恒定应变，同时测量出推进剂的松弛应力，从而拟合出实验材料的静态松弛模量。GJB 770B—2005 中规定实验机拉伸速度为 $500\mathrm{mm}\cdot\mathrm{min}^{-1}$，初始恒定应变为 5%，松弛应力测试时间为：2s、4s、8s、20s、40s、80s、200s、600s、1000s、10000s（仅 50℃时）。

为了获得准确的推进剂松弛模量数据，本研究使用美国 BOSS 动态力学实验机进行实验，该实验机具有加载速度快、采集系统精度高等特点。现行的复合推进剂松弛模量测定标准(QJ 1615—1989 和 GJB 770B—2005)所确定的推进剂松弛模量明显偏小，这是因为：①拉伸实验机加载系统无法满足阶跃加载条件，实验加载时间过长，同时 HTPB 推进剂的松弛速度很快，很容易造成松弛实验数据的不准确。虽然标准中规定实验机拉伸速度为 $500\mathrm{mm}\cdot\mathrm{min}^{-1}$，理论上的加载时间很短，可以忽略，但是由于实验机系统存在惯性效应，实际实验过程中发现加载时间具有 0.1s 的数量级。②数据处理过程中松弛前期的取样点过少。为了解决由于实验系统和数据处理带来的松弛数据不准确的问题，本书使用了基于遗传算法(genetic algorithm, GA)的全阶段松弛模量数据拟合方法。

QJ 1615—1989 和 GJB 770B—2005 中的哑铃型试样几何尺寸过大，为了能够满足动态力学实验机的材料安装要求，本书参照文献[16]中的单轴拉伸实验方法设计了单轴应力松弛试样。

图 6-8 为松弛实验的试样示意图。使用刀片将 HTPB 推进剂切割成长条形试样，试样尺寸 B=5mm、W=5mm、H=30mm。使用改性丙烯酸胶黏剂将 HTPB 推

进剂试样上下两端和木质接头黏结，试样制作完成后放入密封干燥箱中于室温下静置 24h 进行固化。实验设备如图 6-9 所示，整个实验系统由控制柜、动态力学分析仪、保温箱、液氮罐和非接触式应变测量系统组成。HTPB 推进剂模量较低且容易造成损伤，因此不宜直接使用引伸计来测量拉伸应变，直接使用实验机的加载位移来反推试样应变存在较大的误差，因此本研究使用了基于数字图像相关性的非接触式应变测量系统来测量拉伸过程中推进剂的应变。

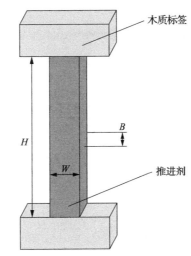

图 6-8　松弛实验试样示意图

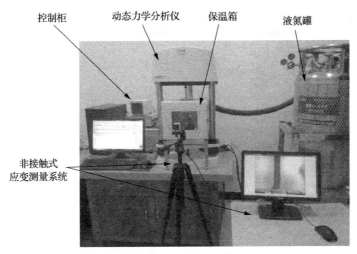

图 6-9　HTPB 推进剂力学性能实验系统

　　理论上松弛实验需要在试样上瞬间加载一个阶跃位移载荷，但是实际上实验机控制系统不能实现瞬时的阶跃加载，真实的加载过程需要一定的加载时间和稳定时间。图 6-10 为阶跃位移加载示意图，其中图 6-10(a) 为理想状态下的加载历程，在 $t=0$ 时刻，试样瞬间加载至初始应变 ε_0；图 6-10(b) 为真实情况下的加载历程，控制系统需要在 $0\sim t_1$ 时刻内将试样加载至初始应变 ε_0；图 6-10(c) 为简化的实际加载历程，将加载过程近似为一个直线上升阶段。

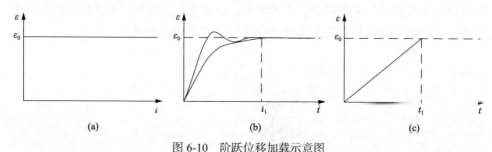

图 6-10　阶跃位移加载示意图

标准 QJ 1615—1989 和 GJB 770B—2005 中不考虑实验机系统的加载历程，即使用图 6-10(a) 中所示的理想加载过程。但是由于实验机存在加载时间，且 HTPB 推进剂的松弛较快，因此这种数据处理方法造成了实验获得的静态松弛模量数据偏小。为了解决这一问题，国内外很多研究学者提出了自己的数据处理方法，但是这些方法均假设实验机的加载阶段近似为一个直线上升的阶段，即使用图 6-10(c) 中所示的加载历程。国外 Zapas 和 Phillips[30]及 Sorvari 和 Malinen[31]在研究了由于实验机加载产生的误差问题之后，分别使用近似积分处理的方法来获取较为准确的松弛模量数据。Zapas-Phillips 法使用积分中值定理来获得修正的松弛模量数据，但是仅能得到 $t \geqslant t_1/2$ 时刻的松弛模量数据：

$$E(t) = \frac{\sigma\left(t + t_1/2\right)}{\varepsilon_0}, \quad t \geqslant t_1/2 \tag{6-67}$$

Sorvari 法在此基础上进一步研究，推导出了 $t \geqslant 0$ 时刻的松弛模量数据：

$$E(t) = \frac{\sigma\left(t + t_1\right)}{\varepsilon_0} - \frac{\dot{\sigma}\left(t + t_1\right)}{2\dot{\varepsilon}_0}, \quad t \geqslant 0 \tag{6-68}$$

孟红磊[21]在 Sorvari 方法的基础上提出了改进型的 Sorvari 方法，即提出了一个修正因子 α 来更加精确地近似积分过程：

$$E(t) = \frac{\sigma\left(t + t_1\right)}{\varepsilon_0} - (1 - \alpha)\frac{\dot{\sigma}\left(t + t_1\right)}{\dot{\varepsilon}_0}, \quad t \geqslant 0 \tag{6-69}$$

许进升等[32]基于直接积分方法来获取复合 HTPB 推进剂的松弛模量数据，即通过理论推导出在直线加载条件下的松弛应力的显式表达式，之后通过最小二乘法来获得静态松弛模量数据。

综上所述，国内外研究学者的数据修正方法均假设实验机的加载过程为直线上升的形式，虽然在一定程度上提高了实验数据的准确性，但是和真实的加载过程仍然存在一定的差异。真实情况下通过调节试验机控制系统的 PID 参数，实际的上升阶段可能存在超调、缓慢爬坡等现象。为了解决这一问题，本节使用遗传算法和真实的加载历程来拟合出 HTPB 推进剂的静态松弛模量数据。由于实际加载下的位移不能使用简单函数来描述，因此无法获得在该加载条件下的松弛应力函数的显式函数表达式，继而无法通过文献[32]中的方法来实现。本书使用数值算法来实现任意加载条件下的松弛应力的计算，结合遗传算法来实现松弛参数的最优化，获得松弛参数在解空间中的最优解。

遗传算法由美国 Michgan 大学的 Holland 教授于 1975 年最早提出，它是一种借鉴了生物学进化规律的算法，算法中模拟了生物学的遗传、突变、自然选择和杂交等现象。对于一个优化问题，首先从解空间中随机抽取一定数量的候选解形成一个初始种群，使用一种编码方法对初始种群进行编码。上一代种群内部通过遗传、变异、杂交等过程形成新一代种群，通过算法的适应度函数来判断新种群的优劣，通过这一过程来模拟自然界的优胜劣汰。经过若干代的优胜劣汰获得最优的种群，即最优解。

遗传算法的基本步骤如下。

(1)编码：使用某种编码方式将解空间映射到遗传算法的编码空间中。

(2)产生初始种群：在编码空间中随机产生一定数量的码以形成初始种群，这些初始种群对应着一组初始解。

(3)适应度评估：使用适应度函数来判断种群中个体的优劣。

(4)遗传算子的确定：遗传算子中确定了选择、交叉、变异的整个过程。

(5)算法的终止条件：确定遗传算法的终止条件。

本节使用 Matlab 编制了拟合 HTPB 推进剂松弛曲线的计算程序。程序中以拟合函数和实验曲线的重合度作为遗传算法中的目标函数，目标函数的表达式为

$$f = \sum_{i=1}^{N} |\sigma_i(\boldsymbol{X}) - \sigma_e| \times 10000 \qquad (6\text{-}70)$$

式中，$\sigma_i(\boldsymbol{X})$ 为优化过程中解空间内某一个体在给定载荷作用下得到的应力值；σ_e 为实验获得的应力结果。能够使得式(6-70)得到最小值的 $\boldsymbol{X}$ 即为最优解，即为我们所需要的松弛模量拟合参数。上式中乘以系数 10000 可以将目标函数适当放大，避免目标函数在寻优过程中出现数值过小情况而影响计算精度。以松弛实验过程中的实际位移变化曲线作为输入条件开始遗传算法的计算。图 6-11 给出了优化计算过程中的优化历程，图中横坐标为计算过程中种群繁衍的代数，纵坐标为

种群在优化过程中的适应度。图中给出了适应度的最优值和平均值，从图上可以看出，在种群的繁衍过程中，种群中的适应度不断下降，表明种群的质量在逐步提高，经过 292 代之后种群中的最佳适应度达到一个稳定值，并认为第 292 代中的最优个体即为最优解。

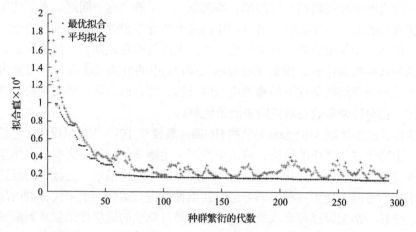

图 6-11　遗传算法计算过程中适应度最优值和平均值变化情况

　　本节分别使用传统计算方法和遗传算法获得了 HTPB 推进剂的松弛模量数据，并将该两组结果应用于真实松弛实验的加载过程中，所得的结果如图 6-12 所示。从图中可以看出，遗传算法结果和实验结果吻合良好，而传统算法所得到的结果明显小于实验结果，随着时间的增加，传统算法和遗传算法的差距逐渐减小。由于传统算法忽略了实验过程中加载阶段对实验结果的影响，因此其获得的结果偏低。但是加载阶段对于 HTPB 推进剂的平衡模量的影响随着时间的延长逐渐减小，因此传统算法和遗传算法的差距会随着时间的推移逐渐减小，直至重合。

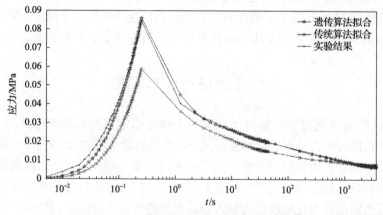

图 6-12　遗传算法和传统算法结果对比

表 6-1 为最终获得的 HTPB 推进剂松弛实验数据。假设推进剂的泊松比为 0.499。将获得的松弛实验数据代入式 (6-21)，同时将其写成式 (6-65) 的形式，最终可以获得 HTPB 推进剂黏超弹性本构模型中的参数，见表 6-2。

表 6-1　松弛实验数据

	E_i/MPa	τ_i/s
1	2.7344	—
2	1.7712	1
3	1.3064	10
4	0.3504	100
5	0.3168	1000

注：E_0=8MPa。

表 6-2　黏超弹性本构模型参数

	g_i	τ_i^g/s	k_i	τ_i^k/s
1	0.3418	0.1	0.3418	0.1
2	0.2214	1	0.2214	1
3	0.1633	10	0.1633	10
4	0.0438	100	0.0438	100
5	0.0396	1000	0.0396	1000

注：G=2.668MPa；K=2000MPa。

为了验证所获得的黏超弹性本构模型参数的准确性和适用性，本书将获得的单轴拉伸应力-应变曲线和仿真预测结果进行了对比。实验采用了 0.01mm·s^{-1}、0.1mm·s^{-1}、1mm·s^{-1} 和 10mm·s^{-1} 四个拉伸速度，每组进行 5 次重复性实验，实验温度控制在 (20±2)℃，采用的试样形式和松弛实验的试样形式相同。使用 ABAQUS 软件对单轴拉伸模型进行仿真实验，使用的参数如表 6-2 所示。

图 6-13 为实验结果和仿真结果对比情况，图中给出了仿真和实验获得的应力-应变曲线。可以看出，在低应变水平以下，仿真结果和实验结果基本重合，表明通过实验获得的松弛模量数据较为准确，黏超弹性本构模型在较低应变水平下可以很好地模拟出 HTPB 推进剂的力学行为。随着推进剂应变水平的不断提高，仿真结果和实验结果之间的误差逐渐变大，这是由于在较大应变水平下 HTPB 推进剂内部产生了颗粒脱湿和微孔洞等一系列的损伤,造成了材料整体模量的下降,因此在宏观的应力-应变曲线中出现"转弯"现象。

图 6-14 为仿真和实验结果的相对误差随应变水平的变化曲线，可以看出，黏超弹本构的误差随着应变水平的增大而不断增大。其中，0.01mm·s^{-1}、1mm·s^{-1} 和 10mm·s^{-1} 拉伸速率下的相对误差随应变的变化情况基本吻合，0.1mm·s^{-1} 的结果

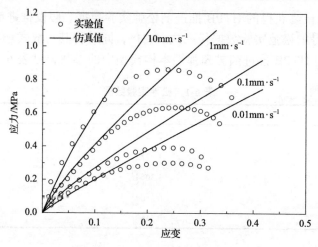

图 6-13 黏超弹模型单轴拉伸验证

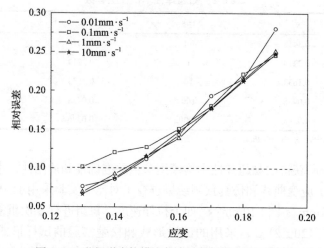

图 6-14 黏超弹本构模型仿真和实验结果相对误差

和其他 3 个速率下的结果稍有偏差。从总体结果看，当应变水平在 13%以下时，两者之间的相对误差可以控制在 10%以内。为了能进一步提高本构模型的适用范围，必须要建立包含损伤效应的黏超弹本构模型。

6.3.3 损伤黏超弹本构模型

HTPB 推进剂是一种典型的高聚物复合材料，其中包含了大量的固体填充颗粒。这类材料往往呈现出高度的非线性黏弹特性，材料非线性响应的原因主要是材料的损伤过程，如 Mullin's 效应、颗粒-基体脱湿、微裂纹、微孔洞等。很多研究学者针对这类材料进行过本构模型的研究。Schapery[33]研究了颗粒填充橡胶材料的损伤黏弹性本构。Swanson 和 Christensen[9]使用唯象学的方法将损伤软化函数加入材料的本构积分方程中，但是此类本构方程中的参数获取十分困难，往往需要确定很多未知的可调参数。Simo[10]根据实验中观察到的高聚物材料在损伤过程中伴随着材料宏观模量的下降提出了一种基于唯象学的损伤本构模型。该模型中引入了一个损伤变量 D，假设未损伤状态下材料存储的变形能为 $W(\boldsymbol{E})$，产生损伤之后材料内部存储的变形能变为 $W_{\text{damage}}(\boldsymbol{E}, D) = (1-D)W(\boldsymbol{E})$，那么考虑损伤的第二 Piola-Kirchhoff 应力为

$$\boldsymbol{S} = \frac{\partial W_{\text{damage}}}{\partial \boldsymbol{E}} = (1-D)\frac{\partial W}{\partial \boldsymbol{E}} \tag{6-71}$$

但是这种本构模型并没有区分出材料在体变和畸变上的损伤差异，即没有考虑到损伤在材料的体积变形部分和形状改变部分是不相同的。Jung 和 Youn[16,17]在该本构模型的基础上引入了体变损伤变量 D_v 和畸变损伤变量 D_d，损伤变量的计算采用了 Farber 和 Farris[34]提出的计算模型，同时也考虑到了循环加载对于损伤变量的影响。

本书参照文献[16]中的损伤本构形式，引入体变损伤变量 $k_d(\varphi)$ 和畸变损伤变量 $g_d(\varphi)$，其中 φ 为损伤内变量。将损伤变量代入式(6-66)所示的黏超弹本构模型中得到

$$\begin{aligned}
\boldsymbol{S}_{vis}(t) &= k_d(\varphi)J\boldsymbol{C}^{-1}\int_0^t k(t-\tau)\frac{\partial}{\partial\tau}(U')\mathrm{d}\tau \\
&+ g_d(\varphi)J^{-2/3}\int_0^t g(t-\tau)\frac{\partial}{\partial\tau}\mathrm{DEV}\left(2\frac{\partial W^d(\overline{\boldsymbol{C}})}{\partial\overline{\boldsymbol{C}}}\right)\mathrm{d}\tau
\end{aligned} \tag{6-72}$$

式(6-72)所示的损伤黏超弹本构是一个基于唯象学原理的损伤本构，HTPB 推进剂在损伤演化过程中存在一个和损伤程度相关的内变量 φ，之后引入体变损伤变量 $k_d(\varphi)$ 来表征 HTPB 推进剂在体积变化过程中的损伤程度，畸变损伤变量 $g_d(\varphi)$ 来表征 HTPB 推进剂在等体积变化过程中由于形状改变所引起的损伤程度。$k_d(\varphi)$ 和 $g_d(\varphi)$ 随着损伤内变量 φ 的增大而逐渐减小，从而使得材料的宏观模量下降，材料应力-应变曲线逐渐"转弯"。图 6-13 所示的应力-应变曲线可以很好地表现出这一过程，在不含损伤的黏超弹性本构模型中，材料的应力随变形量的增大呈现近似直线递增的形式，而真实材料在变形过程中由于损伤产生的模量逐渐下降，所以应力-应变关系逐渐趋于平缓甚至下降。

式(6-72)所示的损伤本构模型中包含着一条重要假设，即 HTPB 推进剂的损伤特性和 HTPB 推进剂的松弛特性之间不存在关联性。在 HTPB 推进剂变形损伤

过程中，损伤造成的模量下降不仅直接影响着平衡状态下材料的弹性模量，同时也等比例地造成了黏性应力的下降，由此会使得不同损伤程度下的 HTPB 推进剂具有相同的松弛特性。为了验证这一假设的可行性，本节针对不同损伤程度下的 HTPB 推进剂进行了松弛实验。

HTPB 推进剂的损伤程度和变形量相关，因此对 HTPB 推进剂在不同的初始应变水平下进行了松弛实验，应变水平分别为 0.05、0.15 和 0.25。实验结果如图 6-15所示，从图中可以明显发现，随着应变水平的提高，HTPB 推进剂的松弛模量有明显的下降，这是因为当应变水平达到一定程度后，会产生明显的脱湿等损伤，进而造成了宏观模量的下降。三个应变水平下的松弛曲线呈现出近似平行的特性，表明虽然损伤造成了 HTPB 推进剂的模量下降，但是其黏弹特性基本上没有明显变化。在 0.05 应变水平下的实验结果在尾部较为平直，与另外两条曲线稍有所差异，这可能是因为在较低应变水平下，HTPB 推进剂内部的脱湿等损伤不明显，填充颗粒仍能承担大部分应力，而填充颗粒属于标准的弹性材料，不会表现出明显的应力松弛特性。在较大应变水平下 HTPB 内部的脱湿等损伤较为明显，因此松弛时间可能会相对增加。但是总体而言，HTPB 推进剂在不同损伤程度下的松弛曲线基本呈现出平行趋势，所以假设 HTPB 推进剂的松弛特性与材料的损伤特性不相耦合是合适的。

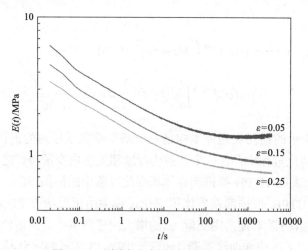

图 6-15　不同应变水平下的松弛实验结果

6.3.4　损伤内变量的选择和损伤函数的实验确定

颗粒填充复合材料在拉伸载荷的作用下可能会产生各种类型的损伤，如微孔洞、颗粒-基体界面脱湿、填充体破碎等。这些微观损伤现象影响着材料宏观的力学性能，因此可以从材料的微观损伤的角度入手来研究材料在宏观层面的力学特性。图 6-16 为颗粒填充复合材料在单轴拉伸情况下的微观损伤示意图。材料在未损伤之前，基体和颗粒完好且界面不存在脱湿。在拉伸载荷作用下基体内部可能会出现一定程度的微孔洞和颗粒-基体界面脱湿，由此造成了宏观力学性能的变化。HTPB 推进剂在拉伸过程中颗粒的脱湿过程受到颗粒的形状、界面特性等诸多因素的影响，本节在研究过程中不考虑这些影响因素，认为颗粒的形态为统一的。颗粒-基体界面的脱湿和形成的微孔洞为材料损伤非线性的主要原因，在拉伸破坏过程中基本不存在大范围的填充颗粒破碎。

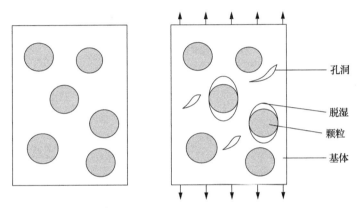

图 6-16　颗粒填充复合材料在拉伸载荷作用下的微观损伤示意图

　　为了研究颗粒-基体脱湿对 HTPB 推进剂宏观力学性能的影响，本节首先使用平均化理论来探讨损伤作用下材料的宏观力学响应。Ravichandran 和 Liu[35]使用 Mori-Tanaka 方法研究了损伤过程中材料模型的下降过程。文中使用了 Mochida 等[36]及 Tong 和 Ravichandran[37]在研究颗粒填充弹性材料杨氏模量和体积模量随损伤变化的结论。材料的体积模量和剪切模量的下降程度可以表述为

$$\frac{E}{E_{\mathrm{m}}}=\frac{1}{1+\eta_{\mathrm{p}}\left(1-f_{\mathrm{d}}\right)f_0+\eta_{\mathrm{p}}f_{\mathrm{d}}f_0} \tag{6-73}$$

$$\frac{K}{K_{\mathrm{m}}}=\frac{1}{1+3\eta_{\mathrm{k}}\left(1-f_{\mathrm{d}}\right)f_0+3\eta_{\mathrm{v}}f_{\mathrm{d}}f_0} \tag{6-74}$$

式中，E_{m} 和 K_{m} 分别为基体的杨氏模量和体积模量；f_0 为推进剂中所有颗粒的体积分数；f_{d} 为推进剂中产生脱湿的颗粒体积分数；η_{p}、η_{k} 和 η_{v} 分别为材料的颗粒含量 f_0、f_{d} 的函数，同时也是基体和颗粒模量 E_{m}、K_{m}、E_{p} 和 E_{k} 的函数。这些参数随着不同的损伤模式而不同。

Ravichandran 和 Liu 使用式(6-73)和式(6-74)研究了推进剂材料在颗粒脱湿情况下的材料宏观模量下降曲线。在计算过程中,颗粒杨氏模量 E_p=70GPa,泊松比 ν_p=0.33,基体杨氏模量 E_m=1MPa,泊松比 ν_m=0.499,颗粒填充体积分数 f_0=0.7。计算得到的材料杨氏模量和体积模量随脱湿颗粒的体积分数 f_d 的关系如图 6-17 所示[33]。

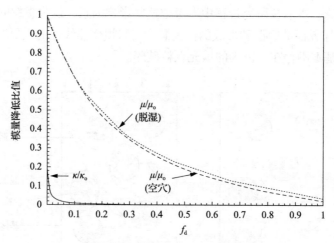

图 6-17 颗粒脱湿比例对材料宏观模量的影响

图 6-17 给出了由于脱湿所造成的材料宏观模量的下降情况。从图中可以发现材料体积模量对颗粒脱湿作用十分明显,当颗粒脱湿比例 f_d=0.01 时,体积模量下降了约 90%,随后体积模量的下降趋缓。材料剪切模量对颗粒脱湿的敏感性较体积模量低很多,且下降过程十分平缓。通过 Mori-Tanaka 方法对颗粒填充材料宏观模量进行分析,得到了材料性能随颗粒脱湿损伤的解析变化关系,这种变化关系在数值上可能并不一定与 HTPB 推进剂十分吻合,但是对 HTPB 损伤本构的建立提供了一个很好的可参考的数学模型。

从图 6-17 可以发现微观损伤可以表现为材料宏观模量的下降,从这一点出发可以构建出唯象学的损伤型本构模型。损伤内变量的选择是损伤本构建立过程中的重要部分,本节使用一个标量内变量来表征 HTPB 推进剂的损伤程度。HTPB 推进剂为一种颗粒填充复合材料,在未损伤状态下接近于不可压缩状态,并且呈现出典型的黏弹特性。但是在损伤状态下,HTPB 推进剂表现出了明显的体积膨胀特性,如图 6-18 所示。脱湿是产生体积膨胀和材料宏观模量下降的最重要因素,但是脱湿程度参数的确定较为困难,因此可以直观地使用体积膨胀作为 HTPB 推进剂的损伤变量来描述其损伤特性。文献[33]在研究颗粒增强复合推进剂时也使用了体积膨胀作为衡量材料损伤的内变量,但是其仅研究了线弹性模型下推进剂的力学行为,并没有考虑到材料的黏弹性力学行为。本节中使用 φ 来表示 HTPB

的损伤内变量和体积膨胀，将损伤函数加至黏弹性材料本构方程中，以预示材料在损伤状态下的力学响应。

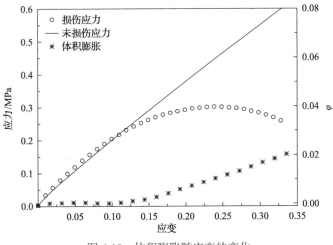

图 6-18　体积膨胀随应变的变化

假设 HTPB 推进剂在损伤状态下仍然为各向同性材料，需要两个材料参数来确定材料的本构关系。从线黏弹性本构方程出发，引入两个损伤函数 $g_\mathrm{d}(\varphi)$ 和 $k_\mathrm{d}(\varphi)$。这两个损伤函数表征了微观损伤和材料宏观模量之间的关系，其中 $g_\mathrm{d}(\varphi)$ 表征了颗粒脱湿对材料剪切模量的影响，$k_\mathrm{d}(\varphi)$ 表征了颗粒脱湿对材料体积模量的影响。在线黏弹性模型下，将上述两个损伤函数加入线黏弹性本构方程可以得到

$$\sigma_{ij}(t) = g_\mathrm{d}(\varphi)\int_0^t 2G(t-\tau)\frac{\mathrm{d}e_{ij}}{\mathrm{d}\tau}\mathrm{d}\tau + k_\mathrm{d}(\varphi)\int_0^t 3K(t-\tau)\frac{\mathrm{d}\varepsilon_{k\tau}}{\mathrm{d}\tau}\mathrm{d}\tau \qquad (6\text{-}75)$$

使用 HTPB 在拉伸过程中的体积膨胀 φ 作为损伤内变量，因此必须通过实验的方法来准确获得 HTPB 的体积膨胀数据。使用图 6-9 所示的实验系统对 HTPB 推进剂试样进行 $0.01\,\mathrm{mm\cdot s^{-1}}$ 下的静态拉伸实验，试样的形式和图 6-8 中所示的松弛实验试样相同，实验温度为 $(20\pm2)\,\mathrm{℃}$。在实验过程中使用非接触式应变测量系统同步测量试样的纵向应变 ε_y 和横向应变 ε_x，实验机系统记录下实验的载荷情况。

体积膨胀可以通过下式确定：

$$\varphi = (1+\varepsilon_y)(1+\varepsilon_x)^2 - 1 \qquad (6\text{-}76)$$

体积膨胀实验结果如图 6-18 所示，图中同时给出了实验测量得到的损伤应力变化情况，以及通过数值仿真方法获得的不考虑损伤情况下的应力变化情况。从图上可以明显看出，在 0～0.1 应变范围之内体积膨胀数据接近于零，材料基本保

持为近似不可压缩的状态，之后随着应变的增大体积膨胀愈发明显。结合损伤应力的变化也可以看出，当应变范围在 0～0.1 时，实验结果和预测结果吻合良好，说明此时未产生明显损伤现象，在这之后损伤应力出现"转弯"，损伤不断加深。从图 6-18 可以发现体积膨胀数据与损伤应力的变化情况密切相关，使用体积膨胀作为损伤内变量是合理的。

　　HTPB 推进剂受载后产生的颗粒脱湿会造成材料宏观模量的下降，为了得到式 (6-75) 中的损伤函数 $g_d(\varphi)$ 和 $k_d(\varphi)$，本节从单轴情况下的松弛模量损伤函数 $e_d(\varphi)$ 入手，首先得到材料的松弛模量损伤函数。

　　图 6-19 为 $0.01\,\mathrm{mm \cdot s^{-1}}$ 下的材料杨氏模量的变化情况。从图中可以看出，随着损伤变量 φ 的增大，HTPB 推进剂的损伤杨氏模量迅速减小，在初始阶段下降尤为迅速。这是因为当颗粒刚刚产生脱湿时，体积膨胀较小，但是此时材料内部已经产生明显的脱湿损伤，所以模量下降十分迅速。大颗粒脱湿后推进剂内部的损伤逐渐变化为微孔洞的增大和合并，并伴随着小颗粒的进一步脱湿，推进剂的体积膨胀加快，造成了宏观模量下降速度的减缓。图 6-19 同时给出了在相同情况下，没有损伤状况下的材料模量的变化。此时的横坐标没有意义，因为在没有损伤的情况下，HTPB 推进剂不会产生如此大的体积膨胀。此时的横坐标是从单轴拉伸应变获得的数据，通过插值的方法转换到实验获得的体积膨胀数据上去的。将图 6-19 中的实验模量除以计算模量所获得的比值即为松弛模量的损伤函数 $e_d(\varphi)$，数据结果如图 6-20 所示。

　　剪切模量损伤函数 $g_d(\varphi)$ 和体积模量损伤函数 $k_d(\varphi)$ 的演化情况与单轴模量损伤函数 $e_d(\varphi)$ 不同，可以通过各向同性材料常数之间的关系获得，其中

$$G = \frac{E}{2(1+v)}, \quad K = \frac{E}{3(1-2v)} \tag{6-77}$$

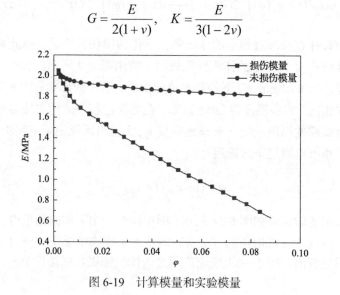

图 6-19　计算模量和实验模量

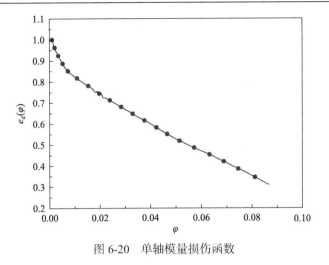

图 6-20　单轴模量损伤函数

使用剪切模量损伤函数 $g_d(\varphi)$ 和体积模量损伤函数 $k_d(\varphi)$ 的原始定义可以得到

$$g_d(\varphi) = \frac{G(\varphi)}{G_0} = \frac{e_d(\varphi)E_0 / 2(1+v(\varphi))}{E_0 / 2(1+v_0)} = e_d(\varphi)\frac{1+v(\varphi)}{1+v_0} \tag{6-78}$$

$$k_d(\varphi) = \frac{K(\varphi)}{K_0} = \frac{e_d(\varphi)E_0 / 3(1-2v(\varphi))}{E_0 / 3(1-2v_0)} = e_d(\varphi)\frac{1-2v(\varphi)}{1-2v_0} \tag{6-79}$$

将图 6-20 中所示的单轴模量损伤函数 $e_d(\varphi)$ 和泊松比 $v(\varphi)$ 代入式（6-78）和式（6-79）中可以得到剪切模量损伤函数和体积模量损伤函数，如图 6-21 所示。

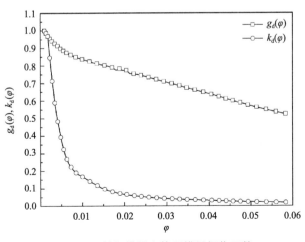

图 6-21　剪切模量和体积模量损伤函数

从图 6-21 中可以看出，剪切模量的损伤演化规律和体积模量的损伤模量演化规律差异较大，体积模量的下降过程在初期更为迅速。这一现象和图 6-17 中所示的理论计算结果的分布趋势相同，说明所选取的基于微观损伤的唯象学损伤本构模型符合理论规律，所采用的损伤内变量和损伤函数获取方法简单可靠。

6.4　本构模型的数值算法和验证计算

本节主要对所建立的基于微观损伤的非线性黏超弹本构模型在有限变形下进行数值离散，并且通过模型仿真和实验来验证所建立的损伤黏超弹本构模型的准确性。本构方程在离散过程中采用循序渐进的方法，从小变形情况下的线黏弹性本构方程离散入手，逐渐推导出基于微观损伤黏超弹本构模型的有限元数值计算方法。

6.4.1　小变形下线黏弹性本构方程数值算法

线黏弹性材料的一维松弛型积分本构方程为

$$\sigma(t) = \int_0^t E(t-\tau)\frac{\mathrm{d}\varepsilon(\tau)}{\mathrm{d}\tau}\mathrm{d}\tau \tag{6-80}$$

式中，$E(t)$ 为材料的松弛函数，可以写成 prony 级数的形式：

$$E(t) = E_\infty + \sum_{i=1}^N E_i \exp\left(-\frac{t}{\tau_i}\right) = E_0\left(\alpha_\infty + \sum_{i=1}^N \alpha_i \exp\left(-\frac{t}{\tau_i}\right)\right) \tag{6-81}$$

式中，E_0 为推进剂的瞬态模量，代表广义 Maxwell 单元中所有弹簧元件的刚度总和，$E_0 = E_\infty + \sum_{i=1}^N E_i$，$E_\infty$ 为广义 Maxwell 单元中的弹簧元件刚度，$\alpha_\infty + \sum_{i=1}^N \alpha_i = 1$。

将式(6-81)代入式(6-80)中可以得到

$$\begin{aligned}
\sigma(t) &= \int_0^t E_\infty \frac{\mathrm{d}\varepsilon}{\mathrm{d}\tau}\mathrm{d}\tau + \int_0^t \sum_{i=1}^N E_i \exp\left(-\frac{t-\tau}{\tau_i}\right)\frac{\mathrm{d}\varepsilon(\tau)}{\mathrm{d}\tau}\mathrm{d}\tau \\
&= E_\infty \varepsilon(t) + \sum_{i=1}^N \int_0^t E_i \exp\left(-\frac{t-\tau}{\tau_i}\right)\frac{\mathrm{d}\varepsilon(\tau)}{\mathrm{d}\tau}\mathrm{d}\tau \\
&= \sigma_\infty(t) + \sum_{i=1}^N h_i(t)
\end{aligned} \tag{6-82}$$

从上式可以看出，黏弹性应力分为两部分：单纯弹性响应部分 $\sigma_\infty(t)$ 和黏弹性部分 $\sum_{i=1}^N h_i(t)$。在松弛过程中随着时间的增加黏弹部分将逐渐消失，$\lim_{t\to\infty} h_i(t) = 0$。

$\sum_{i=1}^{N} h_i(t)$ 的计算需要求解式 (6-82) 中的遗传积分, 下面对 $h_i(t)$ 进行离散求解。

$$h_i(t) = \int_0^t E_i \exp\left(-\frac{t-\tau}{\tau_i}\right)\frac{\mathrm{d}\varepsilon}{\mathrm{d}\tau}\mathrm{d}\tau \tag{6-83}$$

遗传积分的计算效率和精度影响着数值计算的效率和精度。式 (6-83) 为一个与应变历史相关的积分形式, 在有限元仿真中如果将每一个迭代时间步的应力历史都进行纪录, 并进行积分计算, 将消耗极大的内存空间和计算资源。因此这里使用广泛采用的递推方法进行有限元离散[38]。在积分区间 $[t_n, t_{n+1}]$ 内, 定义时间增量为 Δt, t_{n+1} 时刻的指数函数可以写成

$$\exp\left(-\frac{t_{n+1}}{\tau_i}\right) = \exp\left(-\frac{t_n+\Delta t}{t_i}\right) = \exp\left(-\frac{t_n}{\tau_i}\right)\exp\left(-\frac{\Delta t}{\tau_i}\right) \tag{6-84}$$

将式 (6-84) 代入式 (6-83) 中, 将 $[0, t_{n+1}]$ 时间段内的积分分解为 $[0, t_n]$ 和 $[t_n, t_{n+1}]$ 区间内的积分。

$$\begin{aligned}h_i(t_{n+1}) &= \int_0^{t_{n+1}} E_i \exp\left(-\frac{t_{n+1}-\tau}{\tau_i}\right)\frac{\mathrm{d}\varepsilon}{\mathrm{d}\tau}\mathrm{d}\tau \\ &= \exp\left(-\frac{\Delta t}{\tau_i}\right)\int_0^{t_n} E_i \exp\left(-\frac{t_n-\tau}{\tau_i}\right)\frac{\mathrm{d}\varepsilon}{\mathrm{d}\tau}\mathrm{d}\tau + \int_{t_n}^{t_{n+1}} E_i \exp\left(-\frac{t_n-\tau}{\tau_i}\right)\frac{\mathrm{d}\varepsilon}{\mathrm{d}\tau}\mathrm{d}\tau \\ &= \exp\left(-\frac{\Delta t}{\tau_i}\right)h_i(t_n) + \int_{t_n}^{t_{n+1}} E_i \exp\left(-\frac{t_n-\tau}{\tau_i}\right)\frac{\mathrm{d}\varepsilon}{\mathrm{d}\tau}\mathrm{d}\tau\end{aligned} \tag{6-85}$$

至此获得了 $h_i(t)$ 递推形式。从上式不难发现, $n+1$ 时刻的遗传积分可以通过 n 时刻的遗传积分和 $n\sim n+1$ 时间段内的数值积分获得, 因此计算过程中只需要存储上一时间步的计算结果, 而不用对整个应变历史进行存储, 上述方法可以减小存储量和计算量。式 (6-85) 中等式右边的最后一项可以通过近似计算获得。$n\sim n+1$ 时刻内的应变率可以近似为

$$\frac{\mathrm{d}\varepsilon}{\mathrm{d}t} = \lim_{\Delta t \to 0}\frac{\Delta\varepsilon}{\Delta t} \approx \frac{\varepsilon^{n+1}-\varepsilon^n}{\Delta t} \tag{6-86}$$

将式 (6-86) 代入式 (6-85) 中可以得到

$$h_i(t_{n+1}) = \exp\left(-\frac{\Delta t}{\tau_i}\right)h_i(t_n) + \int_{t_n}^{t_{n+1}} E_i \exp\left(-\frac{t_n-\tau}{\tau_i}\right)\mathrm{d}\tau\frac{\varepsilon^{n+1}-\varepsilon^n}{t_{n+1}-t_n} \tag{6-87}$$

对式(6-87)积分项进行积分后可以得到

$$h_i\left(t_{n+1}\right) = \exp\left(-\frac{\Delta t}{\tau_i}\right)h_i\left(t_n\right) + E_i\frac{1-\exp(-\Delta t / \tau_i)}{\Delta t / \tau_i}\left(\varepsilon^{n+1} - \varepsilon^n\right) \qquad (6\text{-}88)$$

将式(6-88)代入式(6-82)得到 t_{n+1} 时刻的应力更新方程：

$$\sigma^{n+1} = E_\infty\varepsilon^{n+1} + \sum_{i=1}^{N} h_i\left(t_{n+1}\right) \qquad (6\text{-}89)$$

对于非线性问题，ABAQUS 使用 Newton Raaphon 迭代方法计算，计算过程中需要提供材料的切线刚度。线黏弹性材料的一维切线刚度可以定义为

$$C^{v,n+1} = \frac{\partial \sigma^{n+1}}{\partial \varepsilon^{n+1}} \qquad (6\text{-}90)$$

将式(6-82)代入式(6-90)得到

$$\begin{aligned}
C^{v,n+1} &= \frac{\partial \sigma_\infty^{n+1}}{\partial \varepsilon^{n+1}} + \sum_{i=1}^{N}\frac{\partial h_i\left(t_{n+1}\right)}{\partial \varepsilon^{n+1}} \\
&= E_\infty + \sum_{i=1}^{N} E_i\frac{1-\exp(-\Delta t / \tau_i)}{\Delta t / \tau_i} \\
&= E_0\left\{\alpha_\infty + \sum_{i=1}^{N}\alpha_i\frac{1-\exp(-\Delta t / \tau_i)}{\Delta t / \tau_i}\right\}
\end{aligned} \qquad (6\text{-}91)$$

可以使用类似的方法将一维情况下的线黏弹性离散方程推广到三维形式。三维下的线黏弹性本构方程可以分解为畸变方程和体变方程：

$$s_{ij}(t) = \int_0^t 2G(t-\tau)\frac{\mathrm{d}e_{ij}}{\mathrm{d}\tau}\mathrm{d}\tau \qquad (6\text{-}92)$$

$$\sigma_{kk}(t) = \int_0^t 3K(t-\tau)\frac{\mathrm{d}\varepsilon_{kk}}{\mathrm{d}\tau}\mathrm{d}\tau \qquad (6\text{-}93)$$

$G(t)$ 和 $K(t)$ 为材料的剪切松弛模量和体积松弛模量，可以写成 Prony 级数的形式：

$$G(t) = G_\infty + \sum_{i=1}^{N} G_i\exp\left(-\frac{t}{\tau_i^g}\right) = G_0\sum_{i=0}^{N}\left(g_\infty + g_i\exp\left(-\frac{t}{\tau_i^g}\right)\right) \qquad (6\text{-}94)$$

$$K(t) = K_\infty + \sum_{i=1}^{N} K_i \exp\left(-\frac{t}{\tau_i^k}\right) = K_0 \sum_{i=0}^{N}\left(k_\infty + k_i \exp\left(-\frac{t}{\tau_i^k}\right)\right) \tag{6-95}$$

以式(6-92)为例，应力偏张量可以分解为纯弹性部分和黏弹性部分：

$$\boldsymbol{s}^{n+1} = \boldsymbol{s}_\infty^{n+1} + \sum_{i=1}^{N} \mathbf{hg}_i^{n+1} = 2G_\infty \boldsymbol{e}^{n+1} + \sum_{i=1}^{N} \mathbf{hg}_i^{n+1} \tag{6-96}$$

上式中右边第二项代表黏弹部分，其应力更新过程同样可以写成递推形式：

$$\mathbf{hg}_i^{n+1} = \exp\left(-\frac{\Delta t}{\tau_i}\right)\mathbf{hg}_i^n + 2G_i \frac{1-\exp\left(-\Delta t / \tau_i^g\right)}{\Delta t / \tau_i^g}\left(\boldsymbol{e}^{n+1} - \boldsymbol{e}^n\right) \tag{6-97}$$

式(6-96)和式(6-97)构成了三维线黏弹性材料在非线性有限元仿真计算过程中的应力更新表达式。下面推导三维情况下畸变部分的材料切线模量，使用线性化方法可以得到

$$\boldsymbol{C}_{\mathrm{iso}}^{v,n+1} = \frac{\partial \boldsymbol{s}^{n+1}}{\partial \boldsymbol{\varepsilon}^{n+1}} = \left\{g_\infty + \sum_{i=1}^{N} g_i \frac{1-\exp\left(\Delta t / \tau_i^g\right)}{\Delta t / \tau_i^g}\right\} \boldsymbol{C}_{\mathrm{iso}}^{e,n+1} \tag{6-98}$$

式中，$\boldsymbol{C}_{\mathrm{iso}}^{v,n+1}$ 为黏弹性材料的畸变切线张量；$\boldsymbol{C}_{\mathrm{iso}}^{e,n+1}$ 为线弹性材料的畸变切线张量。式(6-96)～式(6-98)构成了 Newton-Raphson 方法计算非线性有限元问题中的材料畸变部分的基本方程。

同理可以得到体变部分的应力更新方程和材料的切线张量。

$$\sigma_m^{n+1} = \sigma_{m\infty}^{n+1} + \sum_{i=1}^{N} \mathrm{hk}_i^{n+1} = 3K_\infty e_m^{n+1} + \sum_{i=1}^{N} \mathrm{hk}_i^{n+1} \tag{6-99}$$

$$\mathrm{hk}_i^{n+1} = \exp\left(-\frac{\Delta t}{\tau_i}\right)\mathrm{hk}_i^n + 3K_i \frac{1-\exp\left(-\Delta t / \tau_i^k\right)}{\Delta t / \tau_i^k}\left(e_m^{n+1} - e_m^n\right) \tag{6-100}$$

$$\boldsymbol{C}_{\mathrm{vol}}^{v,n+1} = \left\{k_\infty + \sum_{i=1}^{N} k_i \frac{1-\exp\left(\Delta t / \tau_i^k\right)}{\Delta t / \tau_i^k}\right\} \boldsymbol{C}_{\mathrm{vol}}^{e,n+1} \tag{6-101}$$

式中，$\boldsymbol{C}_{\mathrm{vol}}^{v,n+1}$ 为黏弹性材料的体变切线张量，$\boldsymbol{C}_{\mathrm{vol}}^{e,n+1}$ 为线弹性体的体变切线张量，其中 $\sigma_m = \sigma_{kk} / 3$。

将式(6-96)和式(6-99)合并得到应力更新方程：

$$\boldsymbol{\sigma}^{n+1} = \boldsymbol{s}^{n+1} + \sigma_m^{n+1}\boldsymbol{1} \tag{6-102}$$

将式(6-98)和式(6-101)合并得到切线张量:

$$\begin{aligned}
\boldsymbol{C}^{v,n+1} &= \left\{ g_\infty + \sum_{i=1}^{N} g_i \frac{1 - \exp\left(\Delta t / \tau_i^g\right)}{\Delta t / \tau_i^g} \right\} \boldsymbol{C}_{\text{iso}}^{e,n+1} + \left\{ k_\infty + \sum_{i=1}^{N} k_i \frac{1 - \exp\left(\Delta t / \tau_i^k\right)}{\Delta t / \tau_i^k} \right\} \boldsymbol{C}_{\text{vol}}^{e,n+1} \\
&= 2G_0 \left\{ g_\infty + \sum_{i=1}^{N} g_i \frac{1 - \exp\left(\Delta t / \tau_i^g\right)}{\Delta t / \tau_i^g} \right\} \left(\boldsymbol{I} - \frac{1}{3}\boldsymbol{1} \otimes \boldsymbol{1} \right) \\
&\quad + 3K_0 \left\{ k_\infty + \sum_{i=1}^{N} k_i \frac{1 - \exp\left(\Delta t / \tau_i^k\right)}{\Delta t / \tau_i^k} \right\} (\boldsymbol{1} \otimes \boldsymbol{1})
\end{aligned} \tag{6-103}$$

将式(6-103)所示的张量形式写成有限元计算中常用的矩阵形式 D^{n+1}:

$$\begin{aligned}
D^{n+1} &= \begin{bmatrix}
-4/3 & -2/3 & -2/3 & & & \\
-2/3 & -4/3 & -2/3 & & & \\
-2/3 & -2/3 & -4/3 & & & \\
& & & 2 & & \\
& & & & 2 & \\
& & & & & 2
\end{bmatrix} G_0 \left\{ g_\infty + \sum_{i=1}^{N} g_i \frac{1 - \exp(\Delta t / \tau_i^g)}{\Delta t / \tau_i^g} \right\} \\
&\quad + \begin{bmatrix}
1 & 1 & 1 \\
1 & 1 & 1 \\
1 & 1 & 1
\end{bmatrix} K_0 \left\{ k_\infty + \sum_{i=1}^{N} k_i \frac{1 - \exp(\Delta t / \tau_i^k)}{\Delta t / \tau_i^k} \right\}
\end{aligned} \tag{6-104}$$

$$\begin{aligned}
&\begin{bmatrix} \Delta\sigma_{11} & \Delta\sigma_{22} & \Delta\sigma_{33} & \Delta\sigma_{12} & \Delta\sigma_{13} & \Delta\sigma_{23} \end{bmatrix}^{\text{T}} \\
&= D^{n+1} \begin{bmatrix} \Delta\varepsilon_{11} & \Delta\varepsilon_{22} & \Delta\varepsilon_{33} & \Delta\gamma_{12} & \Delta\gamma_{13} & \Delta\gamma_{23} \end{bmatrix}^{\text{T}}
\end{aligned} \tag{6-105}$$

至此,我们得到了完整的线黏弹性材料的有限元离散方程。

6.4.2 有限变形下黏超弹性本构方程的数值算法

ABAQUS 中的自定义材料子程序 UMAT 提供了用户自定义本构模型的接口,使用时需要用户提供应力的更新格式和材料的 Jacobian 矩阵。在小变形条件下 ABAQUS 可以提供每一载荷下各单元积分点的初始应变 STRAN 和应变增量 DSTRAN;在有限变形条件下 ABAQUS 提供了每一载荷步下各单元积分点的初始变形梯度 DFGRD0 和载荷步完成后的变形梯度 DFGRD1。有了变形梯度就可以根据所采用的黏超弹本构模型进行二次开发，编制出应力更新格式和材料的 Jacobian 矩阵的具体形式。

从式 (6-66) 中所示的黏超弹本构模型中可以发现，和小变形下的线黏弹性模型类似，应力计算过程中需要计算两个遗传积分。在 6.3.1 节已经提到了一种计算遗传积分的递推求解方法，因此这里不再进行详述，只给出计算流程。

定义两个变量 $\mathbf{HG}_i(t)$ 和 $\mathbf{HK}_i(t)$ 分别如下：

$$\mathbf{HG}_i(t) = \int_0^t \exp\left(-(t-\tau)/\tau_i^g\right)\frac{\partial}{\partial\tau}\left(\mathrm{DEV}\left\{2\frac{\partial W^d(\overline{\boldsymbol{C}}(\tau))}{\partial\overline{\boldsymbol{C}}}\right\}\right)\mathrm{d}\tau \tag{6-106}$$

$$\mathbf{HK}_i(t) = \int_0^t \exp\left(-(t-\tau)/\tau_i^k\right)\frac{\partial U'}{\partial\tau}\mathrm{d}\tau \tag{6-107}$$

参照式 (6-97) 和式 (6-100) 可得

$$\begin{aligned}\mathbf{HG}_i\left(t_{n+1}\right) = {} & \exp\left(-\frac{\Delta t}{\tau_i}\right)\mathbf{HG}_i\left(t_n\right) \\ & + \int_{t_n}^{t_{n+1}} \exp\left(-(t-\tau)/\tau_i^g\right)\frac{\partial}{\partial\tau}\left(\mathrm{DEV}\left\{2\frac{\partial W^d(\overline{\boldsymbol{C}}(\tau))}{\partial\overline{\boldsymbol{C}}}\right\}\right)\mathrm{d}\tau\end{aligned} \tag{6-108}$$

$$\mathbf{HK}_i\left(t_{n+1}\right) = \exp\left(-\frac{\Delta t}{\tau_i}\right)\mathbf{HK}_i\left(t_n\right) + \int_{t_n}^{t_{n+1}} \exp\left(-(t-\tau)/\tau_i^k\right)\frac{\partial U'}{\partial\tau}\mathrm{d}\tau \tag{6-109}$$

$$\begin{aligned}\mathbf{HG}_i^{n+1} = {} & \exp\left(-\frac{\Delta t}{\tau_i}\right)\mathbf{HG}_i^n \\ & + \left(1-\frac{\exp(-\Delta t/\tau_i)}{\Delta t/\tau_i}\right)\left(\mathrm{DEV}\left\{2\frac{\partial W^d\left(\overline{\boldsymbol{C}}_{n+1}\right)}{\partial\overline{\boldsymbol{C}}_{n+1}}\right\} - \mathrm{DEV}\left\{2\frac{\partial W^d\left(\overline{\boldsymbol{C}}_n\right)}{\partial\overline{\boldsymbol{C}}_n}\right\}\right)\end{aligned} \tag{6-110}$$

$$\mathbf{HK}_i^{n+1} = \exp\left(-\frac{\Delta t}{\tau_i}\right)\mathbf{HK}_i^n + \left(1-\frac{\exp(-\Delta t/\tau_i)}{\Delta t/\tau_i}\right)\left(U'\left(J_{n+1}\right)-U'\left(J_n\right)\right) \tag{6-111}$$

将上述遗传积分计算流程代入式 (6-66) 所示的黏超弹本构模型中可以得到

$$S_{n+1} = k_\infty J_{n+1} U'\left(J_{n+1}\right) C_{n+1}^{-1} + \sum_{i=1}^{N} k_i J_{n+1} \mathbf{HK}_i^{n+1} C_{n+1}^{-1}$$

$$+ g_\infty J_{n+1}^{-2/3} \mathrm{DEV}\left(2\frac{\partial W^d\left(\overline{\boldsymbol{C}}_{n+1}\right)}{\partial \overline{\boldsymbol{C}}_{n+1}}\right) + \sum_{i=1}^{N} g_i J_{n+1}^{-2/3} \mathbf{HG}_i^{n+1} \tag{6-112}$$

式 (6-112) 给出了应力更新公式，即在第 n 个载荷步的基础上计算更新得到在第 $n+1$ 个载荷步的应力。需要注意的是式 (6-112) 给出的是第二 Piola-Kirchhoff 应力的表达式，在 ABAQUS 中需要获得的是 Cauchy 应力形式。将式 (6-112) 代入式 (6-36) 所示的前推公式和式 (6-35) 所示的关系式，同时使用下列关系：

$$F_{n+1} C_{n+1} F_{n+1} = \mathbf{1}$$

$$\mathrm{dev}\left[\overline{\boldsymbol{F}}_{n+1}(\bullet)\overline{\boldsymbol{F}}_{n+1}^{\mathrm{T}}\right] = J_{n+1}^{-2/3} \boldsymbol{F}_{n+1}[\mathrm{DEV}(\bullet)]\boldsymbol{F}_{n+1}^{\mathrm{T}} \tag{6-113}$$

可以得到

$$\tau_{n+1} = k_\infty J_{n+1} U'\left(J_{n+1}\right)\mathbf{1} + \sum_{i=1}^{N} k_i J_{n+1} \mathbf{HK}_i^{n+1}$$

$$+ g_\infty \mathrm{dev}\left[2\overline{\boldsymbol{F}}_{n+1}\frac{\partial W^d\left(\overline{\boldsymbol{C}}_{n+1}\right)}{\partial \overline{\boldsymbol{C}}_{n+1}}\overline{\boldsymbol{F}}_{n+1}^{\mathrm{T}}\right] + \sum_{i=1}^{N} g_i \mathrm{dev}\left(\overline{\boldsymbol{F}}_{n+1}\mathbf{HG}_i^{n+1}\overline{\boldsymbol{F}}_{n+1}^{\mathrm{T}}\right) \tag{6-114}$$

ABAQUS 软件使用 Cauchy 应力作为应力更新的应力度量方式，因此需要获得在空间描述下的切线模量 c_{ijkl}，而在材料描述下的切线模量 C_{IJKL} 较容易获得，因此本书首先获得 C_{IJKL}，再使用前推公式可以得到在当前构型下的切线模量 c_{ijkl}：

$$Jc_{ijkl} = F_{iI}F_{jJ}F_{kK}F_{lL}C_{IJKL} \tag{6-115}$$

C_{IJKL} 定义为

$$\boldsymbol{C} = 2\frac{\partial \boldsymbol{S}_{n+1}}{\partial \boldsymbol{C}_{n+1}} \tag{6-116}$$

对式 (6-112) 所示的应力表达式求偏导可以得到

$$\boldsymbol{C} = \left[\left(\alpha J^2 \frac{\partial^2 U(J)}{\partial J^2} + J\mathbf{hk}\right)\boldsymbol{C}^{-1} \otimes \boldsymbol{C}^{-1} - 2\mathbf{hk}\cdot\boldsymbol{I}_{\boldsymbol{C}^{-1}}\right] + \boldsymbol{C}_{\mathrm{dev}} \tag{6-117}$$

式 (6-117) 中 $\boldsymbol{C}_{\mathrm{dev}}$ 定义为

$$J^{-2/3}\boldsymbol{C}_{\text{dev}} = -\frac{2}{3}\left(\mathbf{hg} \otimes \boldsymbol{C}^{-1} + \boldsymbol{C}^{-1} \otimes \mathbf{hg}\right)$$

$$+ \frac{2}{3}\left(g_i \,\text{DEV}\left(2\frac{\partial W^d}{\partial \overline{\boldsymbol{C}}}\right):C + \sum_{i=1}^{N} g_i \mathbf{HG}_i : C\right)\left(\boldsymbol{I}_{C^{-1}} + \frac{1}{3}\boldsymbol{C}^{-1} \otimes \boldsymbol{C}^{-1}\right) \quad (6\text{-}118)$$

$$+ \frac{2}{3}\beta\left(2\frac{\partial W^d}{\partial \overline{\boldsymbol{C}}}\right)\left(\boldsymbol{I}_{C^{-1}} + \frac{1}{3}\boldsymbol{C}^{-1} \otimes \boldsymbol{C}^{-1}\right) + 4\beta J^{-2/3}\,\text{DEV}\left(\frac{\partial^2 W^d}{\partial \overline{\boldsymbol{C}}^2}\right)$$

上式中 $\mathbf{hg}$、$\mathbf{hk}$、α、β、$\boldsymbol{I}_{C^{-1}}$ 分别为

$$\mathbf{hg} = 2g_\infty \frac{\partial W^d\left(\overline{\boldsymbol{C}}(\tau)\right)}{\partial \overline{\boldsymbol{C}}} + \sum_{i=1}^{N} \mathbf{HG}_i \quad (6\text{-}119)$$

$$\mathbf{hk} = k_\infty U' + \sum_{i=1}^{N} \mathbf{HK}_i \quad (6\text{-}120)$$

$$\alpha = k_\infty + \sum_{i=1}^{N} k_i \frac{1 - \exp\left(-\Delta t / \tau_i^k\right)}{\Delta t / \tau_i^k}$$

$$\beta = g_\infty + \sum_{i=1}^{N} g_i \frac{1 - \exp\left(-\Delta t / \tau_i^g\right)}{\Delta t / \tau_i^g} \quad (6\text{-}121)$$

$$\boldsymbol{I}_{C_{ijkl}^{-1}} = C_{ik}^{-1} C_{jl}^{-1} \quad (6\text{-}122)$$

将式 (6-118) 中等式最右边的 DEV( ) 项代入式 (6-51) 可得

$$\text{DEV}\left(\frac{\partial^2 W^d}{\partial \overline{\boldsymbol{C}}^2}\right) = \frac{\partial^2 W^d}{\partial \overline{\boldsymbol{C}}^2} - \frac{1}{3}\left(\frac{\partial^2 W^d}{\partial \overline{\boldsymbol{C}}^2}:C\right) \otimes \boldsymbol{C}^{-1}$$

$$-\frac{1}{3}\boldsymbol{C}^{-1} \otimes \left(\frac{\partial^2 W^d}{\partial \overline{\boldsymbol{C}}^2}:C\right) + \frac{1}{9}\left(\boldsymbol{C}:\frac{\partial^2 W^d}{\partial \overline{\boldsymbol{C}}^2}:C\right)\boldsymbol{C}^{-1} \otimes \boldsymbol{C}^{-1} \quad (6\text{-}123)$$

将式 (6-117) 代入式 (6-115) 可得

$$\boldsymbol{c} = \left[\left(\alpha J \frac{\partial^2 U\left(J^2\right)}{\partial J^2} + \mathbf{hk}\right)\mathbf{1} \otimes \mathbf{1} - 2\mathbf{hk} \cdot \boldsymbol{I}\right] + \boldsymbol{c}_{\text{dev}} \quad (6\text{-}124)$$

上式中 $\boldsymbol{c}_{\text{dev}}$ 可由以下公式求得

$$Jc_{\text{dev}} = -\frac{2}{3}\left(\overline{\mathbf{hg}} \otimes \mathbf{1} + \mathbf{1} \otimes \overline{\mathbf{hg}}\right) + \frac{2}{3}\operatorname{tr}(\overline{\mathbf{hg}})\left(\boldsymbol{I} + \frac{1}{3}\mathbf{1}\otimes\mathbf{1}\right) + \frac{2}{3}\beta\operatorname{tr}\left(2\frac{\partial W_0^d}{\partial \overline{\boldsymbol{C}}}\right)\left(\boldsymbol{I} - \frac{1}{3}\mathbf{1}\otimes\mathbf{1}\right)$$

$$+ J\beta c^0 - \frac{1}{3}J\beta\left[\left(c^0:\mathbf{1}\right)\otimes\mathbf{1} + \mathbf{1}\otimes\left(c^0:\mathbf{1}\right)\right] + \frac{1}{9}J\beta\left(\mathbf{1}:c^0:\mathbf{1}\right)\mathbf{1}\otimes\mathbf{1}$$

$$(6\text{-}125)$$

其中

$$\overline{\mathbf{hg}} = \overline{\boldsymbol{F}}\,\mathbf{hg}\,\overline{\boldsymbol{F}}^{\mathrm{T}}$$

$$\frac{\partial \overline{W}_0^d(\overline{\boldsymbol{C}})}{\partial \overline{\boldsymbol{C}}} = \overline{\boldsymbol{F}}\frac{\partial W^d(\overline{\boldsymbol{C}})}{\partial \overline{\boldsymbol{C}}}\overline{\boldsymbol{F}}^{\mathrm{T}}$$

$$c_{ijkl}^0 = \frac{1}{J}\overline{F}_{ip}\overline{F}_{jq}\overline{F}_{kr}\overline{F}_{ls}\left(4\frac{\partial^2 W^d(\boldsymbol{C})}{\partial \boldsymbol{C}^2}\right)_{pqrs}$$

$$(6\text{-}126)$$

式 (6-124) ~式 (6-126) 即为 ABAQUS 所需定义的材料 Jacobian 矩阵，上述推导过程较为复杂和烦琐，推导过程可以参考文献[39],[40]。

6.4.3　基于损伤的黏超弹性本构方程的数值算法

包含损伤的黏超弹本构方程的离散和 6.3.2 节中黏超弹本构的离散过程十分相似，只需在相应的项上加上损伤因子 $g_d(\varphi)$ 和 $k_d(\varphi)$ 即可，这里将直接给出计算公式。

参照式 (6-72) 和式 (6-114) 可得损伤黏超弹本构方程的应力表达式为

$$\boldsymbol{\sigma}_{n+1} = \frac{k_d(\varphi)}{J_{n+1}}\left\{k_\infty J_{n+1}U'(J_{n+1})\mathbf{1} + \sum_{i=1}^{N}k_i J_{n+1}\mathbf{HK}_i^{n+1}\right\}$$

$$+ \frac{g_d(\varphi)}{J_{n+1}}\left\{g_\infty \operatorname{dev}\left[2\overline{\boldsymbol{F}}_{n+1}\frac{\partial W^d(\overline{\boldsymbol{C}}_{n+1})}{\partial \overline{\boldsymbol{C}}_{n+1}}\overline{\boldsymbol{F}}_{n+1}^{\mathrm{T}}\right] + \sum_{i=1}^{N}g_i \operatorname{dev}\left(\overline{\boldsymbol{F}}_{n+1}\mathbf{HG}_i^{n+1}\overline{\boldsymbol{F}}_{n+1}^{\mathrm{T}}\right)\right\}$$

$$(6\text{-}127)$$

材料的 Jacobian 矩阵为

$$\boldsymbol{C} = k_d(\varphi)\left[\left(\alpha J^2\frac{\partial^2 U(J)}{\partial J^2} + J\mathbf{hk}\right)\boldsymbol{C}^{-1}\otimes\boldsymbol{C}^{-1} - 2\mathbf{hk}\cdot\boldsymbol{I}_{C^{-1}}\right] + g_d(\varphi)\boldsymbol{C}_{\text{dev}} \qquad (6\text{-}128)$$

式 (6-127) 和式 (6-128) 中的其他相关项的定义和 6.3.2 节中的定义完全一致，这里不再赘述。本书使用了 Neo-Hookean 超弹性模型作为黏超弹本构中的超弹响

应模型，其应变能函数为

$$W^d(I,J) = \frac{1}{2}G(\bar{I} - 3) = \frac{1}{2}G(\bar{C} : \mathbf{1} - 3)$$

$$U(J) = \frac{1}{2}K(J-1)^2 \tag{6-129}$$

下面给出该模型中相关项的具体表达式：

$$\frac{\partial W^d(\bar{C})}{\partial \bar{C}} = \frac{G}{2}\mathbf{1} \tag{6-130}$$

$$\frac{\partial^2 W^d(\bar{C})}{\partial \bar{C}^2} = \mathbf{0} \tag{6-131}$$

$$U'(J) = K(J-1) \tag{6-132}$$

$$\frac{\partial^2 U}{\partial J^2} = K \tag{6-133}$$

$$Jc_{ijkl}^0 = \bar{F}_{ip}\bar{F}_{jq}\bar{F}_{kr}\bar{F}_{ls}\left(4\frac{\partial^2 W^d(C)}{\partial C^2}\right)_{pqrs} = \mathbf{0} \tag{6-134}$$

将式(6-130)～式(6-134)中的各项代入式(6-127)和式(6-128)中即可得到基于 Neo-Hookean 模型的黏超弹损伤本构模型的有限元计算格式。从式(6-130)～式(6-134)可以看出，所使用的 Neo-Hookean 模型由于仅包含了变形张量的第一和第三不变量，因此计算过程较为简单。

本章使用 ABAQUS 用户自定义材料接口程序 UMAT 对建立的损伤本构方程进行了二次开发。将该本构模型加入有限元计算软件中，针对单轴拉伸状况下的 HTPB 推进剂进行数值仿真。仿真的物理模型如图 6-8 所示，试样一端固定，一端施加等速位移载荷，载荷速度为 $0.01\text{mm} \cdot \text{s}^{-1}$、$0.1\text{mm} \cdot \text{s}^{-1}$、$1\text{mm} \cdot \text{s}^{-1}$ 和 $10\text{mm} \cdot \text{s}^{-1}$。将仿真得到的应力-应变曲线和实验获得的应力-应变曲线进行对比，以验证所建立的损伤本构模型的适用范围和准确性，结果如图 6-22 所示。由于本构模型中加入了损伤对材料宏观力学性能的影响，因此从图 6-22 上可以发现，所建立的含损伤的黏超弹本构模型比图 6-13 所示的不含损伤模型的预测精度有较大程度的提高。

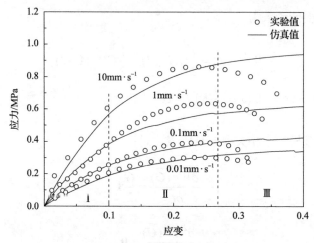

图 6-22　损伤黏超弹本构单轴拉伸验证

　　从预测结果和实验结果的对比看，可以将 HTPB 推进剂的单轴拉伸分为 3 个阶段，阶段 I 的工程应变小于 0.1；阶段 II 的应变范围大致为 0.1～0.27；阶段 III 的应变范围大于 0.27。在阶段 I，所建立的本构模型的应力-应变关系在起始阶段和实验结果吻合良好，应力和应变呈现出快速上升的趋势。此时材料内部基本上没有产生脱湿、微孔洞等损伤。在阶段 II，随着拉伸应变的逐渐增大，HTPB 推进剂内部开始产生损伤，其宏观模量随着损伤的产生逐渐降低。实验获得的应力-应变曲线上表现出上升幅度逐渐减小的特性，仿真获得的应力-应变曲线呈现出相同特性，且和实验结果吻合较好，表明所建立的损伤模型较好地反映出了 HTPB 推进剂的真实损伤演化特性。在阶段 III，随着应变的增大，实验曲线逐渐出现拐点，应力-应变曲线呈现出下降的趋势，表明 HTPB 推进剂的某些部位损伤加剧，造成了材料宏观模量的快速下降，最终造成了材料的破坏。然而第 III 阶段的仿真曲线上却没有出现拐点和快速下降阶段，反而呈现出十分缓慢的增长形式。下面通过图 6-23 所示的 HTPB 推进剂拉伸过程损伤分布示意图来予以说明，HTPB 推进剂内部在阶段 I 几乎不存在损伤；在阶段 II，HTPB 推进剂内部损伤开始萌生并不断演化，此时的损伤分布基本均匀；在阶段 III，HTPB 推进剂损伤继续增长，同时开始在某些局部区域迅速累积和增加，材料最终在损伤集中的区域产生断裂破坏。损伤的局部集中可能是由 HTPB 推进剂内部密度的不均匀等诸多因素造成的，但是在理论分析计算过程中无法很好地考虑到损伤的这种局部集中效应，因此在仿真分析过程中，HTPB 推进剂的应力-应变曲线没有出现拐点和下降阶段，而是继续呈现出均匀损伤的趋势。

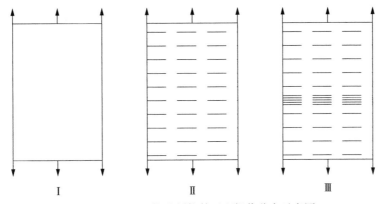

图 6-23 HTPB 推进剂拉伸过程损伤分布示意图

正是由于上述原因，在材料的失效分析中直接使用损伤作为材料破坏的破坏准则具有一定的局限性，且当材料存在裂纹等结构时，会产生低于材料强度的破坏情况。因此首先建立起 HTPB 推进剂的损伤黏超弹性本构模型，使其可以模拟出 HTPB 推进剂在断裂之前的宏观力学响应。

6.4.4 本构模型的仿真验证

为了验证本章所建立的基于微观损伤的有限变形下的黏超弹本构模型，采用了图 6-24 所示的拉伸试样进行拉伸实验。类似的双轴拉伸试样被广泛地应用于材料三维本构模型的验证中[8,17,41]。试样中部开有直径为 10mm 的圆孔，圆孔附近区域存在明显的应力集中效应。试样的上下两端和钢制夹头使用改性丙烯酸酯胶黏剂黏结。试样的左右两端开有圆弧形的应力释放结构，这样在拉伸过程中可以防

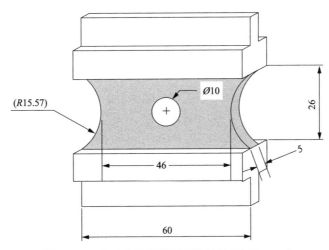

图 6-24 HTPB 推进剂双轴实验试样(单位：mm)

止试样在黏结区域产生较强的应力集中效应。HTPB 推进剂试样制作完成后置于恒温干燥箱内放置 24h，保证改性丙烯酸酯胶黏剂得到良好的固化效果，同时避免试样在长时间存储中吸潮而产生力学性能的改变。

实验设备为 QJ211B 万能电子实验机和光学应变测量装置。试样置于实验装置之后，如图 6-25 所示，实验机夹头直接夹持钢制夹头，避免直接夹持 HTPB 推进剂造成的材料损伤，非接触式光学应变测量装置可以实时地监测出试样上某一位置的应变。拉伸实验的实验温度为 (20 ± 2)℃，实验机拉伸速度为 5mm·min^{-1} 和 50mm·min^{-1}，每组实验重复 5 次，实验结果取平均值。实验过程中实时测量实验机的拉力、时间和位移，以及推进剂试样表面的应变，之后将实验结果和仿真结果进行对比验证。

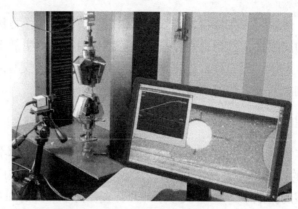

图 6-25　本构验证试样实验装置示意图

有限元仿真中使用的本构模型为本章所建立的损伤黏超弹本构模型。本构模型通过 ABAQUS 中的 UMAT 用户自定义材料程序实现，有限元仿真所使用的网格模型如图 6-26 所示。有限元模型的下表面施加固定约束，固定该面上所有节点

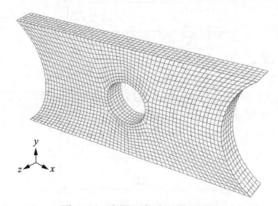

图 6-26　有限元仿真网格示意图

在 x、y 和 z 方向上的自由度；模型上表面的节点在 x 和 z 方向施加固定约束，在 y 方向上施加等速位移约束。

图 6-27 给出了 5mm·min^{-1} 拉伸速度下的试样 Mises 应力分布，从图上可以明显看出，由于内孔处存在应力集中效应，Mises 应力在内孔处最大。图 6-27(a) 和 (b) 分别代表拉伸位移 u=3.25mm 和 u=6.17mm 的结果。通过对比可以发现随着拉伸载荷的增大，试样中的最大应力值也增大。

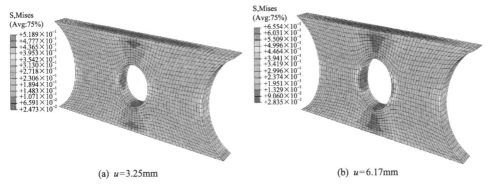

(a) u=3.25mm　　　　　　　　　　　　　(b) u=6.17mm

图 6-27　仿真 Mises 应力分布

图 6-28 和图 6-29 分别给出了不同拉伸位移下的体变损伤函数分布和畸变损伤函数分布。体变损伤函数 $k_d(\varphi)$ 和畸变损伤函数 $g_d(\varphi)$ 为 1 时代表材料没有损伤，随着损伤的加剧损伤函数逐渐减小。首先对比图 6-28(a) 和 (b)，对不同载荷水平下的体变损伤分布进行讨论。从图上可以发现，当拉伸位移 u=3.25mm 时，体变损伤函数 $k_d(\varphi)$ 存在两个较小的区域。一个位于试样上下的加载端，这是由于材料在加载端存在较为明显的应力集中现象，因此造成了该区域的损伤；另一个损伤区位于试样的内孔横向区域，这是由内孔的应力集中效应造成的。同时也可以发现内孔的纵向区域不存在明显的损伤，这是由于本节使用材料的体积膨胀效应作

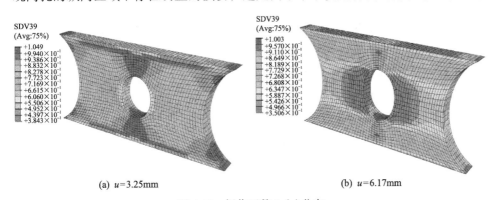

(a) u=3.25mm　　　　　　　　　　　　　(b) u=6.17mm

图 6-28　损伤函数 $k_d(\varphi)$ 分布

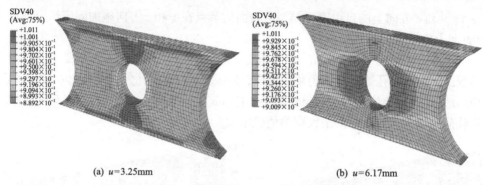

(a) u=3.25mm　　　　　　　　　　　　　　(b) u=6.17mm

图 6-29　损伤函数 $g_u(\varphi)$ 分布

为损伤内变量,而内孔的纵向区域在拉伸过程中不会出现明显的拉伸变形。当拉伸位移 u=6.17mm 时,体变损伤函数 $k_d(\varphi)$ 仍然在试样加载端和内孔的横向区域存在损伤分布集中区,且内孔横向区域的损伤区面积明显扩大,其他区域的损伤有所增加,同时内孔纵向区域基本不存在明显的损伤。图 6-29 为不同载荷水平下的畸变损伤函数分布。将畸变损伤函数分布和图 6-28 中的体变损伤函数分布对比可以发现,畸变损伤函数分布和体变损伤函数分布相同,呈现出相同的变化规律。

图 6-30 和图 6-31 分别给出了试样在横向对称线上的应力分布和损伤函数分布。横坐标为 X 方向的坐标位置,X=0mm 对应试样左端的圆弧中点,X=18mm 对应试样内孔的中点。从图 6-30 可以发现试样的应力随着拉伸速率的增加而提高,这体现出了 HTPB 推进剂的黏弹特性。从图 6-31 可以看出,试样在内孔周围存在较强的损伤,随着距内孔距离的增加材料的损伤程度减小,体变损伤函数和畸变损伤函数呈现出相同的分布规律。另外本节在建立损伤本构模型时认为材料的损

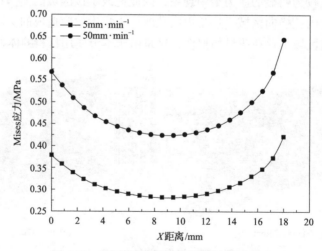

图 6-30　不同拉伸速度下试样横向应力分布

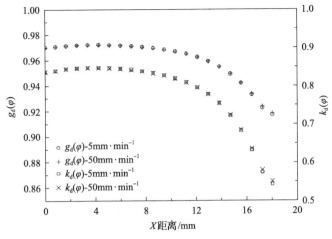

图 6-31 不同拉伸速度下试样横向损伤函数分布

伤和材料的黏弹特性不相关，因此 5mm·min^{-1} 和 50mm·min^{-1} 拉伸速度下的材料损伤曲线基本重合。

图 6-32 为仿真和实验获得的拉力-位移曲线，从图上可以发现实验获得的载荷-位移曲线呈现单峰曲线的形式。曲线的峰值点和推进剂圆孔开裂点基本对应，曲线峰值之后的下降部分代表着 HTPB 推进剂已经产生了开裂的情况，因此后半部分的实验曲线对于本构模型的验证已经失去了实际意义。实验中发现当实验拉伸位移大致为 7mm 时，HTPB 推进剂开始呈圆孔的横向开裂，之后裂纹逐渐向前扩展。对比图中的仿真结果和实验结果可以发现，在推进剂试样达到开裂点之前仿真获得的拉力载荷结果和实验结果吻合良好。随着拉伸位移的增大，HTPB 推

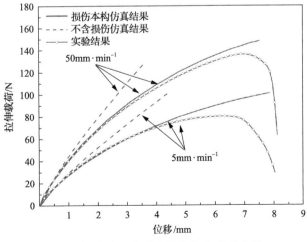

图 6-32 仿真和实验获得的拉力-位移曲线

进剂试样逐渐产生脱湿和微裂纹等内部损伤,其宏观模量逐渐减小,因此拉伸载荷曲线逐渐平缓。有限元仿真结果准确地模拟出了这一损伤过程,其获得的拉伸载荷结果和实验结果吻合良好,说明本节建立的 HTPB 推进剂损伤黏超弹性本构模型可以较好地模拟出 HTPB 推进剂在破坏之前的力学响应,而不包含损伤效应的仿真载荷曲线和实验结果差异十分明显。在 HTPB 推进剂试样达到载荷峰值之后,在圆孔的内表面出现开裂破坏,所以造成了拉伸载荷的实验结果下降。此时 HTPB 推进剂已经产生了宏观的裂纹,损伤本构模型是基于连续介质力学的本构模型,它不能很好地模拟这种出现宏观裂纹的几何不连续问题,因此需要使用相应的断裂力学模型来进行仿真和研究。

　　图 6-33 给出了实验过程中不同时刻的 HTPB 推进剂变形示意图,为了在实验过程中便于观察,在推进剂试样制作过程中,在试样的横向和纵向对称轴上画线作为参照。从图上可以看出,HTPB 推进剂具有较高的延伸性能。试样中部的圆孔在拉伸载荷的作用下成了椭圆形。当拉伸载荷达到峰值之后,HTPB 推进剂试样开始沿圆孔内部开裂,裂纹沿横向的中线缓慢扩展,直至完全破坏。

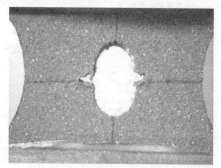

图 6-33　HTPB 推进剂拉伸过程中的变形图

　　在实验过程中实时监测了两个区域的平均应变,区域如图 6-34 所示,监测区域近似为 1.5mm×1.5mm 的矩形。将实验获得的区域平均应变和有限元仿真获得的结果进行对比,结果如图 6-35 和图 6-36 所示。

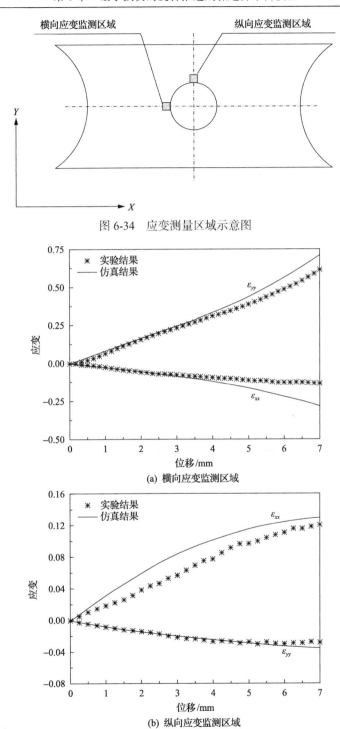

图 6-34　应变测量区域示意图

(a) 横向应变监测区域

(b) 纵向应变监测区域

图 6-35　5mm·min^{-1} 拉伸速度下圆孔监测区域应变曲线

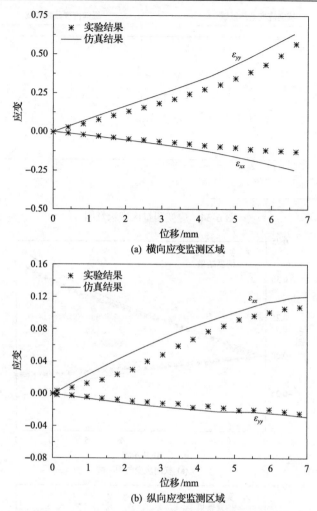

图 6-36　$50 \mathrm{mm} \cdot \mathrm{min}^{-1}$ 拉伸速度下圆孔监测区域应变曲线

图 6-35(a)给出了 $5 \mathrm{mm} \cdot \mathrm{min}^{-1}$ 拉伸速度下圆孔横向监测区域的应变变化曲线。圆孔横向监测区域在拉伸过程中在 X 方向呈现出压缩变形，其应变绝对值随着拉伸位移的增大而逐渐增大；在 Y 方向呈现出拉伸变形，其应变绝对值随着拉伸位移的增大而逐渐增大。可以看出，实验结果和数值仿真结果吻合良好，当拉伸位移小于 4mm 时，二者基本完全重合；当拉伸位移大于 4mm 之后，数值仿真结果和实验结果之间的差距逐渐增大。这可能是由于在较小的拉伸位移下，HTPB 推进剂内部未产生损伤或损伤程度较小，数值仿真结果和实验结果吻合较好。随着拉伸位移的增大，HTPB 推进剂内部的损伤逐渐明显增加，而损伤本构模型中损伤函数在极端情况下小于 HTPB 推进剂的真实损伤值。图 6-35(b)给出了 $5 \mathrm{mm} \cdot \mathrm{min}^{-1}$ 拉伸速度下圆孔纵向监测区域的应变变化曲线。与横向监测区域的变形情况完全相

反，该区域在拉伸过程中在 X 方向呈现出拉伸变形，其应变绝对值随着拉伸位移的增大而逐渐增大；在 Y 方向呈现出压缩变形，应变绝对值随着拉伸位移的增大而逐渐增大。从图中可以看出，X 方向应变的实验结果和仿真结果存在一个基本恒定的误差，仿真结果略大于实验值，但是仿真结果的预测趋势和实验结果相同；Y 方向应变的实验结果和仿真结果基本重合。

图 6-36 给出了 $50\mathrm{mm} \cdot \mathrm{min}^{-1}$ 拉伸速度下试样横向监测区域和纵向监测区域的应变变化情况。可以发现 $50\mathrm{mm} \cdot \mathrm{min}^{-1}$ 的实验结果和仿真预测结果吻合良好，其变化情况和 $5\mathrm{mm} \cdot \mathrm{min}^{-1}$ 下的结果基本类似。通过上面的分析可以发现数值仿真获得的 HTPB 推进剂试样在复杂应力环境下，其载荷和变形情况与实验结果吻合良好，结果表明所建立的 HTPB 推进剂损伤本构模型可以较好地模拟出 HTPB 推进剂在受力变形过程中的损伤力学行为。

6.5 小　　结

本章针对 HTPB 推进剂建立了含损伤的黏超弹本构模型，得到了如下结论。

(1) 传统的松弛实验方法会带来材料松弛数据的不准确性，所建立的基于遗传算法的松弛数据获取方法弥补了实验方法的误差。

(2) HTPB 推进剂是一种力学行为十分复杂的材料，其中包含大变形、黏弹性和损伤效应，基于实验和理论分析的方法建立了 HTPB 推进剂的损伤黏超弹本构模型，该模型可以较好地模拟出 HTPB 推进剂的损伤力学特性。

(3) 从小变形线黏弹性本构的数值算法出发，详细推导了黏超弹本构的数值算法，最终获得了损伤黏超弹本构的数值算法。使用 ABAQUS 用户自定义材料程序 UMAT 实现了该本构模型的有限元计算，并且通过实验验证了本构模型的准确性。

参 考 文 献

[1] Vratsanos L A, Farris R J. A predictive model for the mechanical behavior of particulate composites. Part I : Model derivation[J]. Polymer Engineering & Science, 1993, 33 (22): 1458-1465.

[2] Vratsanos L A, Farris R J. A predictive model for the mechanical behavior of particulate composites. Part II : Comparison of model predictions to literature data[J]. Polymer Engineering & Science, 1993, 33 (22): 1466-1474.

[3] Schapery R A. Deformation and fracture characterization of inelastic composite materials using potentials[J]. Polymer Engineering & Science, 1987, 27 (1): 63-76.

[4] Lamborn M J, Schapery R A. An investigation of the existence of a work potential for fiber-reinforced plastic[J]. Journal of Composite Materials, 1993, 27 (4): 352-382.

[5] Schapery R A. A theory of mechanical behavior of elastic media with growing damage and other changes in structure[J]. Journal of the Mechanics and Physics of Solids, 1990, 38 (2): 215-253.

[6] Schapery R A. Analysis of damage growth in particulate composites using a work potential[J]. Composites Engineering, 1991, 1(3): 167-182.

[7] Park S W, Schapery R A. A viscoelastic constitutive model for particulate composites with growing damage[J]. International Journal of Solids and Structures, 1997, 34(8): 931-947.

[8] Ha K, Schapery R A. A three-dimensional viscoelastic constitutive model for particulate composites with growing damage and its experimental validation[J]. International Journal of Solids and Structures, 1998, 35(26-27): 3497-3517.

[9] Swanson S R, Christensen L W. A constitutive formulation for high-elongation propellants[J]. Journal of Spacecraft and Rockets, 1983, 20: 559-566.

[10] Simo J C. On a fully three-dimensional finite-strain viscoelastic damage model: Formulation and computational aspects[J]. Computer Methods in Applied Mechanics and Engineering, 1987, 60(2): 153-173.

[11] Francis E C, Thompson R E. Nonlinear structural modeling of solid propellants[R]. AIAA84-1290.

[12] Özüpek S, Becker E B. Constitutive modeling of high-elongation solid propellants[J]. Journal of Engineering Materials and Technology, 1992, 114(1): 111-115.

[13] Gazonas G A. A uniaxial nonlinear viscoelastic constitutive model with damage for M30 gun propellant[J]. Mechanics of Materials, 1993, 15(4): 323-335.

[14] Özüpek S, Becker E B. Constitutive equations for solid propellants[J]. Journal of Engineering Materials and Technology, 1997, 119(2): 125-132.

[15] Canga M E, Becker E B, Özüpek S. Constitutive modeling of viscoelastic materials with damage-computational aspects[J]. Computer Methods in Applied Mechanics and Engineering, 2001, 190(15-17): 2207-2226.

[16] Jung G D, Youn S K. A nonlinear viscoelastic constitutive model of solidpropellant[J]. International Journal of Solids and Structures, 1999, 36(25): 3755-3777.

[17] Jung G D, Youn S K, Kim B K. A three-dimensional nonlinear viscoelastic constitutive model of solid propellant[J]. International Journal of Solids and Structures, 2000, 37(34): 4715-4732.

[18] 阳建红, 李学东, 赵光辉, 等. HTPB 推进剂细观损伤机理的声发射实验研究[J]. 推进剂技术, 2000, 21(3): 67-70.

[19] 阳建红, 王芳文, 覃世勇. HTPB 复合固体推进剂的声发射特性及损伤模型的实验和理论研究[J]. 固体火箭技术, 2000, 23(3): 37-40.

[20] 阳建红, 俞茂宏, 侯根良, 等. HTPB 复合推进剂含损伤和老化本构研究[J]. 推进技术, 2002, 23(6): 509-512.

[21] 孟红磊. 改性双基推进剂装药结构完整性数值仿真方法研究[D]. 南京: 南京理工大学, 2011.

[22] 邓凯, 阳建红, 陈飞, 等. HTPB 复合固体推进剂本构方程[J]. 宇航学报, 2010, 31(7): 1815-1818.

[23] 沙宝亮, 侯晓. 压力环境下固体推进剂含损伤的统一本构模型[J]. 强度与环境, 2012, 39(3): 13-18.

[24] Xu F, Aravas N, Sofronis P. Constitutive modeling of solid propellant materials with evolving microstructural damage[J]. Journal of the Mechanics and Physics of Solids, 2008, 56(5): 2050-2073.

[25] 彭威. 复合固体推进剂黏弹损伤本构模型的细观力学基础[D]. 长沙: 国防科学技术大学, 2001.

[26] 李高春, 邢耀国, 王玉峰, 等. 基于细观力学的复合固体推进剂模量预估方法[J]. 固体火箭技术, 2007, 28(4): 441-444.

[27] 刘承武, 阳建红, 陈飞. 改进的Mori-Tanaka法在复合推进剂非线性界面脱湿中的应用[J]. 固体火箭技术, 2011, 34(1): 67-70.

[28] 刘承武, 阳建红, 邓凯, 等. 基于Mori-Tanaka有限元法的黏弹复合推进剂非线性界面脱粘[J]. 推进技术, 2011, 32(2): 225-229.

[29] Zhi S J, Sun B, Zhang J W. Multiscale modeling of heterogeneous propellants from particle packing to grain failure using a surface-based cohesive approach[J]. Acta Mech Sinica, 2012, 28(3): 746-759.

[30] Zapas L, Phillips J. Simple shearing flows in polyisobutylene solutions[J]. Journal of Research of the National Bureau of Standards—A. Physics and Chemistry, 1971, 75A(1): 33-40.

[31] Sorvari J, Malinen M. Determination of the relaxation modulus of a linearly viscoelastic material[J]. Mechanics of Time-Dependent Materials, 2006, 10(2): 125-133.

[32] 许进升, 鞠玉涛, 郑健, 等. 复合固体推进剂松弛模量的获取方法[J]. 火炸药学报, 2011, 34(5): 58-62.

[33] Schapery R A. A micromechanical model for non-linear viscoelastic behavior of particle-reinforced rubber with distributed damage[J]. Engineering Fracture Mechanics, 1986, 25(5-6): 845-867.

[34] Farber J N, Farris R J. Model for prediction of the elastic response of reinforced materials over wide ranges of concentration[J]. Journal of Applied Polymer Science, 1987, 34(6): 2093-2104.

[35] Ravichandran G, Liu C T. Modeling constitutive behavior of particulate composites undergoing damage[J]. International Journal of Solids and Structures, 1995, 32(6-7): 979-990.

[36] Mochida T, Taya M, Obata M. Effect of damaged particles on the stiffness of a particle/metal matrix composite[J]. JSME, International Journal Series I, 1991, 34(2): 187-193.

[37] Tong W, Ravichandran G. Effective elastic moduli and characterization of a particulate metal-matrix composite with damaged particles[J]. Composites Science and Technology, 1994, 52(2): 247-252.

[38] Zienkiewicz O C, Taylor R L. The Finite Element Method for Solid and Structural Mechanics[M]. 6th ed. 北京: 世界图书出版社, 2009.

[39] Simo J C, Hughes T J R. Computational Inelasticity[M]. Berlin: Springer, 1998.

[40] Kaliske M, Rothert H. Formulation and implementation of three-dimensional viscoelasticity at small and finite strains[J]. Computational Mechanics, 1997, 19(3): 228-239.

[41] Hinterhoelzl R M, Schapery R A. FEM implementation of a three-dimensional viscoelastic constitutive model for particulate composites with damage growth[J]. Mechanics of Time-Dependent Materials, 2004, 8(1): 65-94.

第7章　固体推进剂数值模拟的发展与趋势

7.1　概　　述

随着现代科学技术不断发展，对复合材料的相互作用、裂纹萌生和扩展机理的研究日益深入，由于裂纹的萌生和扩展实际上是在原子或分子尺度上进行的，新的研究方法和理论都涉及裂纹萌生和扩展的微观特性[1-4]。用连续介质力学描述这类处于原子、分子状态的固体或液体的动力学特性显然不合适，宏观连续介质力学的理论和传统的实验手段也无法适应这种微观领域的研究。这就需要应用近代物理、化学和材料学等多学科的研究成果，在原子或分子尺度上研究裂纹萌生和扩展的微观特性，并建立起微观特性与宏观行为的联系，解释裂纹萌生和扩展的内在本质规律[5-8]。

7.2　固体推进剂多尺度模拟发展

随着计算机科学的发展，分子动力学方法已成为火炸药研究者的一个有力武器。通过对已有的火炸药品种进行分子动力学模拟研究，可弥补宏观实验手段研究尺度的不足，有助于认识火炸药结构与性能之间的内在关系和作用机理，从而丰富火炸药基础理论体系，为其配方设计和工艺参数的选择提供参考；同时，采用分子动力学方法对新型火炸药品种进行设计和性能预测，不仅能够大大缩短研制周期，降低成本，而且由于火炸药组分多为爆炸物，还可提高研制过程中的安全性。但从上述文献中的报道可知，目前对火炸药的分子动力学研究多是纯粹的模拟仿真，尚缺少与实验研究结论的相互印证，导致模拟结果需进一步验证；此外，由于计算机性能及模拟效率等因素的限制，模拟体系选取的原子数量有限，模拟规模较小，仿真模型与实际结果存在较大的差距。以上问题的存在，使分子动力学方法在目前应用中存在一定的局限性；但可以相信，随着更高性能计算机的出现，以及力场、计算方法等力学理论的深入发展，通过理论与实验研究紧密结合，分子动力学方法必将成为研制高性能火炸药不可或缺的研究手段[9-13]。

固体推进剂体系中分子间相互作用的深入探讨，对于进行推进剂配方设计和性能研究，具有指导作用。从描述电子结构和分子结构的 ab initio 方法、DFT 方法和半经验分子轨道方法等量子化学计算方法，到应用分子力场(或势函数)的MM、MD 和 DPD 等分子模拟方法，都是研究推进剂体系中分子间相互作用的有效工具。计算机模拟推进剂分子间作用有以下发展方向[14-18]。

(1)不断改进 QC 等计算方法，提高计算准确率，减少耗时。从基本的 ab initio 和 DFT 方法，到相关泛函的改进和更多理论方法的建立，使 QC 计算的准确性不断提升；半经验法的应用使较大体系的计算成为可能，同样的体系采用 MM 方法将进一步节省计算时间。

(2)深入改进和发展相关的分子力场。力场是分子模拟技术的重要基础，QC 方法的发展和相关理论的进步，也将进一步带动相关力场的开发；特定分子间作用势的研究，将为建立适定力场提供基础，也为相关力场的参数化修正提供了理论参考，提高推进剂体系分子模拟的适用性和准确性。

(3)继续推进多尺度计算机模拟方法的贯通和发展。随着推进剂结构性能研究的深入，从微观到介观再到宏观研究的多尺度贯通问题亟待解决；更多分子模拟方法如 MC 模拟、DPD 模拟等的发展和应用，将使推进剂体系中多尺度问题得到解决。

通过将低尺度的模拟结果转化为高尺度模拟的输入参数，初步实现了微观-介观-宏观多尺度连贯研究。如针对二组元体系，通过将 MD 模拟得到的不同组分分子间 Flory-Huggins 相互作用参数——溶度参数差值($\Delta\delta$)转化为介观 MesoDyn 模拟中各组分间相互作用的输入参数，实现了 MD 模拟结果与 MesoDyn 输入参数的有效连接，通过将 MesoDyn 模拟得到的共混物介观形貌转化为宏观有限单元法(FEM)分析的输入结构，实现了介观 MesoDyn 模拟结果与宏观 FEM 输入参数的有效连接。针对三组元共混体系，通过将 MD 模拟得到的各组分间的非键结合能转化为 DPD 中各珠子间的相互作用参数，实现了微观 MD 模拟与介观 DPD 模拟的有效连接，通过将 DPD 模拟得到的共混体系的介观结构转化为宏观 FEM 分析的输入结构，实现了介观 DPD 模拟结果与宏观 FEM 输入参数的有效连接。

另外，加入固体推进剂颗粒并不像加入其他颗粒复合材料是为达到增强或增韧的目的，而是为提高推进剂能量和燃烧性能。推进剂力学性能的研究就是在保证推进剂能量和燃烧性能的前提下，使所得的推进剂装药具有良好的力学性能。推进剂力学实验研究表明：推进剂的变形呈现非线性。推进剂这种非线性与其细观结构有强烈的相关性。在拉伸过程中，由于推进剂界面黏结强度较弱，基体在拉伸过程中会与颗粒产生脱湿，从而在推进剂内形成微孔洞，在外界应力作用下，这些微孔洞最终聚集，从而产生断裂。推进剂的这种细观损伤通常在几微米到几百微米尺度下进行，界面脱湿是推进剂损伤的主要形式[19]。

因为分子动力学模拟可以直观模拟出裂纹萌生和扩展过程，所以很多国家都开展了此项研究，其中美国和日本的研究工作处于世界领先水平。从国内外裂纹萌生和扩展的分子动力学模拟研究中可看出，由于分子动力学模拟具有沟通宏观特性和微观结构的作用，对于难以了解的现象可做出一定的微观解释，因此应用分子动力学模拟的先进技术研究塑性加工微观领域的新问题必将成为新的热点，开展这方面的研究是十分必要的[20]。

将来裂纹萌生和扩展的分子动力学模拟发展方向主要有：①改进算法，提高模拟的速度；进行大规模分子动力学方法研究，扩大模拟系统中的粒子数，减小计算误差，以获得稳定状态的精确模拟。②应用密度泛函理论对传统势函数做进一步修正，以建立合适的金属原子相互作用模型，更加深入研究裂纹萌生和扩展中的机理问题。③拓展分子动力学模拟的应用范围，加强对塑性成形其他微观领域的分子动力学模拟。

总之，随着固体推进剂体系分子间相互作用研究的不断发展，理论和实际应用中的更多的问题将得到解决。

7.3 对发展固体推进剂数值模拟的思考与建议

自固体推进剂出现以来，推进剂的力学性能就得到了广泛的研究，但推进剂组成的复杂性，导致推进剂的失效模式和机理非常复杂，推进剂力学性能的研究还面临着许多挑战。

基于实验手段以及推进剂本身的复杂性，完全依赖于实验方法确定推进剂的宏观力学性能和推进剂内部的细观结构的力学响应规律，不可避免地要受经费、时间、实验设备等因素的限制。为此，对推进剂力学性能进行了广泛的理论研究。起初对推进剂力学性能的理论研究多偏重从宏观角度进行研究，忽略了推进剂材料内部复杂的细观结构，难以揭示推进剂材料变形、损伤和破坏的物理机制，特别是推进剂颗粒界面在荷载作用时的脱湿对推进剂力学性能的影响[21]。事实上，推进剂的内部组成相当于事物的"内因"，其宏观力学性能受其细观结构的控制，宏观的破坏行为是细观尺度上的损伤和断裂行为累积的结果。因此，对推进剂力学性能的研究除了从宏观的角度进行外，更关键地还应从推进剂的细观结构入手，利用数值模拟的研究方法，抓住推进剂材料组成及其力学性质的非均匀性建立数值模型，对推进剂材料的细观损伤以及损伤对力学性能的影响进行研究，才能更好地分析推进剂失效的实质。

近年来，对推进剂力学性能研究的重点也从宏观向细观层次转移，基于推进剂细观结构层次的细观模型特别是数值模型已经发展起来了，这已经成为推进剂力学性能研究的一个热点[22-25]。它可以使人们更清楚地认识推进剂损伤、断裂的发生机制，为改善推进剂的力学性能，研制出高性能的推进剂提供依据。在国内，推进剂细观损伤研究尚处于起步阶段，较为成熟的数值模拟方法较少，研究的问题也不甚全面，因此，开展推进剂细观损伤以及细观损伤对推进剂宏观力学性能的影响研究将是非常必要的。

　　分子动力学方法可模拟固体推进剂组分的微观结构，从而预测其宏观性能。因此，分子动力学方法的发展将对固体推进剂的深入研究有着重要影响，也将成为固体推进剂理论设计的主要方法之一。目前，分子动力学方法在固体推进剂中的应用仍需解决以下几方面的问题[26]。

　　(1)在研究对象的选择方面，目前主要开展了固体推进剂中单一组分的研究，对多组分体系乃至全组分的研究尚不深入或空白，因此，亟须开展固体推进剂多组分体系的分子动力学研究。

　　(2)在结构与性能研究方面，对固体推进剂的微观结构与其宏观性能之间内在关系的研究尚不透彻，且计算精度有待提高，因此，亟须开展推进剂结构与性能间的深入研究，并加强实验验证。

　　(3)在动力学研究方面，对固体推进剂的固化反应、分解反应和燃烧反应等反应历程的研究基本尚未开展，因此，对固体推进剂的分子反应动力学研究将是固体推进剂的重点研究方向。

参 考 文 献

[1] 舒远杰, 霍冀川. 炸药学概论[M]. 北京: 化学工业出版社, 2011.

[2] 杨小震. 软物质的计算机模拟与理论方法[M]. 北京: 化学工业出版社, 2010.

[3] 罗璇, 费维栋, 李超. 材料科学中的分子动力学模拟研究进展[J]. 材料科学与工艺, 1996, 4(1): 124-126.

[4] 牟丹, 李健全. 高分子材料的多尺度模拟方法及应用[M]. 北京: 科学出版社, 2017.

[5] 居学海, 叶财超, 徐司雨. 含能材料的量子化学计算与分子动力学模拟综述[J]. 火炸药学报, 2012, 35(2): 1-9.

[6] 张崇民, 赵小峰, 付小龙, 等. 分子动力学模拟在推进剂组分物理化学性能研究中的应用进展[J]. 火炸药学报, 2018, 41(6): 531-542.

[7] 肖鹤鸣, 居学海. 高能体系中的分子间相互作用[M]. 北京: 科学出版社, 2004.

[8] Foresman J B, Frisch A. Exploring chemistry with electronic structure methods (second edition) [M]. Gaussian Inc Pittsburgh PA, 1996.

[9] 夏露. 高能材料结构和性能的分子动力学模拟[D]. 苏州: 苏州大学, 2008.

[10] 孙小巧. 高能氧化剂与黏合剂的分子间相互作用[D]. 南京: 南京理工大学, 2007.

[11] 庞维强, 沈瑞琪, 刘平安, 等. 特种推进剂技术[M]. 西安: 西北工业大学出版社, 2019.

[12] 职世君, 孙冰, 张建伟. 基于表面黏结损伤的复合固体推进剂细观损伤数值模拟[J]. 推进技术, 2013, 34(2): 273-279.

[13] 李高春, 邢耀国, 王玉峰, 等. 基于细观力学的复合固体推进剂模量预估方法[J]. 推进技术, 2007, 28(4): 441-444.

[14] 职世君, 张建伟, 张泽远. 复合固体推进剂细观损伤形貌数值模拟[J]. 固体火箭技术, 2015, (2): 239-244.

[15] 韩龙, 许进升, 周长省. HTPB/IPDI复合固体推进剂细观界面率相关参数的反演识别研究[J]. 含能材料, 2016, 24(10): 928-935.

[16] 杜善义. 复合材料细观力学[M]. 北京: 科学出版社, 1998.

[17] 彭威. 复合固体推进剂黏弹损伤本构模型的细观力学研究[D]. 长沙: 国防科学技术大学, 2001.

[18] 郭长艳, 张浩斌, 王晓川, 等. 共晶炸药研究进展[J]. 材料导报, 2012, 10(26): 49-53.

[19] 罗景润. PBX 材料损伤、断裂及本构关系研究[D]. 绵阳: 中国工程物理研究院, 2001.

[20] Zienkiewicz O C, Taylor R L. The Finite Element Method for Solid and Structural Mechanics[M]. 6th ed. 北京: 世界图书出版社, 2009.

[21] 孟红磊. 改性双基推进剂装药结构完整性数值仿真方法研究[D]. 南京: 南京理工大学, 2011.

[22] 李上文, 赵凤起, 袁潮, 等. 国外固体推进剂研究与开发的趋势[J]. 固体火箭技术, 2002, 25(2): 36-42.

[23] 强洪夫. 固体火箭发动机药柱结构完整性数值仿真与实验研究[D]. 西安: 西安交通大学, 1998.

[24] 庞维强, 樊学忠, 胥会祥, 等. 富燃料固体火箭推进剂技术[M]. 西安: 西北工业大学出版社, 2016.

[25] 姚楠. 高固体含量螺压改性双基推进剂力学性能研究[D]. 西安: 西安近代化学研究所, 2009.

[26] 李吉祯, 樊学忠, 钟雷, 等. NC/NG/AP/Al 复合改性双基推进剂力学性能研究[J]. 含能材料, 2007, 15(4): 345-348.